"十二五"职业教育国家规划教材
经全国职业教育教材审定委员会审定

After Effects 影视特效设计教程

(第二版)

新世纪高职高专教材编审委员会 组编
主 编 高文铭 祝海英
副主编 范 欢 郭若愚

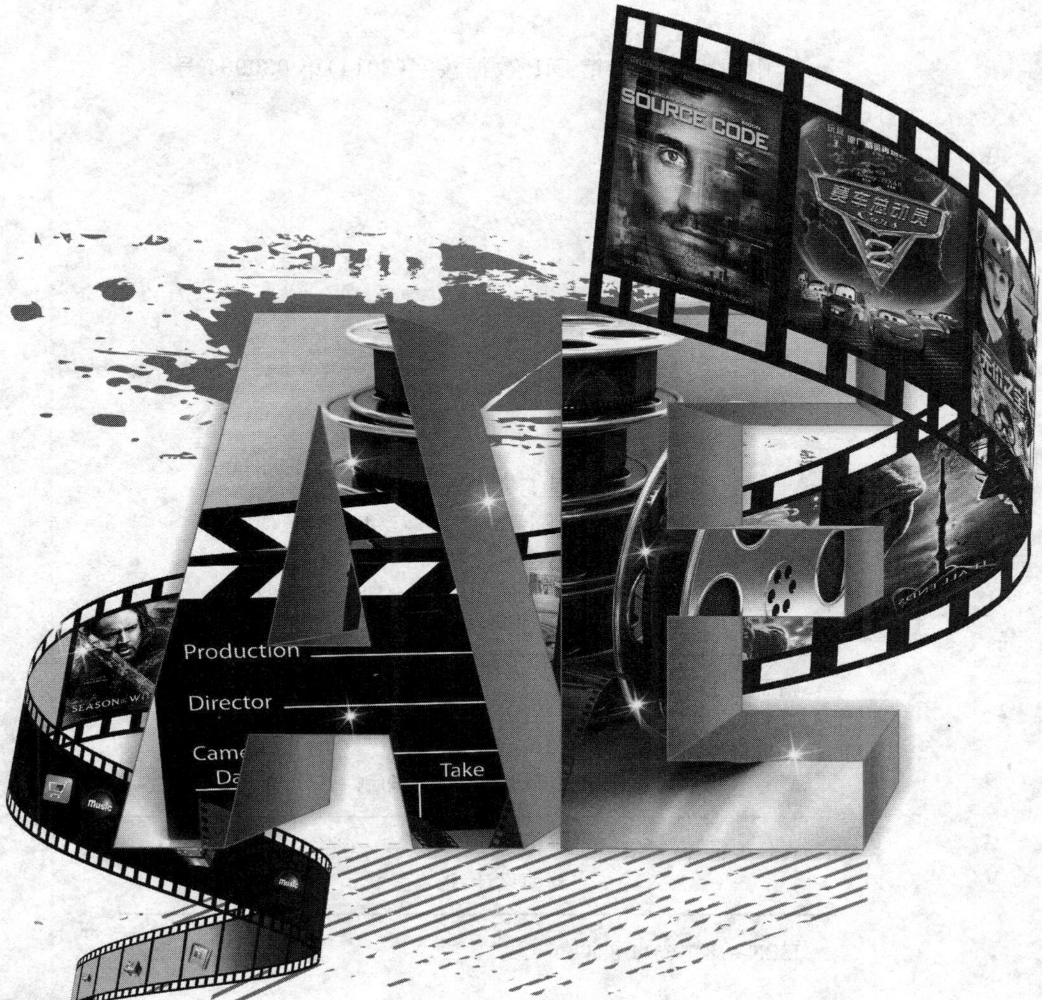

大连理工大学出版社

图书在版编目(CIP)数据

After Effects影视特效设计教程 / 高文铭，祝海英主编. — 2版. — 大连 : 大连理工大学出版社，2014.8(2018.1重印)

新世纪高职高专动漫专业系列规划教材

ISBN 978-7-5611-8869-9

Ⅰ. ①A… Ⅱ. ①高… ②祝… Ⅲ. ①图像处理软件—高等职业教育—教材 Ⅳ. ①TP391.41

中国版本图书馆CIP数据核字(2014)第030984号

大连理工大学出版社出版

地址:大连市软件园路80号　邮政编码:116023

发行:0411-84708842　邮购:0411-84708943　传真:0411-84701466

E-mail:dutp@dutp.cn　URL:http://dutp.dlut.edu.cn

大连理工印刷有限公司印刷　　大连理工大学出版社发行

幅面尺寸:185mm×260mm　　印张:19　　字数:438千字

附件:光盘1张

2011年1月第1版　　2014年8月第2版

2018年1月第5次印刷

责任编辑:高智银　　责任校对:董华磊

封面设计:张　莹

ISBN 978-7-5611-8869-9　　定　价:43.80元

本书如有印装质量问题,请与我社发行部联系更换。

总序

我们已经进入了一个新的充满机遇与挑战的时代，我们已经跨入了21世纪的门槛。

20世纪与21世纪之交的中国，高等教育体制正经历着一场缓慢而深刻的革命，我们正在对传统的普通高等教育的培养目标与社会发展的现实需要不相适应的现状作历史性的反思与变革的尝试。

20世纪最后的几年里，高等职业教育的迅速崛起，是影响高等教育体制变革的一件大事。在短短的几年时间里，普通中专教育、普通高专教育全面转轨，以高等职业教育为主导的各种形式的培养应用型人才的教育发展到与普通高等教育等量齐观的地步，其来势之迅猛，发人深思。

无论是正在缓慢变革着的普通高等教育，还是迅速推进着的培养应用型人才的高职教育，都向我们提出了一个同样的严肃问题：中国的高等教育为谁服务，是为教育发展自身，还是为包括教育在内的大千社会？答案肯定而且唯一，那就是教育也置身其中的现实社会。

由此又引发出高等教育的目的问题。既然教育必须服务于社会，它就必须按照不同领域的社会需要来完成自己的教育过程。换言之，教育资源必须按照社会划分的各个专业（行业）领域（岗位群）的需要实施配置，这就是我们长期以来明乎其理而疏于力行的学以致用问题，这就是我们长期以来未能给予足够关注的教育目的问题。

众所周知，整个社会由其发展所需要的不同部门构成，包括公共管理部门如国家机构、基础建设部门如教育研究机构和各种实业部门如工业部门、商业部门，等等。每一个部门又可作更为具体的划分，直至同它所需要的各种专门人才相对应。教育如果不能按照实际需要完成各种专门人才培养的目标，就不能很好地完成社会分工所赋予它的使命，而教育作为社会分工的一种独立存在就应受到质疑（在市场经济条件下尤其如此）。可以断言，按照社会的各种不同需要培养各种直接有用人才，是教育体制变革的终极目的。

随着教育体制变革的进一步深入，高等院校的设置是否会同社会对人才类型的不同需要一一对应，我们姑且不论，但高等教育走应用型人才培养的道路和走研究型（也是一种特殊应用）人才培养的道路，学生们根据自己的偏好各取所需，始终是一个理性运行的社会状态下高等教育正常发展的途径。

高等职业教育的崛起，既是高等教育体制变革的结果，也是高等教育体制变革的一个阶段性表征。它的进一步发展，必将极大地推进中国教育体制变革的进程。作为一种应用型人才培养的教育，它从专科层次起步，进而应用本科教育、应用硕士教育、应用博士教育……当应用型人才培养的渠道贯通之时，也许就是我们迎接中国教育体制变革的成功之日。从这一意义上说，高等职业教育的崛起，正是在为必然会取得最后成功的教育体制变革奠基。

高等职业教育还刚刚开始自己发展道路的探索过程，它要全面达到应用型人才培养的正常理性发展状态，直至可以和现存的（同时也正处在变革分化过程中的）研究型人才培养的教育并驾齐驱，还需假以时日；还需要政府教育主管部门的大力推进，需要人才需求市场的进一步完善发育，尤其需要高职高专教学单位及其直接相关部门肯于做长期的坚忍不拔的努力。新世纪高职高专教材编审委员会就是由全国100余所高职高专院校和出版单位组成的、旨在以推动高职高专教材建设来推进高等职业教育这一变革过程的联盟共同体。

在宏观层面上，这个联盟始终会以推动高职高专教材的特色建设为己任，始终会从高职高专教学单位实际教学需要出发，以其对高职教育发展的前瞻性的总体把握，以其纵览全国高职高专教材市场需求的广阔视野，以其创新的理念与创新的运作模式，通过不断深化的教材建设过程，总结高职高专教学成果，探索高职高专教材建设规律。

在微观层面上，我们将充分依托众多高职高专院校联盟的互补优势和丰裕的人才资源优势，从每一个专业领域、每一种教材入手，突破传统的片面追求理论体系严整性的意识限制，努力凸现高职教育职业能力培养的本质特征，在不断构建特色教材建设体系的过程中，逐步形成自己的品牌优势。

新世纪高职高专教材编审委员会在推进高职高专教材建设事业的过程中，始终得到了各级教育主管部门以及各相关院校相关部门的热忱支持和积极参与，对此我们谨致深深谢意；也希望一切关注、参与高职教育发展的同道朋友，在共同推动高职教育发展、进而推动高等教育体制变革的进程中，和我们携手并肩，共同担负起这一具有开拓性挑战意义的历史重任。

新世纪高职高专教材编审委员会

2001年8月18日

前言

《After Effects 影视特效设计教程》(第二版)是"十二五"职业教育国家规划教材,也是新世纪高职高专教材编审委员会组编的动漫专业系列规划教材之一。

After Effects CS6 是 Adobe 公司最新推出的影视编辑软件,其特效功能非常强大,已广泛应用于影视后期处理、电视节目包装、网络动画等诸多领域。

After Effects CS6 软件还保留有 Adobe 软件优秀的兼容性,在 After Effects 中可以非常方便地调入 Photoshop 和 Illustrator 的层文件,也可以近乎完美地再现 Premiere 的项目文件,甚至还可以调入 Primiere 的 EDL 文件。

本教材内容

本教材通过对 After Effects CS6 重要功能的全面讲解,以精彩的案例展现了完美的创作手法和技巧。本教材编者从多年的影视后期合成与特效制作教学和实践出发,按初学者接受知识的难易程度,从理论到实例进行了详尽的叙述,内容由浅入深,全面覆盖了 After Effects CS6 的基础知识及相关领域的应用技术。

全书分为两篇,共 11 章。其中,第一篇影视合成典型技法,共 8 章,主要讲解 After Effects CS6 软件基础知识,包括 After Effects CS6 入门、二维合成、遮罩合成、文字动画、校色应用、键控应用、三维合成、特效应用等相关知识,为后面的项目实践篇打下坚实的基础。第二篇项目实践,共 3 章,以综合实例的方式分别详细介绍了电视栏目片头创作、影视广告片创作、影视宣传片创作的具体制作过程,极具参考价值,值得读者深入学习。在每章节的开头都总结出本章节需要掌握的重点、难点内容,在每章节的结尾都进行了知识盘点,有利于提高学习效果。

本教材配套光盘提供书中所有实例的场景文件、素材和视频文件。

本教材特色

1. 本教材始终坚持理论与实践相结合，既有基础知识介绍又有操作步骤详解，并能以具体的实例训练为中心介绍相关知识点和技能点，步骤详细、完整；

2. 综合实例章节，综合运用了多种特效及与其他软件的协同操作，起到了实战演练的作用。

适用对象

本教材可以作为中、高职院校相关专业教材，也适合广大影视特效制作爱好者作为自学用书，也可供专业设计人员参考学习。

本书由长春职业技术学院高文铭、祝海英主编，范欢、郭若愚副主编。其中第1、2、4、5章由高文铭编写，第6、7、8、10、11章由祝海英编写，第3章由范欢编写，第9章由郭若愚编写。长春职业技术学院信息技术分院教学院长朴仁淑审阅了全书，并提出了许多宝贵意见和建议。

由于作者水平有限，本教材难免有疏漏之处，敬请广大读者批评指正，并提出宝贵意见和建议。

编　者

2014年8月

所有意见和建议请发往：dutpgz@163.com
欢迎访问教材服务网站：http://www.dutpbook.com
联系电话：0411-84707492　84706104

第一篇　影视合成典型技法

第二篇　项目实践

第一篇

影视合成典型技法

After Effects CS6 是一款应用非常广泛的后期编辑与特效制作软件，适用于从事设计与特技制作的机构，包括电视台、动画制作公司、个人后期制作工作室，以及多媒体工作室。

本篇主要讲解 After Effects CS6 软件基础知识，包括后期合成基础知识、层及层的基本动画、关键帧及关键帧动画、蒙版与遮罩合成、文字及文字动画、色彩校正及美化处理、键控抠像技术及视频特效等相关知识，为后面的综合实例设计与制作打下坚实的基础。

第1章 After Effects CS6入门

本章教学目标

1. 了解帧、帧率、场和电视制式的概念；(重点)

2. 掌握视频编辑的镜头表现手法；(难点)

3. 掌握非线性编辑操作流程；

4. 熟悉 After Effects 的操作界面，掌握自定义界面的方法及常用面板、窗口及工具栏的使用；(重点)

5. 学习渲染模板和输出模块的模板创建，掌握常见动画及图像格式的输出。

1.1 后期合成基础知识

1. 帧的概念

所谓视频，即是由一系列单独的静止图像组成，如图 1-1 所示。每秒钟连续播放静止图像，利用人眼的视觉残留现象，在观眼中就产生了平滑而连续活动的现象。

图 1-1　单帧静止画面效果

一帧是扫描获得的一幅完整图像的模拟信号，是视频图像的最小单位。在日常看到的电视或电影中，视频画面其实就是由一系列的单帧图片构成，将这些一系列单帧图片以合适的速度连续播放，就产生了动态画面效果，而这些连续播放的图片中的每一帧图片，就可以称之为一帧，如一个影片的播放速度为 25 帧/秒，就表示该影片每秒钟播放 25 个单帧静态画面。

2. 帧率和帧长度比

帧率有时也叫帧速或帧速率，表示在影片播放中，每秒钟所扫描的帧数，如对 PAL 制式电视系统，帧率为 25 帧/秒；而 NTSC 制式电视系统，帧率为 30 帧/秒。

帧长度比是指图像的长度和宽度的比例，平时我们常说的 4：3 和 16：9，其实就是指图像的长度比例。4：3 画面显示效果如图 1-2 所示；16：9 画面显示效果如图 1-3 所示。

图 1-2 4∶3 画面显示效果

图 1-3 16∶9 画面显示效果

3. 像素长宽比

像素长宽比就是组合图像的小正方形像素在水平与垂直方向的比例。通常以电视机的长宽比为依据，即 640/160 和 480/160 之比为 4∶3。因此，对于 4∶3 长宽比来讲，480/160×4/3=1.067。所以，PAL 制式的像素长宽比为 1.067。

4. 场的概念

场是视频的一个扫描过程。有逐行扫描和隔行扫描，对于逐行扫描，一帧即是一个垂直扫描场；对于隔行扫描，一帧由两行构成：奇数场和偶数场，是用两个隔行扫描场表示一帧。

电视机由于受到信号带宽的限制，采用的就是隔行扫描，隔行扫描是目前很多电视系统的电子束采用的一种技术，它将一幅完整的图像按照水平方向分成很多细小的行，用两次扫描来交错显示，即先扫描视频图像的偶数行，再扫描奇数行而完成一帧的扫描，每扫描一次，就叫作一场。对于摄像机和显示器屏幕，获得或显示一幅图像都要扫描两遍才行，隔行扫描对分辨率要求不高的系统比较适合。但是，由于 25 Hz 的帧频率能以最少的信号容量有效地利用人眼的视觉残留特性，所以看到的图像是完整图像，如图 1-4 所示，闪烁的现象还是可以感觉出来的。我国电视画面传输率是 25 帧/秒、50 场/秒。

在电视播放中，由于扫描场的作用，其实我们所看到的电视屏幕出现的画面不是完整的画面，而是一个“半帧”画面，如图 1-5 所示。但 50 Hz 的帧频率隔行扫描，把一帧分为奇、偶两场，奇、偶的交错扫描相当于遮挡板的作用。

图 1-4 完整图像

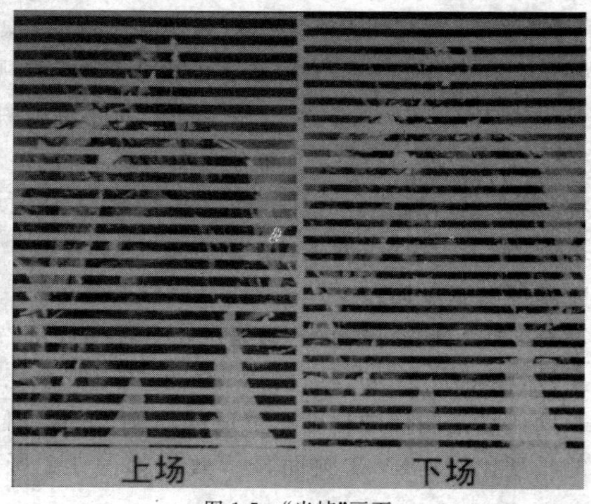

图 1-5 “半帧”画面

5. 电视制式

电视的制式就是电视信号的标准。它的区分主要在帧频、分辨率、信号带宽以及载频、色彩空间的转换关系上。不同制式的电视机只能接收和处理相应制式的电视信号。但现在也出现了多制式或全制式的电视机,为处理不同制式的电视信号提供了极大的方便。全制式电视机可以在各个国家的不同地区使用。目前各个国家的电视制式并不统一,全世界目前有三种彩色制式。

(1)PAL 制式

PAL 是英文 Phase Alteration Line 的缩写,其含义为逐行倒相,PAL 制式即逐行倒相正交平衡调幅制;它是西德在 1962 年制定的彩色电视广播标准,它克服了 NTSC 制式相对相位失真敏感而引起色彩失真的缺点;中国、新加坡、澳大利亚、新西兰和西德、英国等一些西欧国家使用 PAL 制式。根据不同的参数细节,它又可分为 G、I、D 等制式,其中 PAL-D 是我国大陆地区采用的制式。PAL 制式电视的帧频为 25 帧/秒,场频为 50 场/秒。

(2)NTSC 制式

NTSC 是英文 National Television System Committee 的缩写,NTSC 制式是由美国国家电视标准委员会于 1952 年制定的彩色广播标准,它采用正交平衡调幅技术;NTSC 制式有色彩失真的缺陷。NTSC 制式电视的帧频为 29.97 帧/秒,场频为 60 场/秒。美国、加拿大等大多西半球国家以及我国台湾、日本、韩国等采用这种制式。

(3)SECAM 制式

SECAM 是法文 SEquential Couleur Avec Memoire 的缩写,含义为“顺序传送彩色信号与存储恢复彩色信号制”,是法国在 1956 年提出、1966 年制定的一种新的彩色电视制式。它也克服了 NTSC 制式相位失真的缺点,它采用时间分隔法逐行依次传送两个色差信号,不怕干扰,色彩保真度高,但是兼容性较差。目前法国、东欧国家及中东部分国家使用 SECAM 制式。

6. 视频时间码

一段视频的持续时间和它的开始帧和结束帧通常用时间单位和地址来计算,这些时间和地址被称为时间码(简称时码)。时码用来识别和记录视频数据流中的每一帧,从一段视频的起始帧到终止帧,每一帧都有一个唯一的时间地址。这样,在编辑的时候利用它可以准确地在素材上定位出某一帧的位置,方便安排编辑和实现视频及音频的同步,这种同步方式叫作帧同步。“动画和电视工程师协会”采用的时码标准为 SMPTE,其格式为:小时:分钟:秒:帧,比如一个 PAL 制式的素材片段表示为:00:01:30:13,其意思是它持续 1 分钟 30 秒零 13 帧,换算成帧单位就是 2263 帧。如果播放的帧速率为 25 帧/秒,那么这段素材可以播放约 1 分钟 30.5 秒。

7. 影视镜头常用表现手法

镜头是影视创作的基本单位,一个完整的影视作品,是由一个一个的镜头来完成的,离开独立的镜头,也就没有了影视作品。通过多个镜头的组合与设计的表现,完成整个影视作品镜头的制作,所以说,镜头的应用技巧也直接影响影视作品的最终效果。那么在影视拍摄中,常用镜头是如何表现的呢,下面来详细讲解常用镜头的使用技巧。

(1)推镜头

推镜头是拍摄中比较常用的一种拍摄手法，它主要利用摄像机前移或变焦来完成，逐渐靠近要表现的主体对象，使人感觉一步步走近要观察的事物。近距离观看某个事物，它可以表现同一个对象从远到近的变化，也可以表现一个对象到另一个对象的变化，这种镜头的运用，主要突出要拍摄的对象或是对象的某个部分，从而更清楚地看到细节的变化。例如，观察一个古董，从整体通过变焦看到细部特征，也是应用推镜头。如图 1-6 所示为推镜头的应用效果。

图 1-6　推镜头的应用效果

(2)拉镜头

拉镜头和推镜头正好相反，它主要是利用摄像机后移或变焦来完成，逐渐远离要表现的主体对象，使人感觉正一步步远离要观察的事物。远距离观看某个事物的整体效果，它可以表现同一个对象从近到远的变化，也可以表现一个对象到另一个对象的变化，这种镜头的应用，主要突出要拍摄对象与整体的效果，把握全局。如常见影视中的内部峡谷拍摄到整个外部拍摄，应用的就是拉镜头。如图 1-7 所示为拉镜头的应用效果。

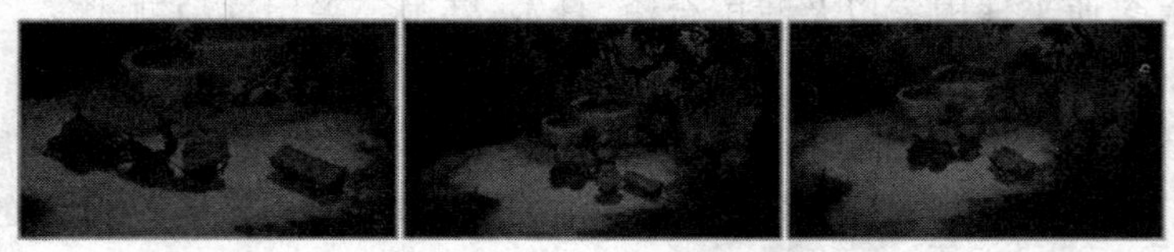

图 1-7　拉镜头的应用效果

(3)移镜头

移镜头也叫移动拍摄，它是将摄像机固定在移动的物体上做各个方向的移动来拍摄不动的物体，使不动的物体产生运动效果，摄像时将拍摄画面逐步呈现，形成巡视或展示的视觉感受，它将一些对象连贯起来加以表现，形成动态效果而组成影视动画展现出来，可以表现出逐渐认识的效果，并能使主题逐渐明了。例如，我们坐在奔驰的车上，看窗外的景物，景物本来是不动的，但却感觉是景物在动，这是同一个道理，这种拍摄手法多用于表现静物动态的拍摄。如图 1-8 所示为移镜头的应用效果。

图 1-8　移镜头的应用效果

(4)跟镜头

跟镜头也称为跟拍，在拍摄过程中找到兴趣点，然后跟随目标进行拍摄。例如，在一个酒店，开始拍摄的只是整个酒店中的大场面，然后跟随一个服务员从一个位置跟随拍摄，在桌子间走来走去的镜头。跟镜头一般要表现的对象在画面中的位置保持不变，只是跟随它所走过的画面有所变化，就如一个人跟着另一个人穿过大街小巷一样，周围的事物在变化，而本身的跟随是没有变化的，跟镜头也是影视拍摄中比较常见的一种方法，它可以很好地突出主体，表现主体的运动速度，方向及体态等信息，给人一种身临其境的感觉。如图 1-9 所示为跟镜头的应用效果。

图 1-9　跟镜头的应用效果

(5)摇镜头

摇镜头也称为摇拍，在拍摄时相机不动，只摇动镜头做左右、上下、移动或旋转等运动，使人感觉从对象的一个部位到另一个部位逐渐观看，比如一个人站立不动转动脖子来观看事物，我们常说的环视四周，其实就是这个道理。

摇镜头也是影视拍摄中经常用到的，比如电影中出现一个洞穴，然后上下、左右或环周拍摄应用的就是摇镜头。摇镜头主要用来表现事物的逐渐呈现，一个又一个的画面从渐入镜头到渐出镜头来完成整个事物发展。如图 1-10 所示为摇镜头的应用效果。

图 1-10　摇镜头的应用效果

(6)旋转镜头

旋转镜头是指被拍摄对象呈旋转效果的画面，镜头沿镜头光轴或接近镜头光轴的角度旋转拍摄，摄像机快速做超过 360°的旋转拍摄，这种拍摄手法多表现人物的晕眩感觉，是影视拍摄中常用的一种拍摄手法。如图 1-11 所示为旋转镜头的应用效果。

图 1-11　旋转镜头的应用效果

(7)甩镜头

甩镜头是快速地将镜头摇动，极快地转移到另一个景物，从而将画面切换到另一个内容，而中间的过程则产生一片模糊的效果，这种拍摄可以表现一种内容的突然过度。如图 1-12 所示为甩镜头的应用效果。

图 1-12 甩镜头的应用效果

(8)晃镜头

晃镜头的应用相对于前面的几种方式应用要少一些,它主要应用在特定的环境中,让画面产生上下、左右或前后等的摇摆效果,主要用于表现精神恍惚,头晕目眩,乘车船等摇晃效果,比如表现一个喝醉酒的人物场景时,就要用到晃镜头,再比如坐车在不平道路上所产生的颠簸效果。如图 1-13 所示为晃镜头的应用效果。

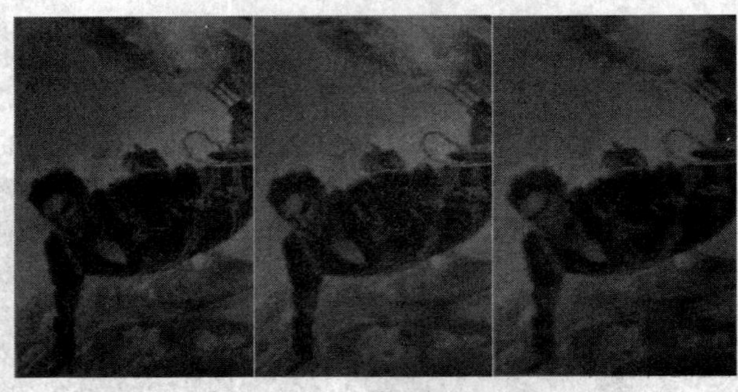

图 1-13 晃镜头的应用效果

8. 非线性编辑操作流程

一般非线性编辑的操作流程可以简单分为导入、编辑处理和输出影片三大部分。由于非线性编辑软件的不同,又可以细分为更多的操作步骤。拿 After Effects 来说,可以简单地分为五个步骤,具体如图 1-14 所示。

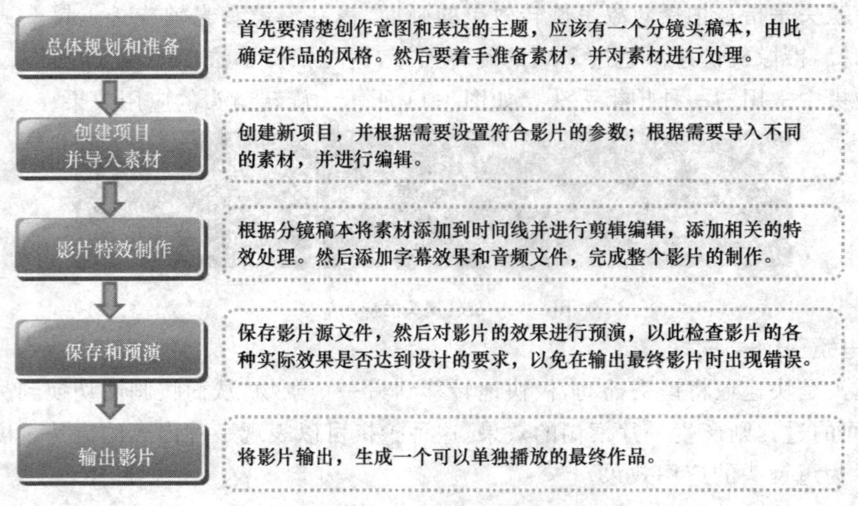

图 1-14 After Effects 操作流程

1.2　After Effects CS6 操作界面

After Effects CS6 的操作界面越来越人性化，近几个版本将界面中的各个窗口和面板合并在一起，不再是单独的浮动状态，这样在操作时免去了拖来拖去的麻烦。

1. 操作界面简介

单击"开始"→"所有程序"→"After Effects CS6"命令，便可启动 After Effects CS6 软件，After Effects CS6 操作界面如图 1-15 所示。

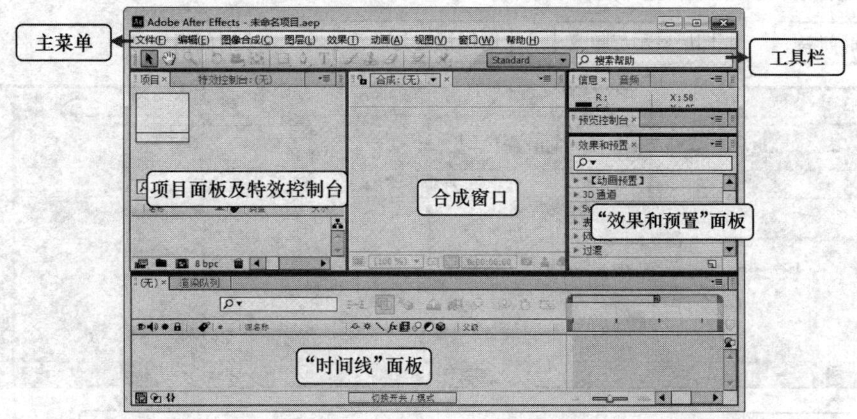

图 1-15　After Effects CS6 操作界面

(1)"项目"面板

"项目"面板位于界面的左上角，主要用来组织、管理视频节目中所使用的素材。视频制作所使用的素材，都要首先导入到"项目"面板中。可以通过文件夹的形式来管理"项目"面板，将不同的素材以不同的文件夹分类导入，以便编辑视频时的操作，文件夹可以展开也可以折叠，这样更便于项目的管理，如图 1-16 所示。

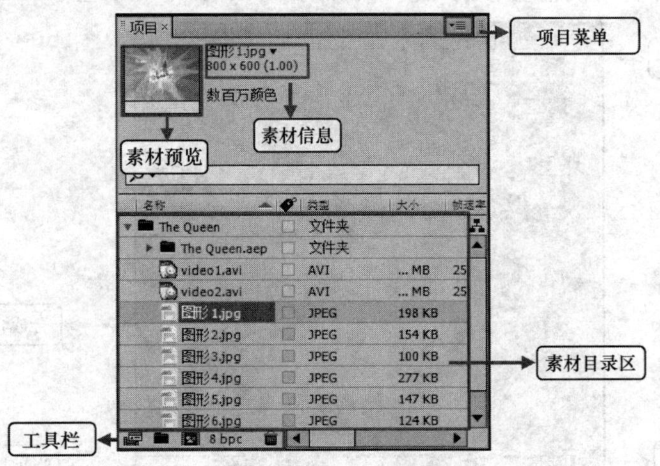

图 1-16　导入素材后的"项目"面板

技术点睛

在素材目录区的上方，标明了素材、合成或文件夹的属性显示，显示每个素材的不同属性。属性区域的显示可以自行设定，从项目菜单中的“显示栏目”子菜单中选择打开或关闭属性信息的显示。

(2)“时间线”面板

“时间线”面板是工作界面的核心部分，视频编辑工作的大部分操作是在“时间线”面板中进行的。它是进行素材组织的主要操作区域。当添加不同的素材后，将产生多层效果，然后通过层的控制来完成动画的制作，如图 1-17 所示。

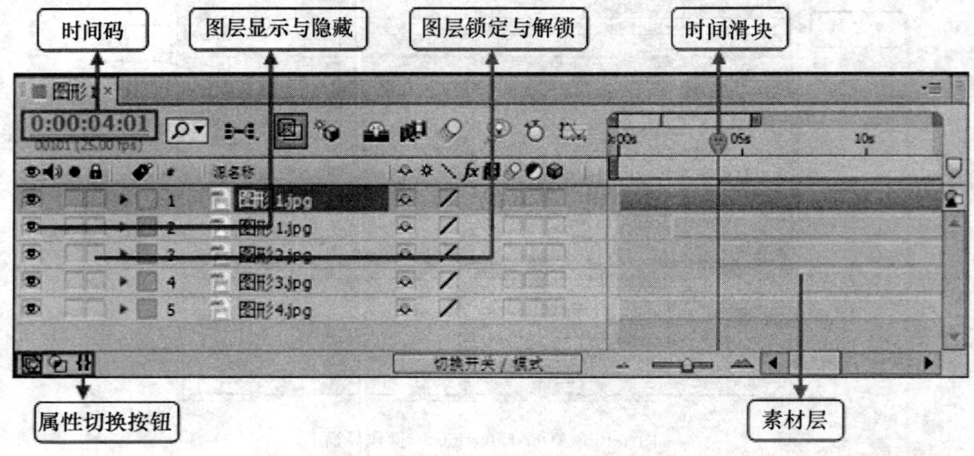

图 1-17 “时间线”面板

(3)合成窗口

合成窗口是视频效果的预览区，在进行视频项目的安排时，它是重要的窗口，在该窗口中可以预览到编辑时每一帧的效果。如果要在节目窗口中显示画面，首先要将素材添加到时间线上，并将时间滑块移到当前素材的有效帧内，才可以显示，如图 1-18 所示。

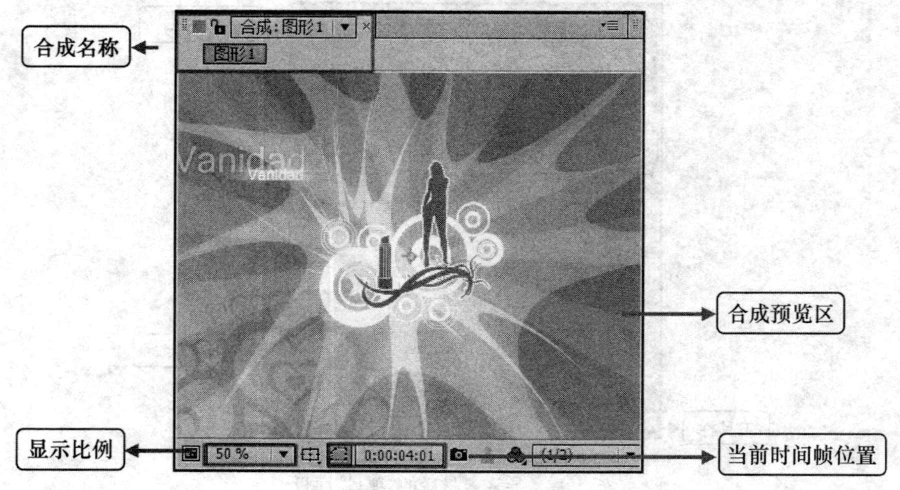

图 1-18 合成窗口

(4)"特效控制台"面板

"特效控制台"面板主要用于对各种特效进行参数设置，当一种特效添加到素材上面时，该面板将显示该特效的相关参数设置，可以通过参数的设置对特效进行修改，以便达到所需要的最佳效果，如图 1-19 所示。

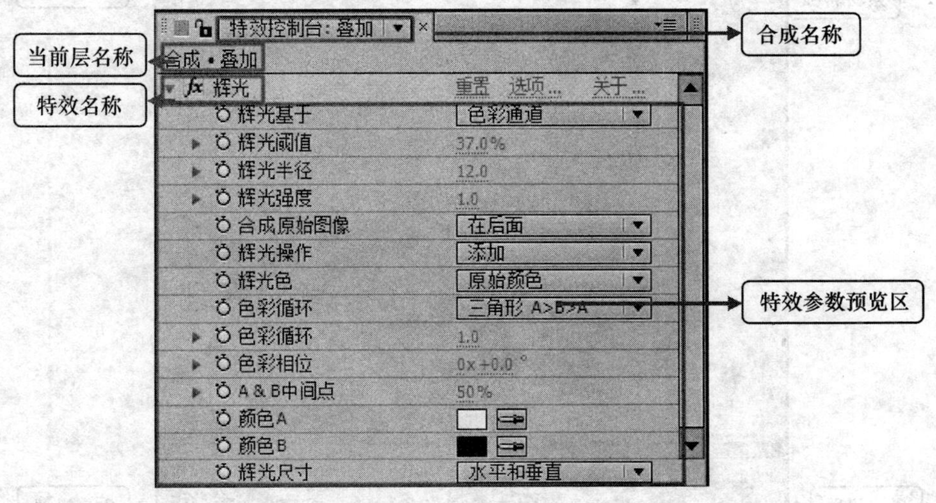

图 1-19 "特效控制台"面板

(5)"效果和预置"面板

"效果和预置"面板中包含了动画预置、音频、模糊和锐化、通道、色彩校正等多种特效，是进行视频编辑的重要部分，主要针对时间线上的素材进行特效处理，如图 1-20 所示。

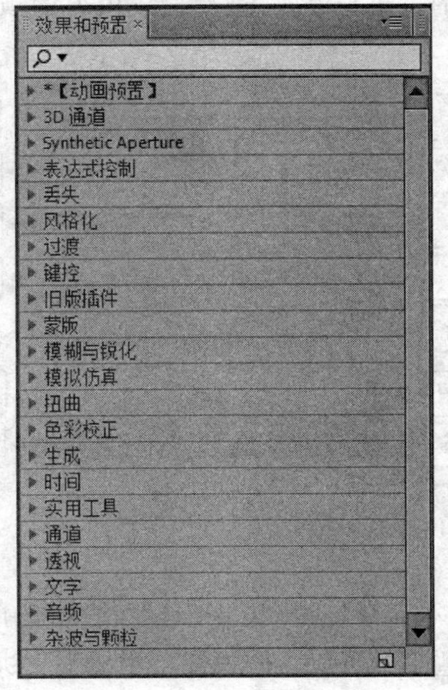

图 1-20 "效果和预置"面板

(6)"层"窗口

在"层"窗口中,默认情况下是不显示图像的,如果要在"层"窗口中显示画面,直接在"时间线"面板中双击该素材层,即可打开该素材的"层"窗口,如图 1-21 所示。

图 1-21 "层"窗口

(7)"预演"面板

单击"窗口"→"工具"菜单命令或按"Ctrl+1"组合键,打开或关闭"预演"面板。"预演"面板主要用来控制素材的播放与停止,进行合成内容的预演操作,还可以进行预演的相关设置,如图 1-22 所示。

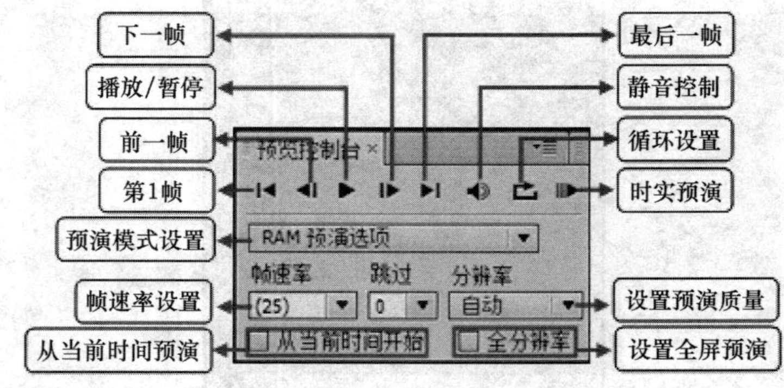

图 1-22 "预演"面板

(8)工具栏

单击"窗口"→"工具"菜单命令,或按"Ctrl+1"组合键,打开或关闭工具栏,工具栏中包含了常用的工具,使用这些工具可以在合成窗口中对素材进行编辑操作,如移动、缩放、旋转、创建文字、绘制图形等,工具栏及说明如图 1-23 所示。

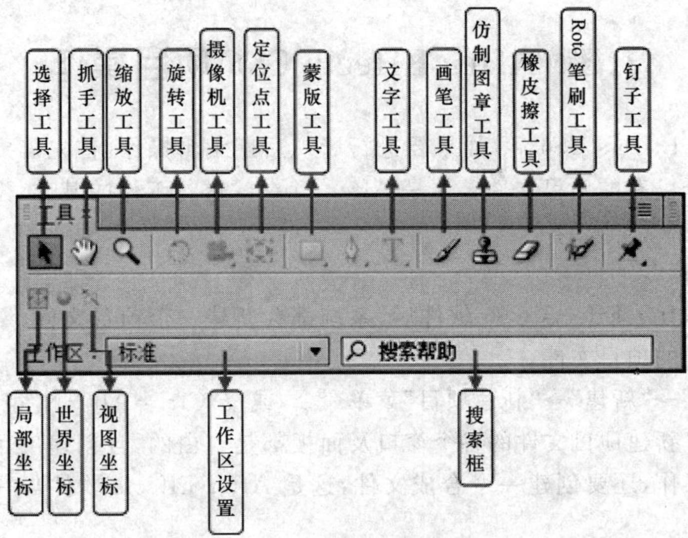

图 1-23　工具栏及说明

在工具栏中，有些工具按钮的右下角有一个黑色的三角形箭头，表示该工具还包含有其他工具，在该工具上按住鼠标不放，即可显示出其他工具，如图 1-24 所示。

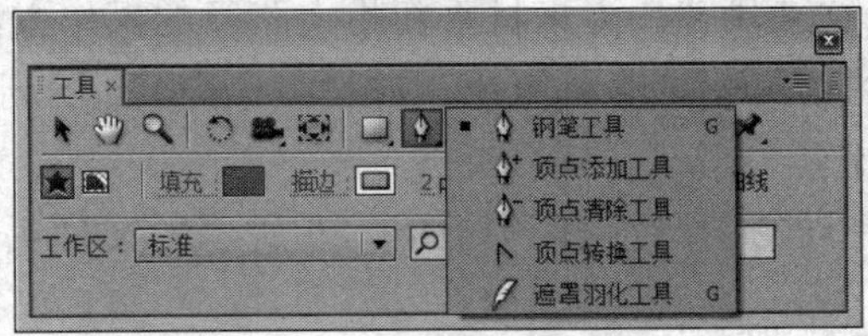

图 1-24　显示其他工具

2. 预置工作界面介绍

After Effects CS6 在界面上更加合理地分配了各个窗口的位置，根据制作内容的不同，After Effects CS6 为用户提供几种预置的工作界面，通过这些预置的工作界面，可以将界面设置成不同的模式，如动画、绘图、特效等。单击“窗口”→“工作区”菜单命令，可以看到其子菜单中包含多种工作模式选项，如图 1-25 所示。

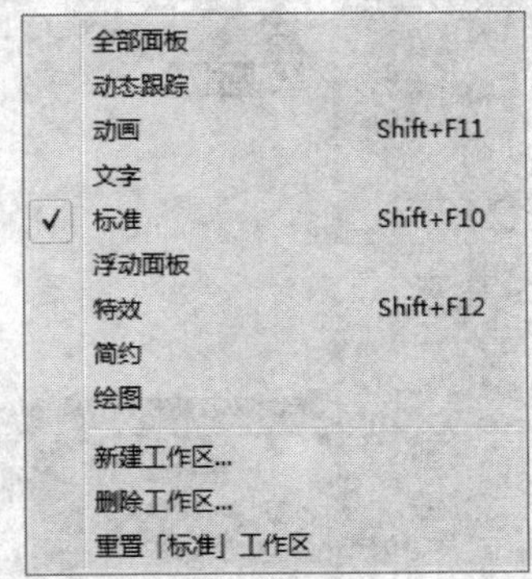

图 1-25　多种工作模式选项

1.3 After Effects CS6 项目操作

启动 After Effects CS6 后，如果要进行影视后期编辑操作，首先需要创建一个新的项目文件或打开已有的项目文件。这是 After Effects 进行工作的基础，没有项目是无法进行编辑工作的。

1. 新建项目

每次启动 After Effects CS6 软件后，系统都会新建一个项目文件，用户也可以自己重新创建一个新的项目文件。

单击“文件”→“新建”→“新建项目”菜单命令，或按“Ctrl＋Alt＋N”组合键，即可新建一个项目文件。新建项目文件的各个窗口及面板都是空白的，且创建项目文件后还不能进行视频编辑操作，还要创建一个合成文件，这是 After Effects 软件与一般软件不同的地方。

2. 打开已有项目

单击“文件”→“打开项目”菜单命令，或按“Ctrl＋O”组合键，将打开已有项目。当打开一个项目文件时，如果该项目所使用的素材路径发生了变化，需要为其指定新的路径。丢失的文件会用彩色条纹来代替。为素材重新指定路径的操作方法如下：

(1)单击“文件”→“打开项目”菜单命令，或按“Ctrl＋O”组合键，选择一个改变素材路径的项目文件，将其打开。

(2)在该项目文件打开的同时会打开如图 1-26 所示的文件丢失警告对话框，提示最后保存的项目中缺少文件。

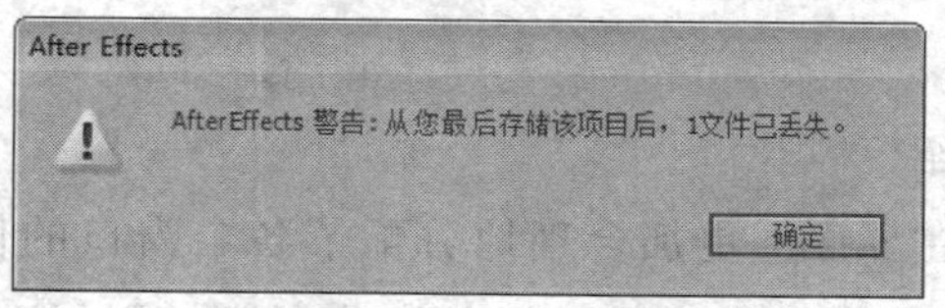

图 1-26　文件丢失警告对话框

(3)打开项目文件后，可以看到丢失的文件显示为彩色条纹，如图 1-27 所示。

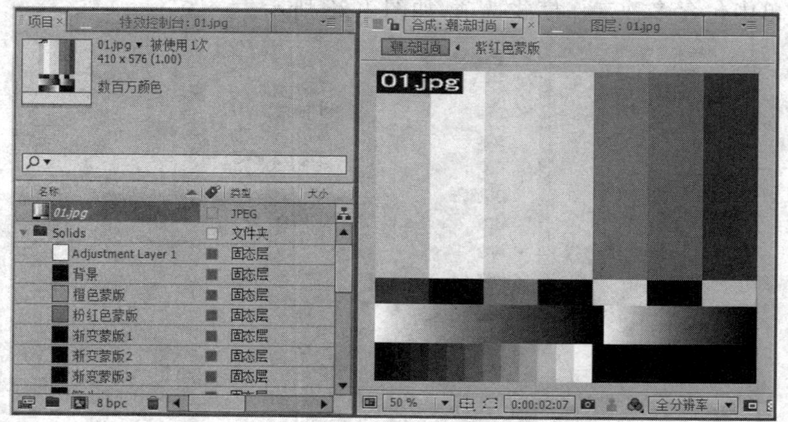

图 1-27　丢失文件的效果

(4)在“项目”面板中双击要重新指定路径的素材文件，打开“替换素材文件”对话框，在其中选择替换的素材，单击“打开”按钮即可，如图 1-28 所示。

图 1-28 “替换素材文件”对话框

1.4 After Effects CS6 合成操作

合成是在一个项目中建立的，是项目文件中重要的部分。After Effects 的编辑工作都是在合成中进行的，当新建一个合成后，会激活该合成的时间线窗口，然后在其中进行编辑工作。

1. 新建合成

单击“合成”→“新建合成”菜单命令，或按“Ctrl＋N”组合键，打开“图像合成设置”对话框，如图 1-29 所示。

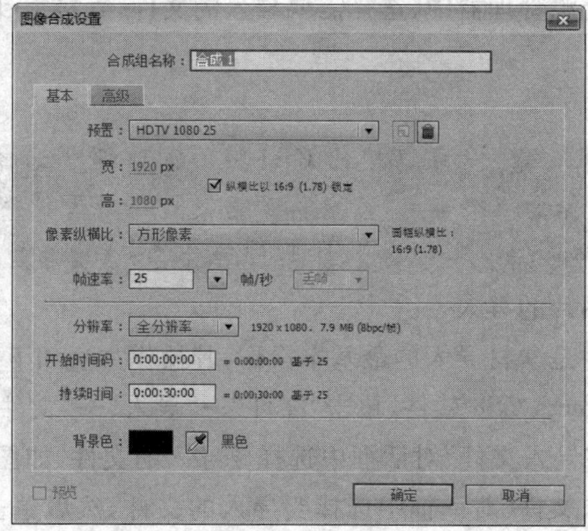

图 1-29 “图像合成设置”对话框

在“图像合成设置”对话框中输入合适的名称、尺寸、帧速率、持续时间等内容后，单击“确定”按钮，即可创建一个合成文件。

2. 合成的嵌套

一个合成中的素材可以分别提供给不同的合成使用，而一个项目中的合成可以分别是独立的，也可以是相互之间存在“引用”的关系，不过在合成之间的关系中并不可以相互“引用”，只存在一个合成使用另一个合成，也就是一个合成嵌套另一个合成的关系，如图1-30所示。

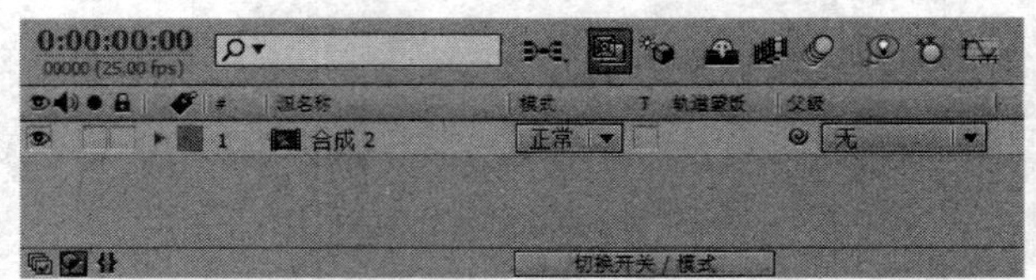

图 1-30　合成的嵌套

1.5　After Effects CS6 导入素材文件

在进行影片的编辑时，首先是要导入素材，然后才能进行合成操作。

1. 导入素材的方法

导入素材主要有以下几种方法：

(1)单击“文件”→“导入”→“文件”菜单命令，或按“Ctrl＋I”组合键，在打开的“导入文件”对话框中选择要导入的文件。

(2)在“项目”面板的空白处右击，单击“导入”→“文件”菜单命令，在打开的“导入文件”对话框中选择要导入的文件。

(3)在“项目”面板中双击，单击“导入”→“文件”菜单命令，在打开的“导入文件”对话框中选择要导入的文件。

(4)在 Windows 资源管理器中，选择需要导入的文件，直接拖到 After Effects 软件的“项目”面板中即可。

技术点睛

如果要同时导入多个素材，可以按住 Ctrl 键的同时逐个选择所需的素材，或按住 Shift 键的同时，选择开始的一个素材，然后再单击最后一个素材选择多个连续的文件即可。也可以单击“文件”→“导入”→“多个文件”菜单命令，多次导入需要的文件。

2. JPG 格式静态图片的导入

导入静态素材文件是素材导入的最基本操作，其操作方法如下：

(1)运行 After Effects CS6 软件，单击“文件”→“导入”→“文件”菜单命令，或按“Ctrl＋I”组合键，在打开的“导入文件”对话框中选择要导入的文件，如图 1-31 所示。

(2)在打开的“导入文件”对话框中选择要导入的文件，然后单击“打开”按钮，即可将文件导入，此时在“项目”面板上可以看到导入的图片效果。

图 1-31　导入静态图片

技术点睛

有些常用的动态素材和不分层静态素材的导入方法与 JPG 格式静态图片的导入方法相同,如.avi、.tif 格式的动态素材。另外,对于音频素材文件的导入方法也与不分层静态图片的导入方法相同,直接选择素材然后导入即可。

3. 序列素材的导入

在使用三维动画软件输出作品时,经常将其渲染成序列图片文件。After Effects 可导入序列图片,并能以视频的方式浏览,对序列图片也可以进行与视频文件相似的设置。导入序列素材的方法如下:

(1)运行 After Effects CS6 软件,单击"文件"→"导入"→"文件"菜单命令,或按"Ctrl+I"组合键,打开"导入文件"对话框。

(2)选择"导入序列图片\飞鸟"文件夹,再选择"鸟 001.tga"文件,然后勾选对话框中的"Targa 序列"复选框,如图 1-32 所示。

(3)单击"打开"按钮,即可将图片序列形式的图片导入,一般导入后的序列图片为动态视频文件,如图 1-33 所示。

4. PSD 格式素材的导入

导入 PSD 格式素材有多种导入方法,产生的效果也有所不同,具体导入方法如下:

(1)运行 After Effects CS6 软件,单击"文件"→"导入"→"文件"菜单命令,或按"Ctrl+I"组合键,打开"导入文件"对话框,选择"卡通画.psd"文件。

(2)单击"打开"按钮,将打开一个以素材名命名的对话框,如图 1-34 所示,在该对话框中指定要导入的类型,可以是素材,也可以是合成。

图 1-32 导入序列图片步骤及设置

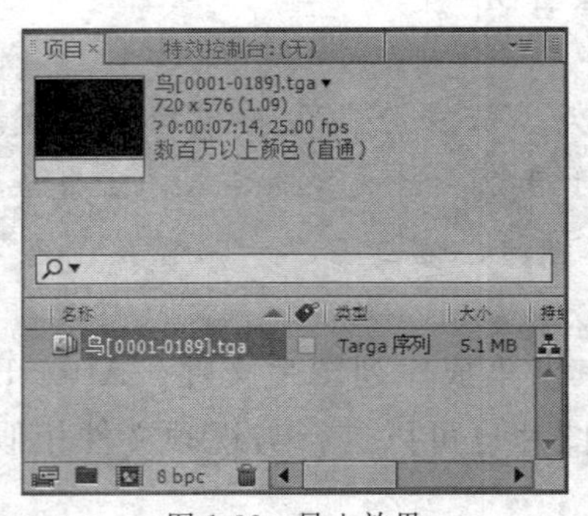

图 1-33 导入效果

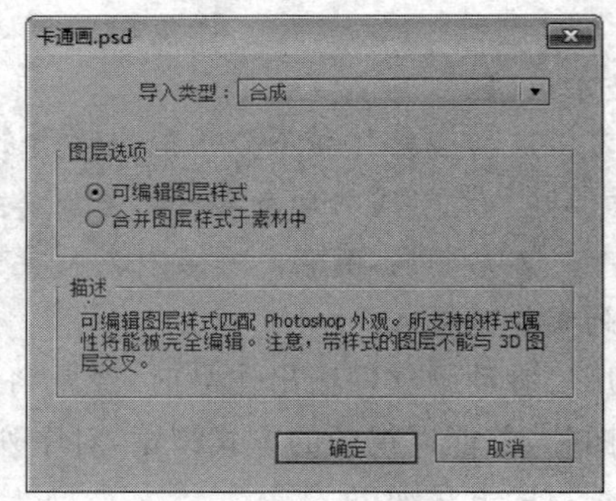

图 1-34 “卡通画.psd”对话框

(3)在导入类型中选择不同的选项，会有不同的导入效果。“素材”导入和“合成”导入效果分别如图 1-35 和图 1-36 所示。

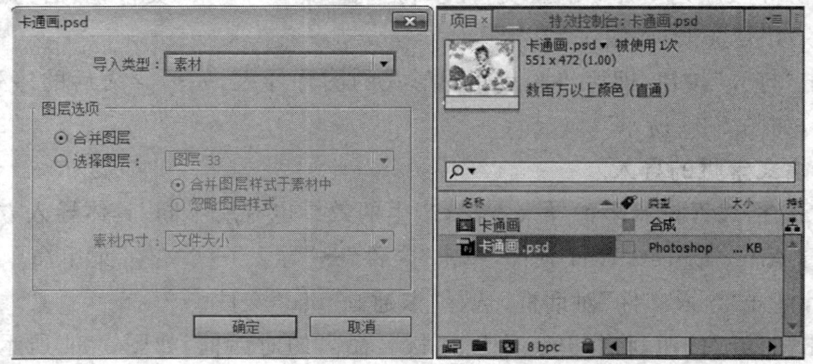

图 1-35 “素材”导入效果

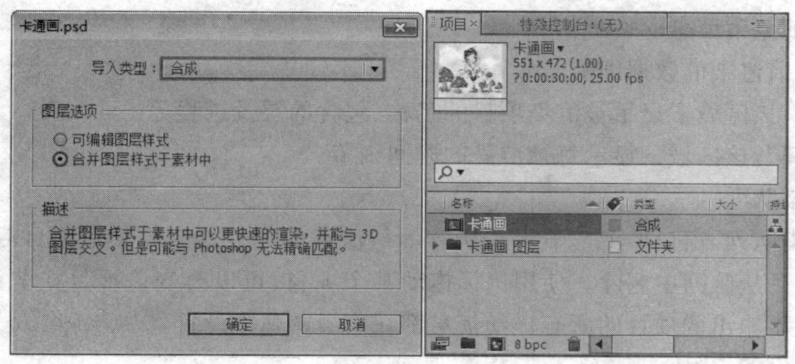

图 1-36　“合成”导入效果

(4)设置完成后单击“确定”按钮，即可将设置好的素材导入到“项目”面板中。

1.6　渲染输出

当一个视频或音频文件制作完成后，就要将最终的结果输出，以发布成最终作品。After Effects CS6 提供了多种输出方式，通过不同的设置，快速输出需要的影片。

1.“渲染队列”窗口

完成影片的制作后，单击“图像合成”→“添加到渲染队列”菜单命令，或按“Ctrl＋M”组合键，打开“渲染队列”窗口，如图 1-37 所示。在“渲染队列”窗口中，主要设置输出影片的格式，这也决定了影片的播放模式。

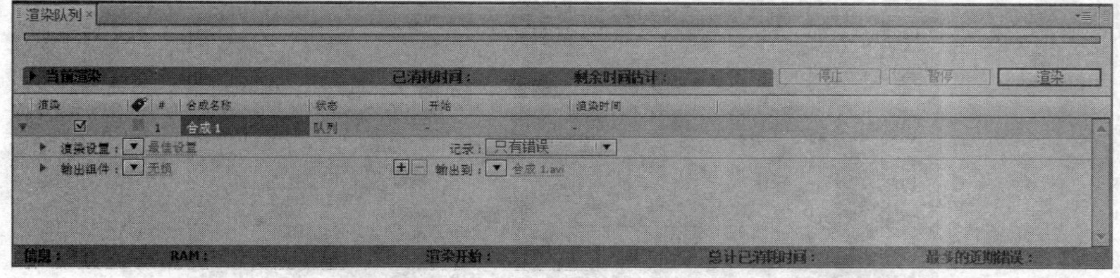

图 1-37　“渲染队列”窗口

在“渲染队列”窗口中可以设置每个项目的输出类型，每种输出类型都有独特的设置。渲染是一项重要的技术，熟悉渲染技术的操作是使用 After Effects 制作影片的关键。

(1)全部渲染

单击 渲染 按钮后，系统开始进行渲染，相关的渲染信息也将显示出来。

“信息”：渲染时内存的使用状况。

“RAM”：渲染时内存的使用状况。

“渲染开始”：渲染的开始时间。

“总计已消耗时间”：渲染耗费的时间。

“最多的近期错误”：渲染日志的文件名与位置。

(2)当前渲染

此部分显示渲染的进度，包括“已消耗时间”“剩余时间估计”等参数项。

(3)当前渲染信息

显示当前渲染的数据细节。

“渲染”:该区域下显示被渲染项目的名称、包含的层及进程等。

“帧时间”:该区域下显示每帧渲染的时间细节。

(4)渲染队列

在“渲染队列”窗口的下方显示了所有等待渲染的项目。选中某个项目后按 Del 键,可以将该项目从队列中删除。使用鼠标拖动某个项目,可以改变该项目在渲染队列中的排列顺序。要输出的项目的所有详细信息都在渲染队列中设置。

2. 渲染设置

单击“渲染设置”右侧的▶按钮,展开“渲染设置”参数项,可查看详细的数据,如图1-38所示。

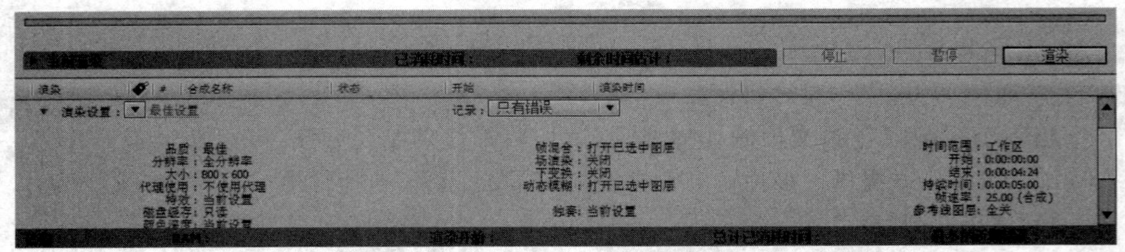

图 1-38 “渲染设置”参数项

在当前渲染设置类型的名称上单击,可打开“渲染设置”对话框,如图 1-39 所示,在“渲染设置”对话框中可以设置自己需要的渲染方式。

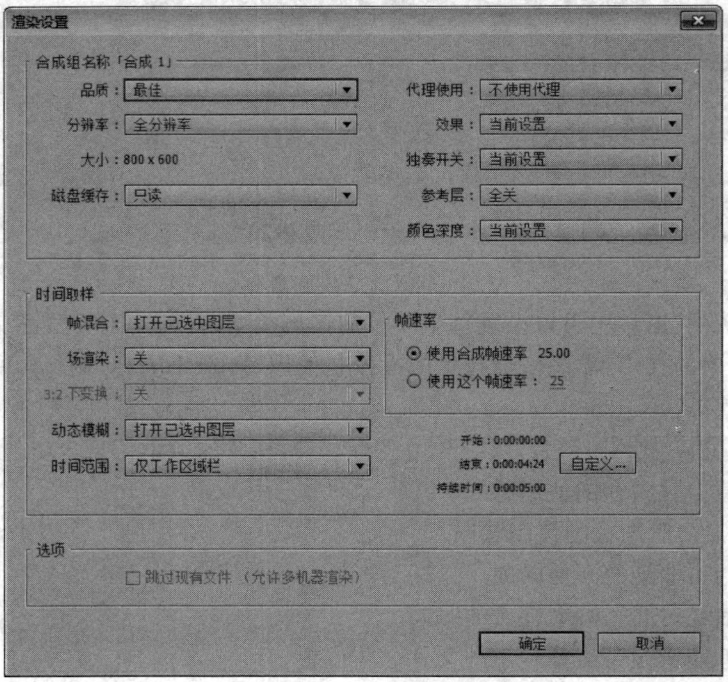

图 1-39 “渲染设置”对话框

(1)合成组名称

“品质”:用于设置影片的渲染质量,有最佳、草稿和线框图三种模式。

“分辨率”:用于设置影片的分辨率,有全分辨率、1/2、1/3 和 1/4 四个选项,单击“自定义”选项可以自己设置。

“磁盘缓存”:用于设置渲染缓存,可选择使用 OpenGL。

“代理使用”:且于设置渲染时是否使用代理。

“效果”:用于设置渲染时是否渲染效果。

“独奏开关”:用于设置是否渲染 Solo(独奏)层。

“引导层”:用于设置是否渲染 Guide(引导)层。

“颜色深度”:用于设置渲染项目的 Color Bit Depth(颜色深度)。

(2)时间取样

“帧混合”:用于设置渲染项目中所有层的帧混合。

“场渲染”:用于设置渲染时的场。如果选择“关”选项,系统将渲染不带场的影片;也可以选择渲染带场的影片,而且还要选择是上场优先还是下场优先。

“3∶2 下变换”:当设置场优先之后,在该下拉列表框中选择场的变换方法。

“动态模糊”:用于设置在“时间线”面板中对使用运动模糊的层进行运动模糊处理。

“时间范围”:用于设置渲染项目的时间范围。

“帧速率”:用于设置渲染项目的帧速率。

(3)选项

“跳过现有文件(允许多机器渲染)”:用于设置渲染时是否忽略已渲染完成的文件。

3. 输出组件设置

在当前设置类型的名称上单击,可打开“输出组件设置”对话框,如图 1-40 所示。

(1)基于无损

“格式”:选择不同的文件格式,系统将显示该文件格式,系统将显示该文件格式的相应设置。

“渲染后操作”:用于设置渲染后要继续的操作。

(2)视频输出

“通道”:用于设置渲染影片的输出通道。依据文件格式和使用的编码器的不同,输出的通道也有所不同。

“深度”:用于设置渲染影片的颜色深度。

“颜色”:用于设置产生 Alpha 通道的类型。

(3)调整大小

可以在“调整大小”选项组中输入新的影片尺寸,也可以在“自定义”下拉列表中选择常用的影片格式。

(4)裁剪

用于设置是否在渲染影片边缘修剪像素。正值裁剪像素,负值增加像素。

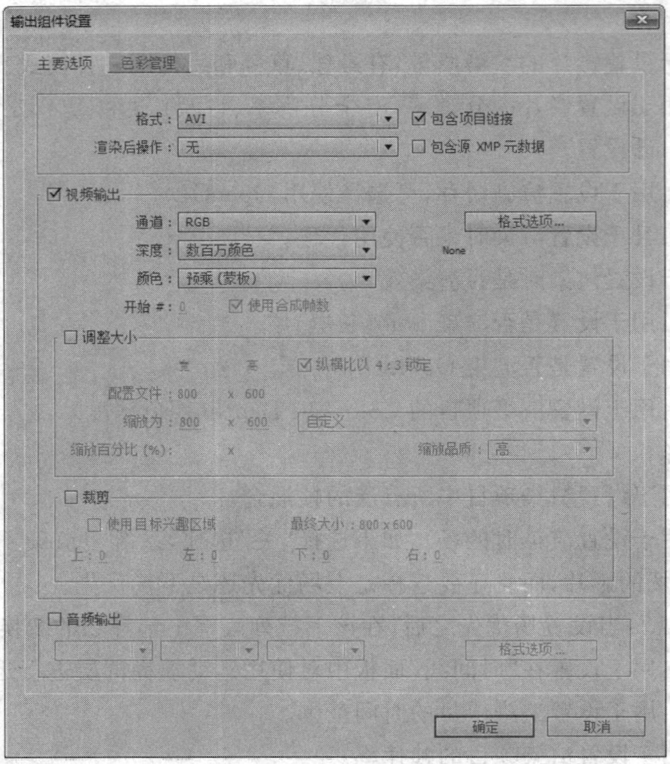

图 1-40 "输出组件设置"对话框

(5)音频输出

如果影片带有音频,可以激活该选项,输出音频。单击下方的 格式选项... 按钮,可以选择相应的编辑解码器。在下方的五个下拉列表中,分别设置音频素材的采样速度、量化位数以及回放格式。

1.7 初试牛刀:After Effects CS6 入门动画

本例主要通过一个简单的片头来讲解 After Effects 的制作流程。实例中涉及的知识点有的还没有讲到,可以暂且不去深究,将在以后的学习中详细讲解。通过本例的学习,希望读者对 After Effects CS6 的操作界面和面板的功能有一个清晰的认识。片头动画效果如图 1-41 所示。

图 1-41 片头动画效果

操作步骤：

1. 导入素材。打开 After Effects 软件，按“Ctrl＋I”组合键，打开“导入文件”对话框，以合成的方式导入素材 ae. psd 文件，如图 1-42 所示。

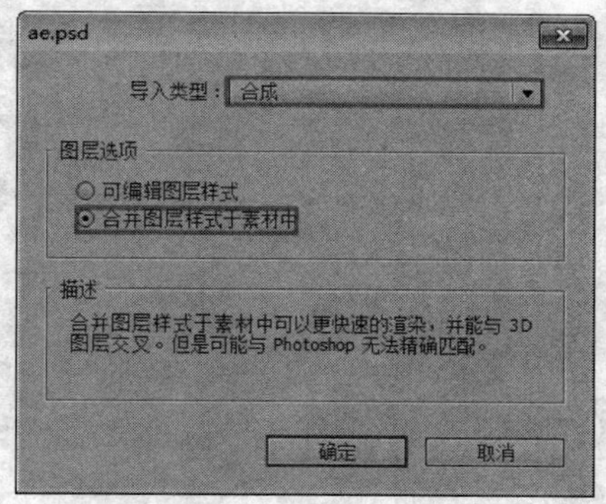

图 1-42　以合成方式导入素材

2. 新建合成。单击菜单中“合成”→“新建合成”菜单命令，打开“图像合成设置”对话框，设置图像合成参数如图 1-43 所示。

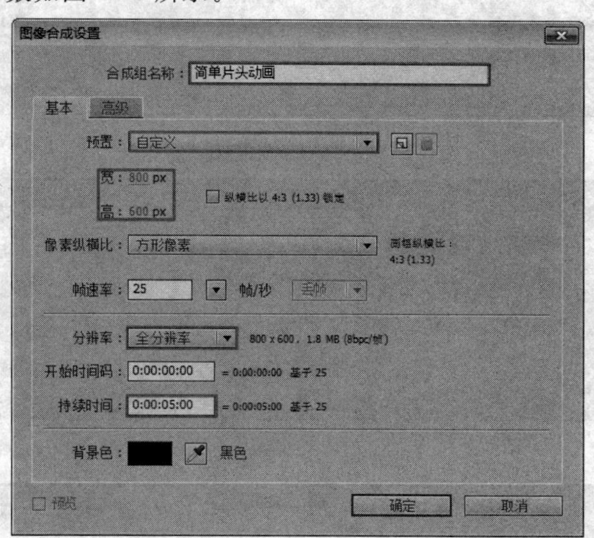

图 1-43　设置图像合成参数

3. 添加素材到“时间线”面板。在“项目”面板单击 ae 图层文件夹左边的▶按钮，在下拉列表框中按住 Ctrl 键选择将要使用的七个素材，并拖动到“时间线”面板中，如图 1-44 所示。

4. 调整图层。在“时间线”面板中，选择第 1 层，将时间指示器移动到 0:00:03:00 帧的位置，在“时间线”面板按住鼠标左键，使其起始位置位于“时间线”面板的第 3 秒处；用同样的方法使 2～4 层的起始位置位于“时间线”面板的第 2 秒处，如图 1-45 所示。

5. 设置定位点。选中第 6 层，按 A 键，打开定位点属性。设置该图层的定位点坐标为(388.0，300.0)，并将该图层的图像移到合成窗口的左下角，效果如图 1-46 所示。

图 1-44 添加素材

图 1-45 设置起始位置

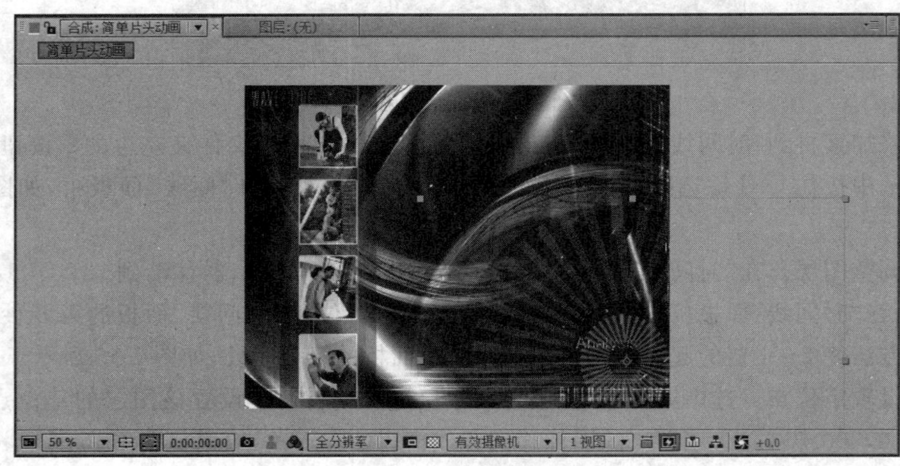

图 1-46 设置定位点后的效果

6. 设置旋转动画。选中第 6 层，按下 R 键，打开旋转属性。确保时间指示器处于 0:00:00:00 帧的位置，激活其属性前面的“时间秒表”按钮，此时在该图层的时间线区域将生成一个关键帧，记录该图层的旋转角度。拖动时间指示器到 0:00:05:00 帧的位置，设置旋转角度为 1x+0.0°，如图 1-47 所示。

图 1-47　设置旋转动画

7. 设置位置动画。选择第 5 层，按下 P 键，打开位置属性。确保时间指示器处于 0:00:00:00 帧的位置，激活其属性前面的“时间秒表”按钮，并设置位置坐标为(400.0, 775.0)此时在该图层的时间线区域将生成一个关键帧，如图 1-48 所示。

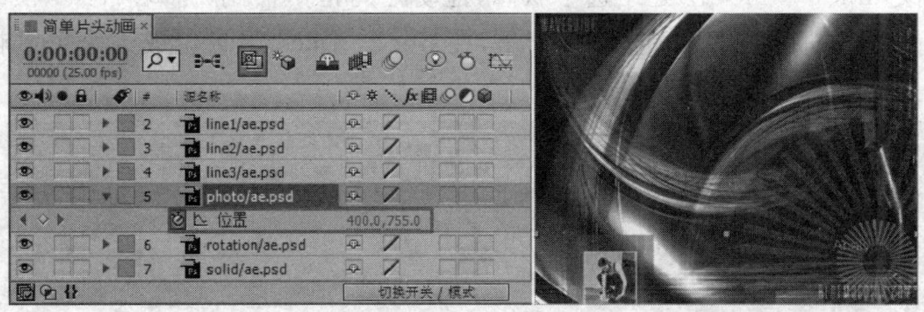

图 1-48　00:00:00 帧处的效果

8. 拖动“时间指示器”到 0:00:03:00 帧的位置，按住 Shift 键移动素材到如图 1-49 所示位置，又生成一个关键帧。

9. 设置线条透明度动画。拖动时间指示器到 0:00:02:00 帧的位置，按住 Ctrl 键选择 line1～line3，按下 T 键，打开不透明度属性，激活其属性前面的“时间秒表”按钮，设置不透明度为 0%，在 line1～line3 层各生成一个关键帧，如图 1-50 所示。

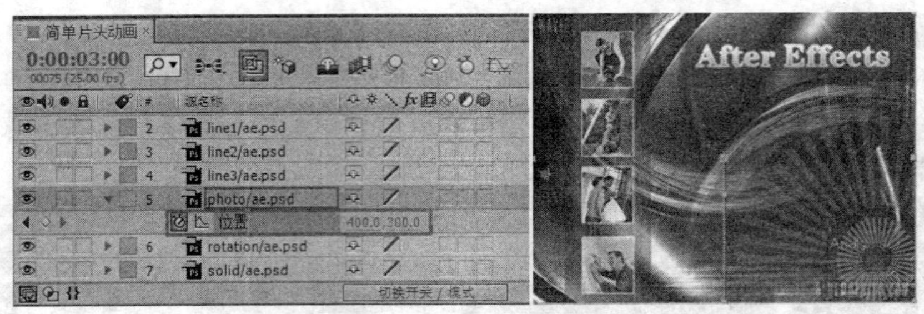

图 1-49　0:00:03:00 帧处的效果

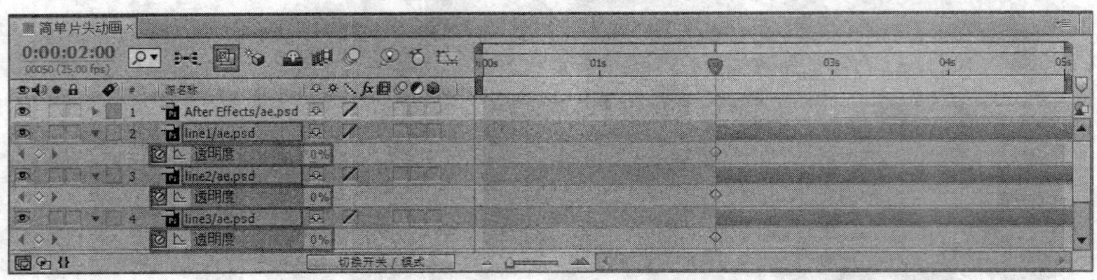

图 1-50　0:00:02:00 帧处的透明度参数

10. 拖动“时间指示器”到 0:00:03:00 帧的位置，设置不透明度为 100%，如图 1-51 所示。

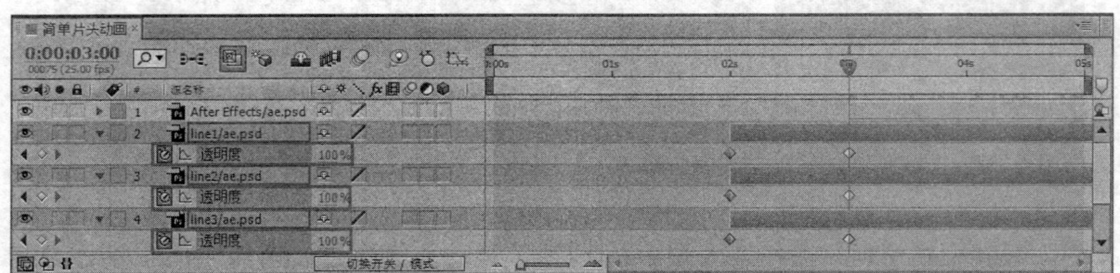

图 1-51　0:00:03:00 帧处的透明度参数

11. 确定 line1～line3 层处于选中状态，拖动时间指示器到 0:00:04:00 帧的位置，单击“在当前时间添加和删除关键帧”按钮，在 line1～line3 层各生成一个关键帧，设置不透明度为 100%，如图 1-52 所示。

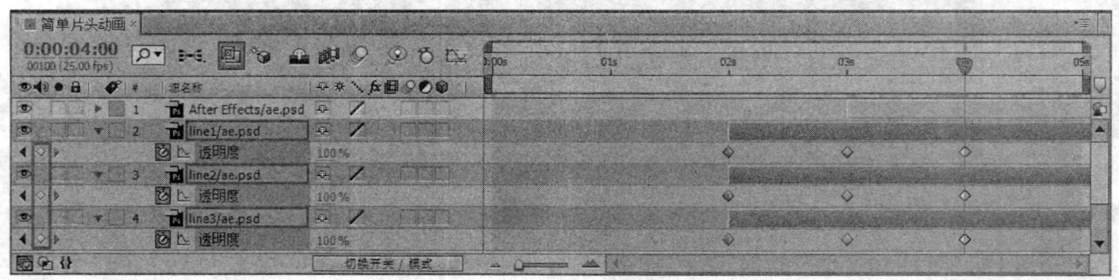

图 1-52　0:00:04:00 帧处的透明度参数

12. 确定 line1～line3 层处于选中状态，拖动时间指示器到 0:00:05:00 帧的位置，设置不透明度为 0%，如图 1-53 所示。

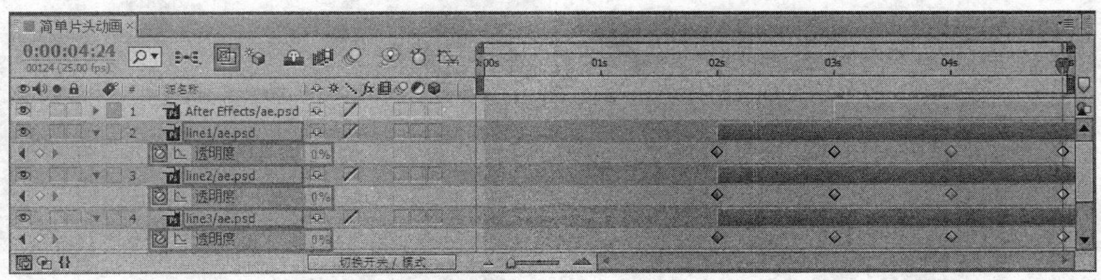

图 1-53　0:00:05:00 帧处的透明度参数

13. 设置线条位置动画。拖动时间指示器到 0:00:02:00 帧的位置，按住 Ctrl 键选择 line1～line3，按下 P 键，打开位置属性，激活其属性前面的"时间秒表"按钮，在 line1～line3 层各生成一个关键帧，设置位置参数如图 1-54 所示。

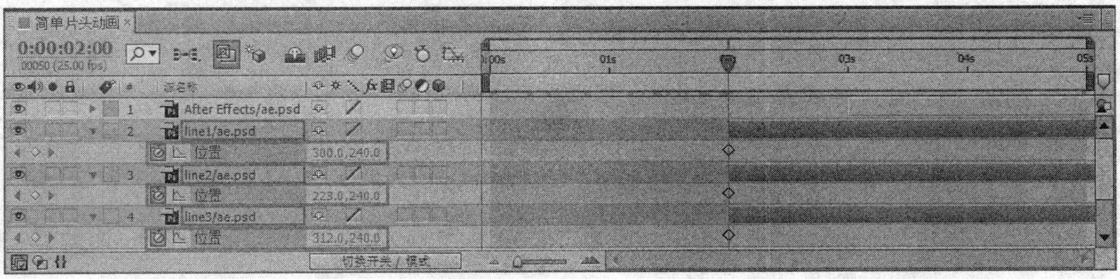

图 1-54　0:00:02:00 帧处的位置参数

14. 拖动时间指示器到 0:00:05:00 帧的位置，设置位置参数如图 1-55 所示。

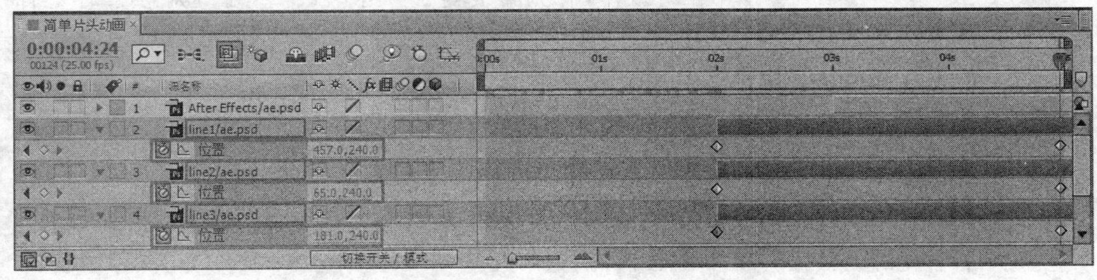

图 1-55　0:00:05:00 帧处的位置参数

15. 设置文字动画。选择第 1 层，按下 T 键，打开不透明属性。拖动时间指示器到 0:00:03:00 帧的位置，激活其属性前面的"时间秒表"按钮，设置不透明度为 0%，在该图层的时间线将生成一个关键帧；拖动时间指示器到 0:00:04:00 帧的位置，设置不透明度为 100%。

16. 编辑完成后，单击"文件"→"保存"菜单命令，保存文件。

17. 渲染输出。单击"图像合成"→"制作影片"菜单命令，或按"Ctrl＋M"组合键，打开"渲染队列"对话框，单击渲染队列对话框中的无损按钮，打开"输出组件设置"对话框，设置输出格式为.avi。

18. 返回渲染队列对话框，单击渲染按钮，输出视频。

1.8 本章小结

本章主要详细讲解了后期合成基础知识，为初次踏入影视后期编辑制作这一领域的读者填补这方面的空白；其次，讲解了 After Effects CS6 的基本操作，如：项目设置、合成设置、导入素材等；最后，通过一个简单的片头来讲解 After Effects 的制作流程，从而使读者对 After Effects CS6 的操作界面和面板的功能有一个清晰的认识。

1.9 习 题

一、填空题

1. 创建一个新项目的快捷键是______。

2. 创建合成的快捷键是______。

3. ______用于描述视频文件的持续时间，并能够准确地指出视频文件中不同画面的时间位置。其表示方式为时：______：秒：______。

4. 电视制式分为______制、______制和 SECAM 制。

5. ______是构成动画的最小单位。

6. NTSC 制影片的帧速率是______、PAL 制影片的帧速率是______。

7. 要在一个新项目中编辑、合成影片，首先需要建立一个______，通过对各素材进行编辑达到最终合成效果。

8. 一般非线性编辑的操作流程可以简单分为______、______和______三大部分。

二、不定项选择题

1. After Effects 中导入和管理素材是在下面哪个窗口中进行的？(　　)

A.“时间线”面板　　B.“项目”面板　　C. 合成窗口　　D. 特效控制台面板

2. 关于合成的说法下列哪个是正确的？(　　)

A. 合成的“合成窗口”和“时间线”面板是相互关联的，在“合成窗口”中进行空间操盘，在“时间线”面板中进行时间操作

B. 合成的“合成窗口”和“时间线”面板是相互关联的，在“合成窗口”中进行时间操盘，在“时间线”面板中进行空间操作

C. 合成的“合成窗口”和“时间线”面板是没有关系的，在“合成窗口”中进行空间操盘，在“时间线”面板中进行时间操作

D. 合成的“合成窗口”和“时间线”面板是没有关系的，在“合成窗口”中进行时间操盘，在“时间线”面板中进行空间操作

3. 下面对于视频扫描格式的叙述正确的是(　　)。

A. NTSC 制的场频高于 PAL 制　　B. NTSC 制的场频低于 PAL 制

C. NTSC 制的行频高于 PAL 制　　D. NTSC 制的行频低于 PAL 制

4. 在 After Effects 中，引入序列静态图片时，应(　　)。

A. 直接双击序列图像的第一个文件即可引入

B. 选择序列文件的第一个文件后，需要勾选"序列"选项，然后单击"打开"按钮

C. 需要选择全部序列图像的名称

D. 使用"导入"→"多重文件"

5. After Effects 可以导入下列哪些类型的文件格式？(　　)

A. TGA　　B. AI　　C. JPG　　D. MAX

三、简答题

1. 简述非线性编辑的工作流程。

2. "项目"面板有哪些作用？

第2章 二维合成

本章教学目标

1. 了解层的概念，掌握层的创建方法；
2. 掌握常见层属性的设置技巧；(重点)
3. 掌握利用层属性制作动画的技巧；(重点)
4. 学会关键帧的查看及创建方法；
5. 学会关键帧的编辑和修改。(难点)

2.1 层的概念

After Effects 引用了 Photoshop 中的层的概念，不仅能够导入 Photoshop 产生的层文件，还可以在合成中创建层文件。将素材导入合成中，素材会以合成中的一个层的形式存在，将多个层进行叠加制作便可以得到最终的合成效果。

层的叠加就像是具有透明部分的胶片叠在一起，上层的画面遮住下层的画面，而上层的透明部分可表示出下层的画面，多层重叠在一起就可以得到完整的画面，如图 2-1 所示。

图 2-1　层的示意图

2.2 层的基本操作

层，指的就是素材层，是 After Effects 软件的重要组成部分，几乎所有的特效及动画效果都是在层中完成的，特效的应用首先要添加到层中，才能制作出最终效果。层的基本操作，包括创建层、选择层、层顺序的修改、查看列表、层的自动排序等，掌握这些基本操作，才能更好地管理层，并应用层制作优质的影像效果。

1. 创建层

层的创建非常简单，只需要将导入到“项目”面板中的素材，拖动到“时间线”面板中即可创建层，如果同时拖动几个素材到“项目”面板中，就可以创建多个层。

2. 选择层

要想编辑层，首先要选择层。选择层可以在“时间线”面板或合成窗口中完成。

技术点睛

(1)如果要选择某一个层,可以在“时间线”面板中直接单击该层,也可以在合成窗口中单击该层的任意素材图像,即可选择该层。

(2)如果要选择多层,可以在按住 Shift 键的同时,选择连续的多个层;按住 Ctrl 键依次单击要选择的层名称位置,这样可以选择多个不连续的层。

(3)如果要选择全部层,可单击“编辑”→“选择全部”菜单命令或按“Ctrl+A”组合键;如果要取消层的选择,可单击“编辑”→“取消全部”菜单命令或在“时间线”面板中的空白处单击,即可取消层的选择。

(4)选择多个层,还可以从“时间线”面板中的空白处单击拖动一个矩形框,与框有交叉的层将被选择。

3. 删除层

有时由于错误的操作,可能会产生多余的层,这时需要将其删除。删除层的方法十分简单,首先选择要删除的层,然后单击“编辑”→“清除”菜单命令或按 Delete 键,即可将层删除。

4. 层的顺序

选择某个层后,按住鼠标拖动它到需要的位置,当出现一个黑色的长线时,释放鼠标即可改变层顺序,如图 2-2 所示。

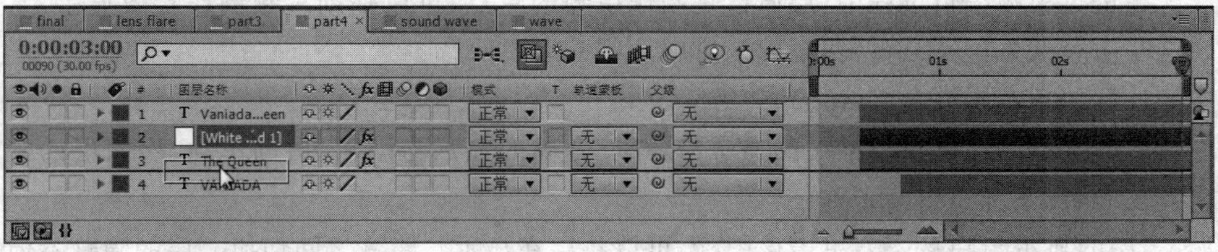

图 2-2　修改层的顺序

改变层顺序,还可以应用菜单命令,单击“层”→“排列”菜单命令下的子命令,来改变层的顺序。

技术点睛

向上移动层:Ctrl+]　　向下移动:Ctrl+[

图层置顶:Ctrl+Shift+]　　图层置底:Ctrl+ Shift+ [

5. 层的复制与粘贴

复制命令可以将相同的素材快速重复使用,选择要复制的层后,单击“编辑”→“复制”菜单命令或按“Ctrl+C”组合键,可以将层复制。

在需要的合成中,单击“编辑”→“粘贴”菜单命令或按“Ctrl+V”组合键,即可将层粘贴,粘贴的层将位于当前选择层的上方。

另外,单击“编辑”→“副本”菜单命令或按“Ctrl+D”组合键,快速复制一个位于所选层上方的副本层。

技术点睛

副本和复制的不同之处在于:副本命令只能在同一个合成中完成副本的制作,不能跨合成复制;而复制命令可以在不同的合成中完成复制。

6. 序列层

序列层就是将选择的多个层按一定的次序进行自动排序，并根据需要设置排序的重叠方式，还可以通过持续时间来设置重叠的时间。选择多个层后，单击“动画”→“关键帧助理”→“序列层”菜单命令，打开“序列图层”对话框，如图 2-3 所示。

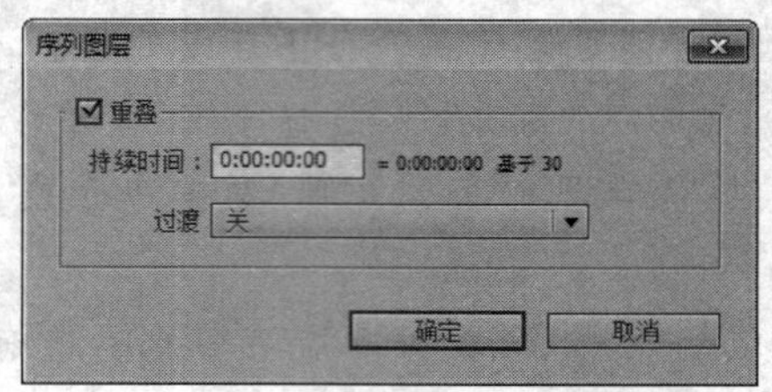

图 2-3 “序列图层”对话框

通过不同的参数设置，将产生不同的层过渡效果。“直接过渡”表示不使用任何过渡效果，直接从前素材切换到后素材；“前层渐隐”表示前素材逐渐透明消失，后素材出现；“交叉渐隐”表示前素材和后素材以交叉方式渐隐过渡。

2.3 层的属性

在进行视频编辑过程中，层属性是制作视频的重点，可以辅助视频制作特效显示，掌握这些内容就显得非常重要，下面来讲解这些常用属性。

1. 层的基本属性

层的基本属性主要包括层的显示与隐藏、音频的显示与隐藏、层的单独显示、层的锁定与重命名。

“层的显示与隐藏”：单击该图标，可以将层在显示与隐藏之间切换。层的隐藏不但可以关闭该层图像在合成窗口中的显示，还影响最终输出效果，如果想在输出的画面中出现该层，还要将其显示。

“音频的显示与隐藏”：在层的左侧有个音频图标，添加音频层后，单击该图标，图标会消失，在预览合成时将听不到声音。

“层的单独显示”：在层的左侧有一个层单独显示的图标，单击该图标，其他层的视频图标就会变为灰色，在合成窗口中只显示开启单独显示图标的层，其他层处于隐藏状态。

“层的锁定”：单击该图标，可以将层在锁定与解锁之间切换。层锁定后，将不能再对该层进行编辑。

“重命名”：单击选择层，并按 Enter 键，激活输入框，然后直接输入新的名称即可，层的重命名可以更好地对不同层进行操作。

2. 层的高级属性

在“时间线”面板的中部，还有一个参数区，主要用来对素材层显示、质量、特效、动态模糊等属性进行设置与显示，如图 2-4 所示。

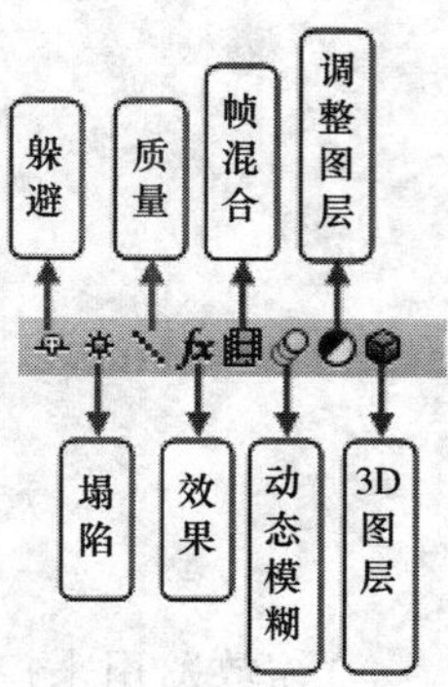

图 2-4　属性区

"躲避"图标：单击"躲避"图标，可以将选择层隐藏，而图标样式会变为图标，但"时间线"面板中的层不发生任何变化。如果想隐藏该设置的层，可以在"时间线"面板上方单击按钮，即可开启躲避功能。

"塌陷"图标：单击"塌陷"图标后，嵌套层的质量会提高，渲染时间减少。

"质量"图标：用于设置合成窗口中素材的显示质量，单击图标可以切换高质量与低质量两种显示方式。

"效果"图标：在层上增加特效命令后，当前层将显示"效果"图标，单击"效果"图标后，当前层就取消了特效命令的应用。

"帧混合"图标：可以在渲染时对影片进行柔合处理，通常在调整素材播放速率后单击应用。首先在"时间线"面板中选择动态素材层，然后单击"帧混合"图标，最后在"时间线"面板上方单击"帧混合"按钮，开启帧混合功能。

"动态模糊"图标：可以在 After Effects CS6 软件中记录层位置动画时产生模糊效果。

"调整图层"图标：可以将原图层制作成透明层，在开启"调整图层"图标后，在调整图层下方的这个层上可以同时应用其他效果。

"3D 图层"图标：可以将二维层转换为三维层操作，开启"3D 图层"图标后，层将具有 Z 轴属性。

在"时间线"面板的中间部分还包含了六个开关按钮，用来对视频进行相关的属性设置，如图 2-5 所示。

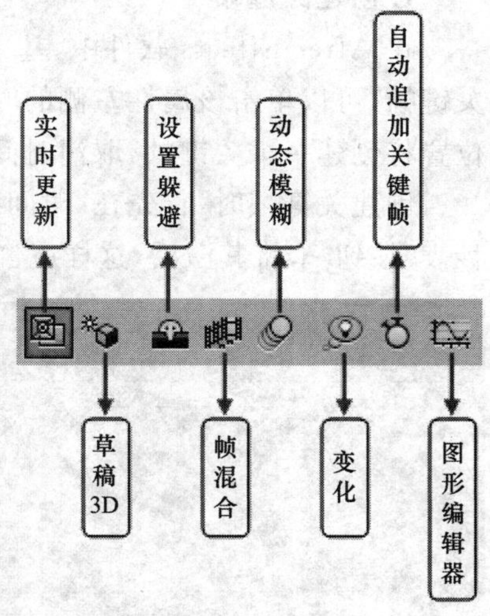

图 2-5　开关按钮

"实时更新"按钮：开启该功能，在合成窗口中拖动时间滑块时可以实时预览动画效果。

"草稿 3D"按钮：在三维环境中进行制作时，可以将环境中的阴影、摄像机和模糊等功能状态进行屏蔽，以草图的形式显示，以加快预览速度。

3. 层属性设置

在"时间线"面板中，每个层都有相同的基本属性设置，包括层的定位点、位置、缩放、旋转和透明度，这些常用层属性是进行动画设置的基础，也是修改素材比较常用的属性设置，是掌握基础动画制作的关键所在。

当创建一个层时，层列表也相应出现，应用的特效越多，层列表的选项也就越多，层的大部分属性修改、动画设置，都可以通过层列表中的选项来完成。展开层列表，可以单击层前方的按钮，展开层列表，如图 2-6 所示。

"定位点"：主要用来控制素材的旋转或缩放中心，即素材的旋转或缩放中心点位置。

"位置"：用来控制素材在合成窗口中的相对位置，为了获得更好的效果，位置和定位点参数可相结合应用。

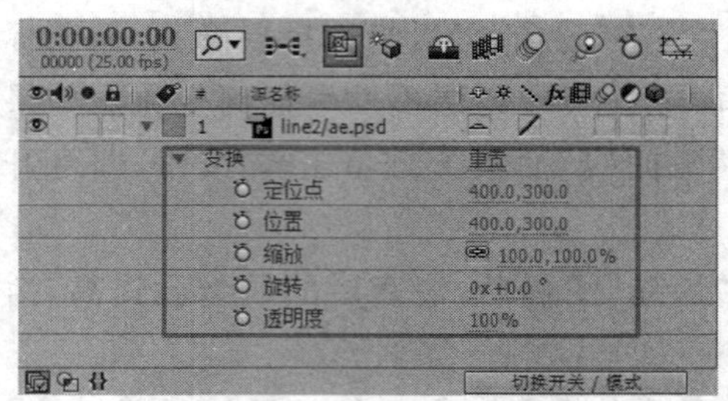

图 2-6 层列表显示效果

“缩放”:用来控制素材的大小,可以通过直接拖动的方法来改变素材大小,也可以修改参数来改变素材的大小。

“旋转”:用来控制素材的旋转角度,依据定位点的位置,使用旋转属性,可以使素材产生相应的旋转变化。

“透明度”:用来控制素材的透明度程度。

2.4 关键帧动画

在 After Effects 软件中,所有的动画效果基本上都有关键帧的参与,关键帧是组合成动画的基本元素,关键帧动画至少要通过两个关键帧来完成。特效的添加及改变也离不开关键帧,可以说,掌握了关键帧的应用,也就掌握了动画制作的基础和关键。

1. 创建关键帧

在 After Effects 软件中,基本上每一个特效或属性,都对应一个时间秒表,要想创建关键帧,可以单击该属性左侧的时间秒表,将其激活。这样,在“时间线”面板中,当前时间位置将创建一个关键帧,取消时间秒表的激活状态,将取消该属性所有的关键帧。

创建关键帧时,首先在“时间线”面板展开层列表,单击某个属性,如位置左侧的“时间秒表”按钮,将其激活,这样就创建了一个关键帧,如图 2-7 所示。

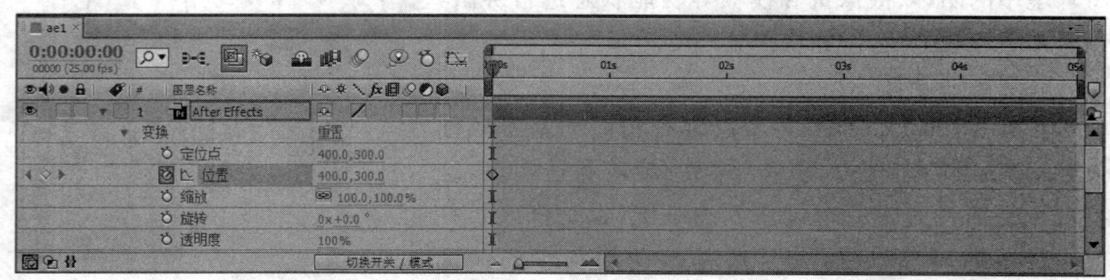

图 2-7 创建关键帧

如果时间秒表已经处于激活状态,即表示该属性已经创建了关键帧。可以通过两种方法再次创建关键帧,但不能再使用时间秒表来创建关键帧,因为再次单击时间秒表,将取消时间秒表的激活状态,这样就自动取消了所有关键帧。

方法一:通过修改数值。当时间秒表处于激活状态,说明已经创建了关键帧,此时要创建其他关键帧,可以将时间调整到需要的位置,然后修改该属性的值,即可在当前时间帧位置创建一个关键帧。

方法二：通过添加关键帧按钮。将时间调整到需要的位置后，单击该属性左侧的“在当前时间添加/删除关键帧”按钮，就可以在当前时间位置创建一个关键帧，如图 2-8 所示。

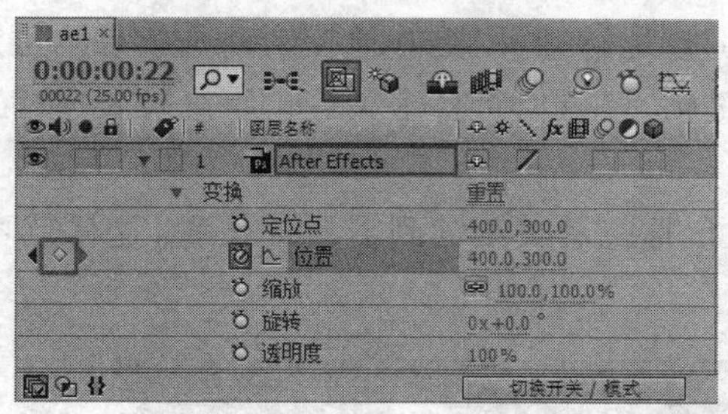

图 2-8　创建一个关键帧

技术点睛

使用方法二创建关键帧，可以只创建关键帧，而保持属性的参数不变；使用方法一创建关键帧，不但创建关键帧，还修改了该属性的参数。方法二创建的关键帧，有时被称为延时帧或保持帧。

2. 查看关键帧

在创建关键帧后，该属性的左侧将出现关键帧导航按钮，通过关键帧导航按钮，可以快速地查看关键帧。关键帧导航效果如图 2-9 所示。

图 2-9　关键帧导航效果

关键帧导航有多种显示方式，并代表不同的含义，表示跳转到上一帧；表示在当前时间添加/删除关键帧；表示跳转到下一帧。

当关键帧导航显示为时，表示当前关键帧左侧有关键帧，而右侧没有关键帧；当关键帧导航显示为时，表示当前关键帧左侧和右侧都有关键帧；当关键帧导航显示为时，表示当前关键帧右侧有关键帧，而左侧没有关键帧。

当“在当前时间添加/删除关键帧”为灰色效果时，表示当前时间位置没有关键帧，单击该按钮可以在当前时间创建一个关键帧；“在当前时间添加/删除关键帧”为黄色效果时，表示当前时间位于关键帧上，单击该按钮将删除当前时间位置的关键帧。

3. 编辑关键帧

创建关键帧后，有时还需对关键帧进行修改，这时就需要重新编辑关键帧。关键帧的编辑包括选择关键帧、移动关键帧、复制粘贴关键帧和删除关键帧。

(1)选择关键帧

编辑关键帧的首要条件是选择关键帧，选择关键帧的操作很简单，只要在“时间线”面板中直接单击关键帧图标，关键帧将显示为黄色，表示已经选定关键帧，如图 2-10 所示。

选择关键帧时，配合 Shift 键，可以选择多个关键帧。

(2)移动关键帧

关键帧的位置可以随意地移动，以更好地控制动画效果。可以同时移动一个关键帧，也可以同时移动多个关键帧，还可以将多个关键帧距离拉长或缩短。

①移动关键帧

选择关键帧后，按住鼠标拖动关键帧到需要的位置，这样就可以移动关键帧，移动过程如图 2-11 所示。

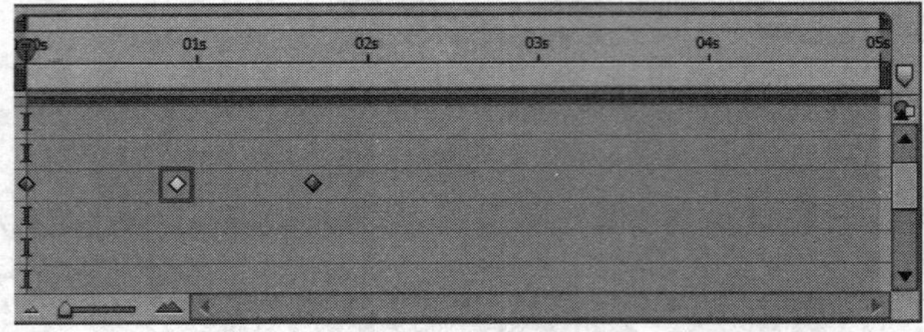

图 2-10 关键帧的选择

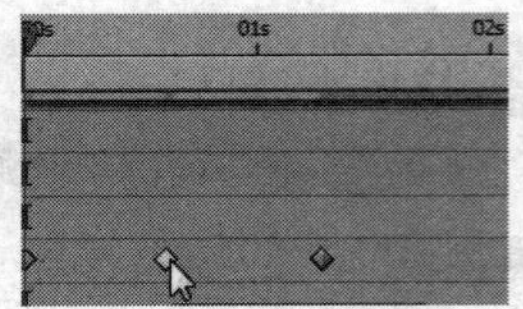

图 2-11 移动关键帧

②拉长或缩短关键帧

选择多个关键帧后，同时按住鼠标和 Alt 键，向外拖动拉长关键帧距离，向里拖动缩短关键帧距离。这种距离的改变，只是改变所有关键帧的距离大小，关键帧间的相对距离是不变的。

(3)删除关键帧

如果在操作时出现了失误，添加了多余的关键帧，可以按 Delete 键将不需要的关键帧删除。

2.5 实战训练 1:小天使飞行动画

本例通过制作一个小天使振动翅膀在花丛飞行的动画来讲解 After Effects 二维合成中动画关键帧的设置技巧，以加深读者对复制帧、移动帧等知识点的理解和掌握。小天使飞行动画效果如图 2-12 所示。

图 2-12 小天使飞行动画效果

操作步骤：

1. 导入素材。打开 After Effects 软件，按“Ctrl＋I”组合键，打开“导入文件”对话框，以合成的方式导入素材天使. psd 文件，如图 2-13 所示。

2. 新建合成。单击“合成”→“新建合成”菜单命令，打开“图像合成设置”对话框，设置图像合成参数如图 2-14 所示。

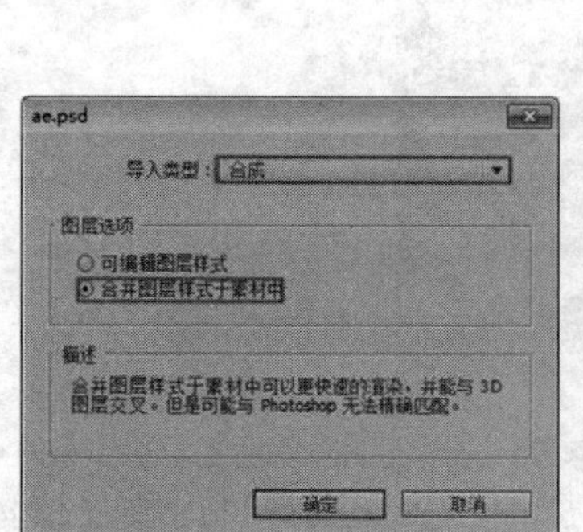

图 2-13　以合成方式导入素材

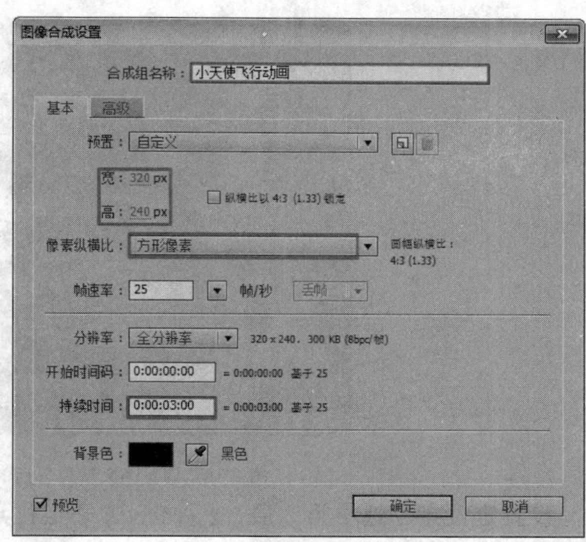

图 2-14　合成图像参数

3. 添加素材到"时间线"面板。在"项目"面板中单击天使图层文件夹左边的按钮，在下拉列表框中按住 Ctrl 键选择将要使用的四个素材，并拖动到"时间线"面板中，如图2-15所示。

图 2-15　添加素材

4. 调整小天使位置。在时间线窗口中，选择第 1～3 层，在合成窗口中，按住鼠标左键拖动对象到如图 2-16 所示的位置。

图 2-16 调整小天使位置后的效果

5.设置定位点。选中第 2 层，按 A 键，打开定位点属性。在合成窗口内按住鼠标左键拖动中心点到如图 2-17 所示的位置。

图 2-17 设置定位点后的效果

6.选中第 3 层，按 A 键，打开定位点属性，在合成窗口内按住鼠标左键拖动中心点到与第 2 层相同的位置。

7.设置翅膀旋转动画。选择第 2、3 层，按下 R 键，打开旋转属性。确保时间指示器处于 0:00:00:00 帧的位置，激活其属性前面的"时间秒表"按钮，此时在两个图层的时间线区域各生成一个关键帧，记录当前图层的旋转角度，如图 2-18 所示。

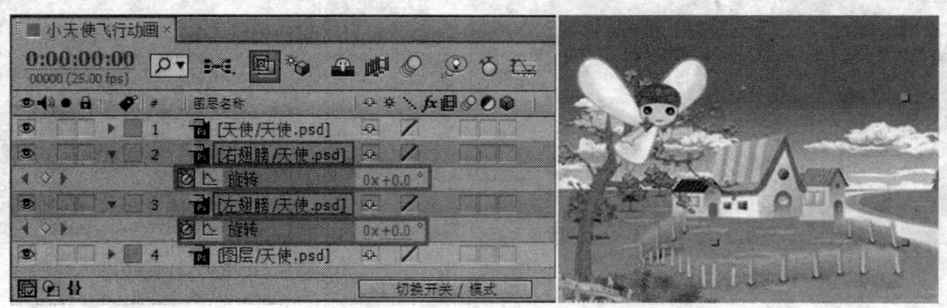

图 2-18 00:00:00 帧处的效果

8. 拖动“时间指示器”到 0:00:00:05 帧的位置，选择第 2 层，设置角度为 0x－10.0°；选择第 3 层，设置角度为 0x＋10.0°，如图 2-19 所示。

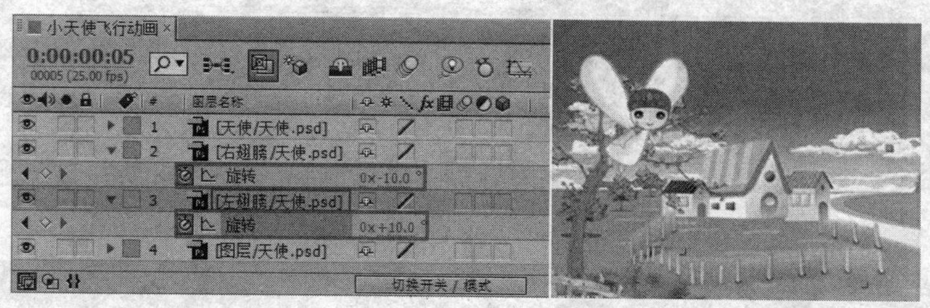

图 2-19　0:00:00:05 帧处的效果

9. 选择第 2 层，画一矩形框选中所有关键帧，按下“Ctrl＋C”组合键，复制关键帧。拖动“时间指示器”到 0:00:00:10 帧的位置，按下“Ctrl＋V”组合键，粘贴关键帧，如图 2-20 所示。

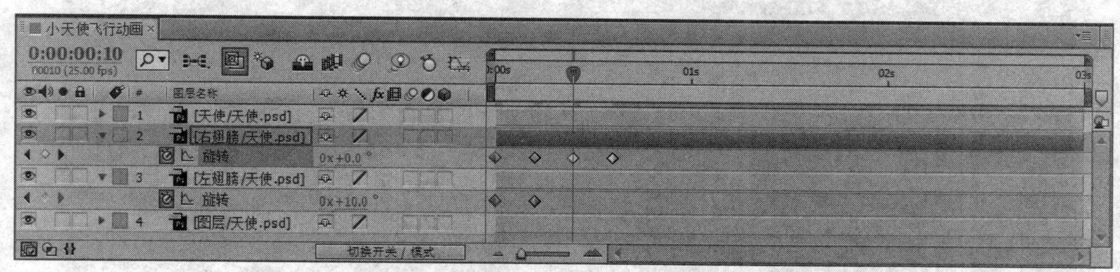

图 2-20　在时间线区域内复制关键帧

10. 再次选择第 2 层，画一矩形框选中所有关键帧，按下“Ctrl＋C”组合键，复制关键帧。拖动“时间指示器”到 0:00:00:20 帧的位置，按下“Ctrl＋V”组合键，粘贴关键帧，如图 1-21 所示。以此类推，直到复制完成到第 3 秒。

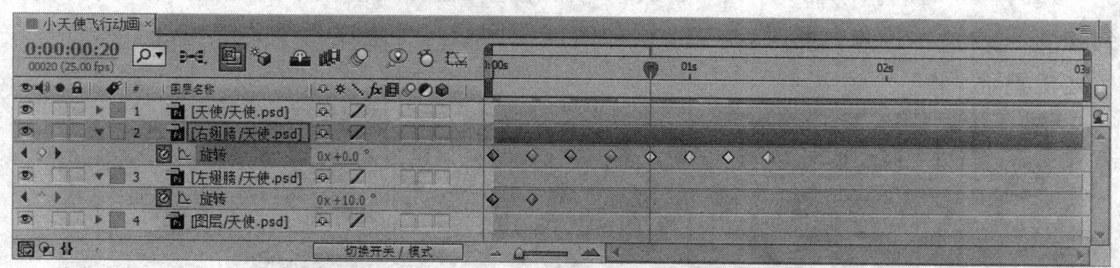

图 2-21　第 2 次在时间线区域内复制关键帧

11. 用与第 2 层相同的方法，每隔 5 帧复制一次，直到复制完成到第 3 秒处，如图 2-22 所示，完成了翅膀振动效果的制作。

12. 设置位置动画。拖动“时间指示器”到 0:00:00:00 帧的位置，按住 Ctrl 键的同时选择第 1、2、3 层，按 P 键，打开位置属性。激活其属性前面的“时间秒表”按钮，此时在三个图层的时间线区域将各生成一个关键帧，如图 2-23 所示，记录当前层所处的位置。

13. 拖动“时间指示器”到 0:00:01:00 帧的位置，在合成窗口中按住鼠标左键拖动层到如图 2-24 所示位置。此时，在三个层的时间线区域将各生成一个关键帧，记录当前层所处位置。

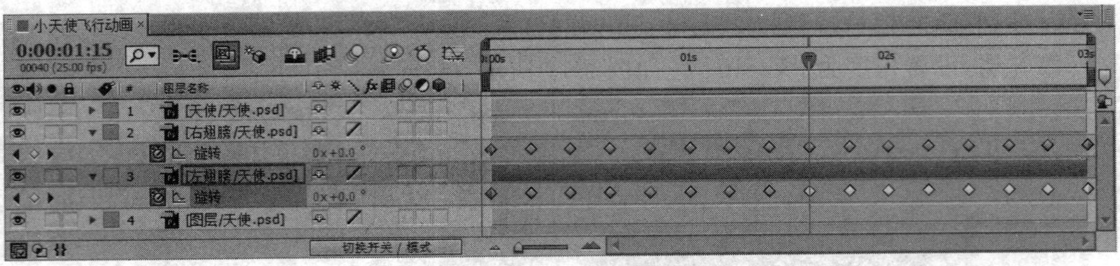

图 2-22 第 2、3 层关键帧复制情况

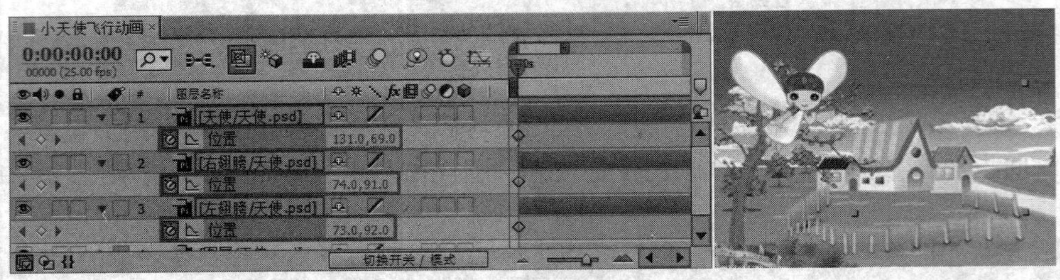

图 2-23 0:00:00:00 帧处的效果

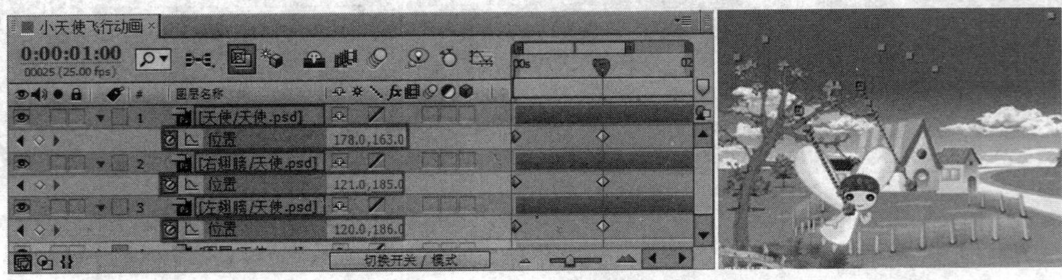

图 2-24 0:00:01:00 帧处的效果

14. 拖动"时间指示器"到 0:00:02:00 帧的位置，在合成窗口中按住鼠标左键拖动层到如图 2-25 所示位置。此时，在三个层的时间线区域将各生成一个关键帧，记录当前层所处位置。

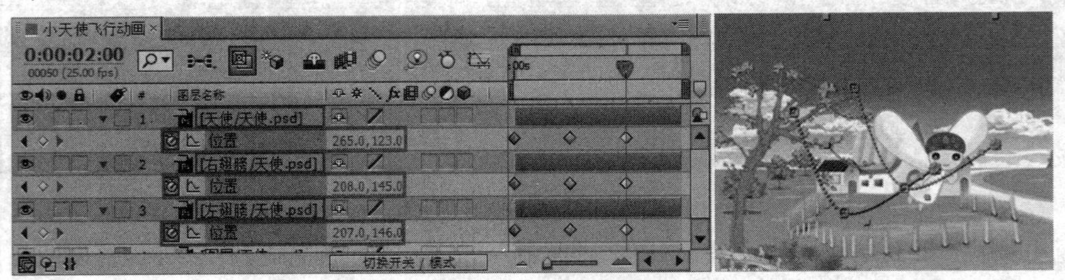

图 2-25 0:00:02:00 帧处的效果

15. 拖动"时间指示器"到 0:00:02:24 帧的位置，在合成窗口中按住鼠标左键拖动层到如图 2-26 所示位置。此时，在三个层的时间线区域将各生成一个关键帧，记录当前层所处位置。

16. 编辑完成后，单击"文件"→"保存"菜单命令，保存文件。

17. 渲染输出。单击"图像合成"→"制作影片"菜单命令，或按"Ctrl＋M"组合键，打开"渲染队列"对话框，单击 渲染 按钮，输出视频。

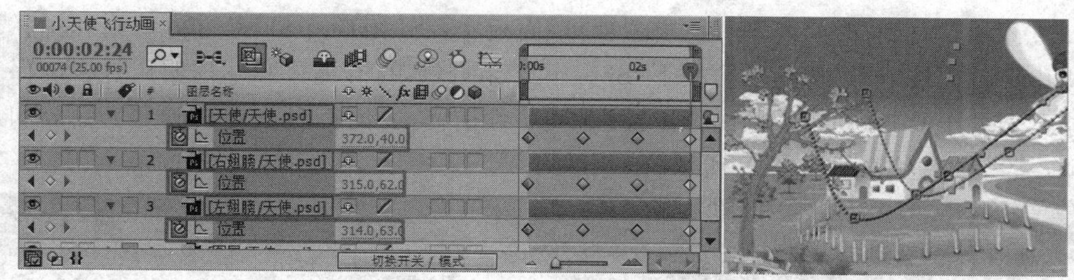

图 2-26　0:00:02:24 帧处的效果

2.6　实战训练 2:跳动的圆环

本例主要应用 After Effects CS6 最基本的缩放和透明度参数来制作动画,并通过多合成场景的应用,合成多圆环动画效果。跳动的圆环动画效果如图 2-27 所示。

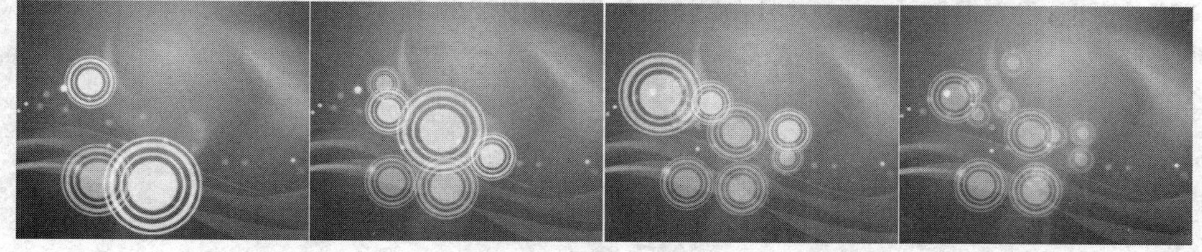

图 2-27　跳动的圆环动画效果

操作步骤:

1. 导入素材。打开 After Effects 软件,按"Ctrl+I"组合键,打开"导入文件"对话框,以素材的方式导入素材圆环. psd 和圆环背景文件。

2. 新建合成。单击"合成"→"新建合成"菜单命令,打开"图像合成设置"对话框,设置图像合成参数如图 2-28 所示。

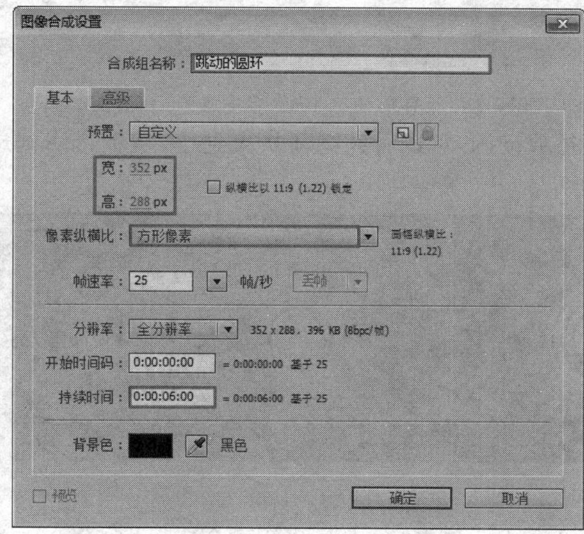

图 2-28　设置图像合成参数

3. 添加素材到“时间线”面板。在“项目”面板中，将“圆环.psd”素材拖动到“时间线”面板中。首先按下 S 键，然后再按下“Shift＋T”组合键，打开缩放和不透明属性。确保时间指示器处于 0:00:00:00 帧的位置，激活其属性前面的“时间秒表”按钮，为缩放和不透明度设置关键帧，如图 2-29 所示。

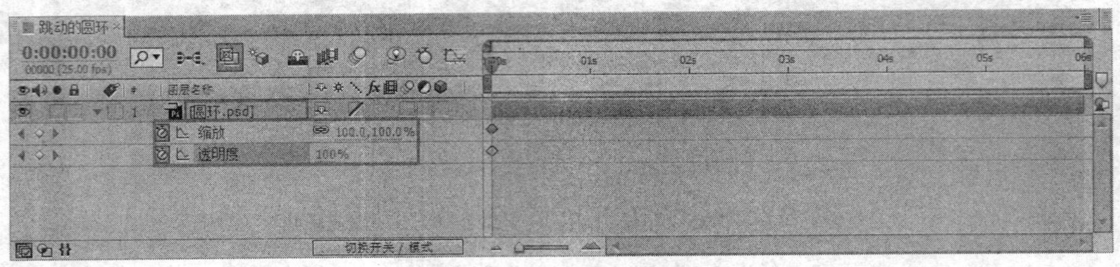

图 2-29 设置缩放和不透明参数

4. 调整渐隐动画。在时间编辑位置单击，或按“Alt＋Shift＋J”组合键，打开“跳转时间”对话框，设置时间为 00:00:01:00 帧的位置，如图 2-30 所示的位置。

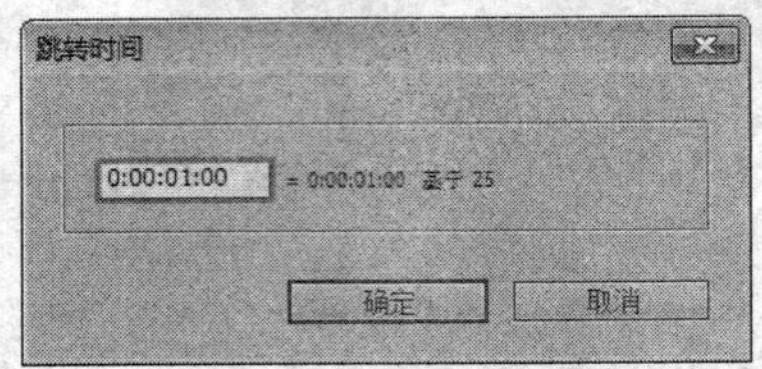

图 2-30 “跳转时间”对话框

5. 选中“圆环”层，设置缩放值为(50.0,50.0%)，不透明的值为 50%，如图 2-31 所示。

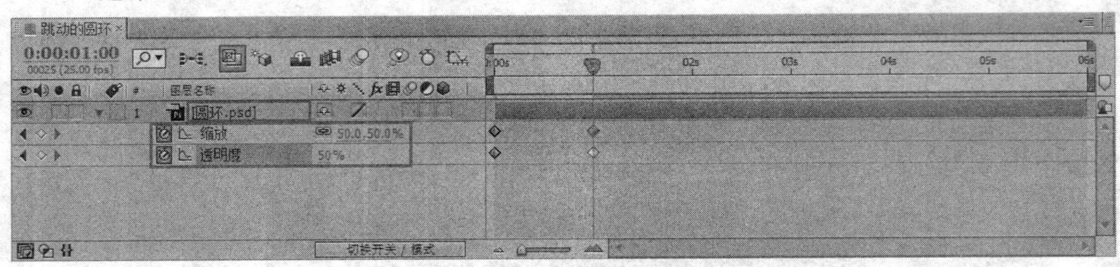

图 2-31 设置 0:00:01:00 帧的缩放和不透明参数

6. 拖动时间滑块播放动画，可以看到圆环从大到小、从不透明到透明的动画效果，其动画过程如图 2-32 所示。

图 2-32 动画过程

7. 新建“合成圆环”合成。单击“合成”→“新建合成”菜单命令，打开“图像合成设置”对话框，设置合成组名称为“合成圆环”，其他参数设置同前。

8. 在“项目”面板中，将“跳动的圆环”素材拖动到“时间线”面板中按下 P 键，打开位置属性，设置位置的值为(98.0,217.0)，如图 2-33 所示。

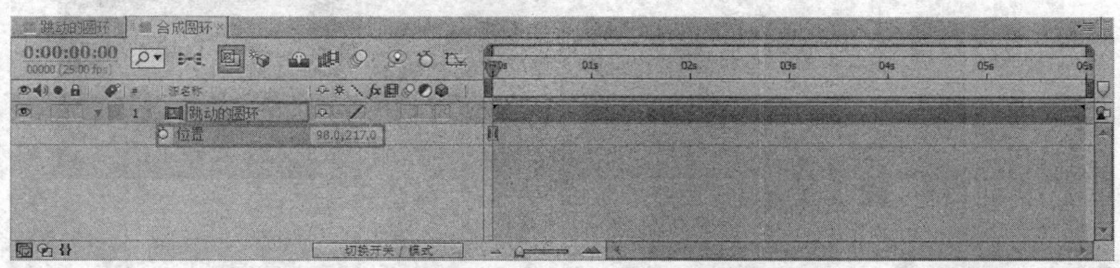

图 2-33　设置位置参数

9. 为了表现多圆环效果，利用复制粘贴的方法将“跳动的圆环”素材进行多次复制，并在“时间线”面板中调整它们的起始位置。由于几个素材的位置相同，在合成窗口中只能看到一个图像效果，在合成窗口中直接拖动来改变图像的位置，效果如图 2-34 所示。

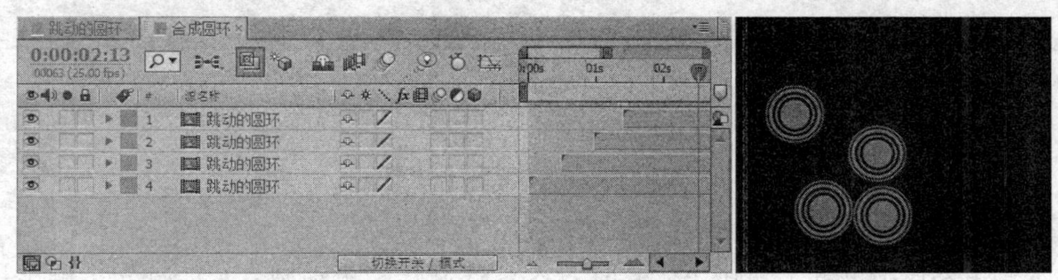

图 2-34　合成圆环的效果

10. 新建最终合成。单击“合成”→“新建合成”菜单命令，打开“图像合成设置”对话框，设置合成组名称为“最终合成”，其他参数设置同前。

11. 在“项目”面板中，将“合成圆环”素材拖动到“时间线”面板中。将“合成圆环”素材复制，然后将新复制的素材进行修改并移动它的起始位置，设置缩放值为(50.0,50.0%)，旋转值为 75，如图 2-35 所示。

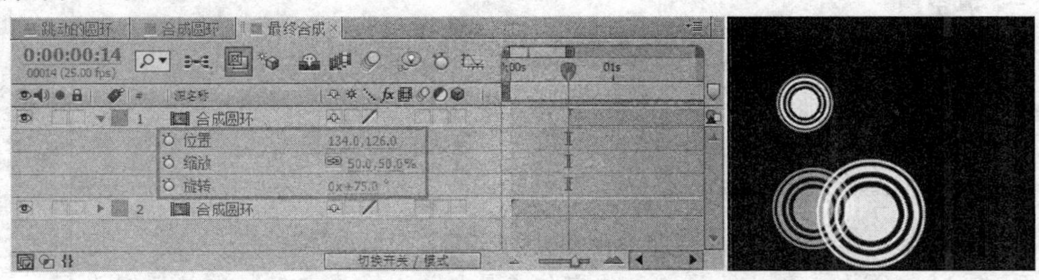

图 2-35　修改复制素材后的效果

12. 再次复制，将复制出的素材位置和旋转角度进行修改，并调整其起始点，以配合场景的表现，修改后的效果如图 2-36 所示。

13. 在“项目”面板中，将“圆环背景”素材拖动到“时间线”面板中，并将其放在最下层，如图 2-37 所示。

14. 这样完成圆环动画的制作。单击“文件”→“保存”菜单命令，保存文件。

15. 渲染输出。单击“图像合成”→“制作影片”菜单命令，或按“Ctrl＋M”组合键，打开“渲染队列”对话框，单击 渲染 按钮，输出视频。

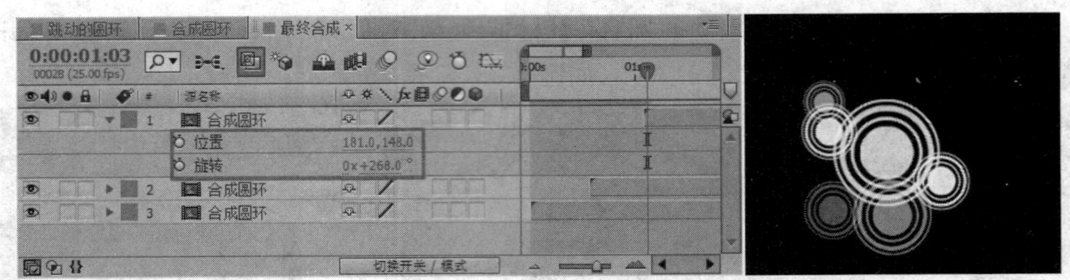

图 2-36 修改复制素材后的效果

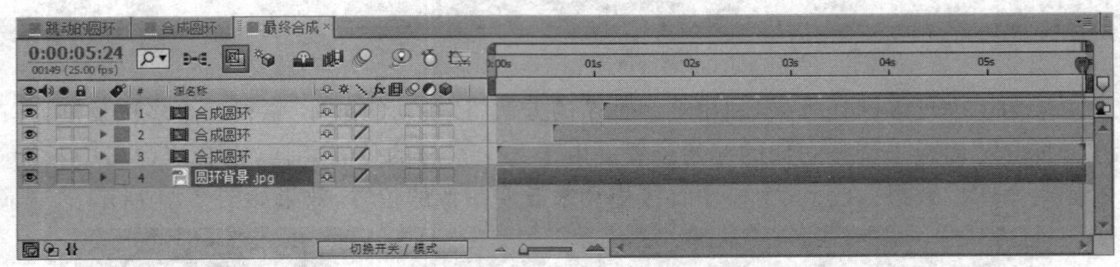

图 2-37 添加圆环背景

2.7 本章小结

本章主要详细讲解了使用 After Effects CS6 制作初级动画合成。首先了解了层的概念，并学习了层的基本操作和属性等相关知识；然后学习创建动画所必需的关键帧，以及编辑关键帧的相关操作。在两个案例中对层的属性设置及关键帧的添加进行实践。

2.8 习 题

一、填空题

1. 层的基本属性包括______、______、______、______和______。

2. 在“时间线”面板中，通过为素材______选项进行关键帧变化，可以为对象创建旋转动画效果。

3. 在“时间线”面板中，改变层的顺序可使用______菜单命令。

4. After Effects 对合成进行预览使用小键盘的______键。

5. 在 After Effects 中，给当前层的定位点属性添加一个关键帧的快捷键为______。

二、不定项选择题

1. 当合成 B 作为合成 A 的层存在的时候，下列描述正确的是(　　)。

A. 合成 B 与其产生的层会产生互动的关系，对一方的改动必然影响另外一方

B. 对合成 B 的改动会影响其产生的层，对层的操作则对合成 B 不发生影响

C. 合成 B 会受到其产生的层的影响，但是对合成 B 的操作不影响其层

D. 合成 B 与其产生的层之间不发生影响

2. 根据层的变换动画，产生真实的运动模糊现象，下列哪种方法是正确的？（ ）

A. 打开“运动模糊”开关　　B. 应用“拖尾”特效

C. 应用“方向模糊”特效　　D. 应用“高斯模糊”特效

3. After Effects 关于调整层，下面说法正确的是（ ）。

A. 它对合成中所有的层都产生影响

B. 它对时间线中位于它上面的层产生影响

C. 它对时间线中位于它下面的层产生影响

D. 仅仅固态层可以做调整层

4. 下列有关于层，描述正确的是（ ）。

A. 在时间线中处于上方的层一定会挡住其下的层

B. 利用层模式，可以根据层间的颜色差异，产生混合效果

C. 对于 RPF 和 PSD 这样含有图层的文件，可以选择个别图层单独导入

D. 合成中的多个层可以被组合为一个层

5. 下列哪些因素可以加快动画的运动？（ ）

A. 关键帧间隔时间缩短　　B. 关键帧间隔时间加长

C. 关键帧间的数据差增大　　D. 关键帧间的数据差减小

第3章 遮罩合成

本章教学目标

1. 了解遮罩的原理、学习各种形状遮罩的创建方法;(重点)
2. 学习遮罩形状的修改及节点的转换调整方法;(重点)
3. 掌握遮罩属性的设置技巧和遮罩动画的制作技巧。(难点)

3.1 遮罩的原理

遮罩,又称为 Mask,即遮蔽、遮挡的意思。一般来说,遮罩需要两个层,上面的图层称为遮罩层,下面的图层称为被遮罩层。通过遮罩层中的图形或轮廓图像,可以透出下面图层中的内容。也就是说,可将遮罩层中的图形或轮廓图像看作是在遮罩层中挖出的洞,通过这个洞可以看到被遮罩层的相应内容,如图 3-1 所示。

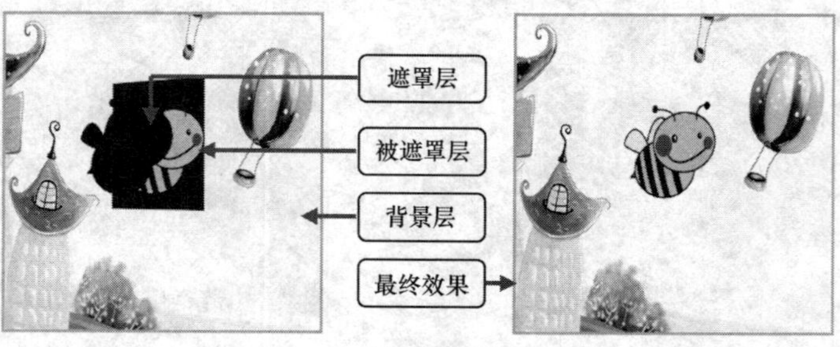

图 3-1 遮罩的原理

需要注意的是在 After Effects 软件中,可以在一个层上绘制轮廓以达到遮罩的效果,如图 3-2 所示。

图 3-2 After Effects 中遮罩的应用

3.2 遮罩的基本操作

1. 创建遮罩

遮罩主要用来去除图像多余的背景以及制作图像间平滑过渡等效果。After Effects 软件提供了多种创建遮罩的工具,可以直接使用这些工具在素材层、固态层或其他层中创建遮罩,也可以直接导入 Photoshop 或 Illustrator 等第三方软件中的路径来获得。

(1)创建规则遮罩

在工具栏中的"矩形遮罩工具"按钮上单击并按住鼠标左键不放,即会弹出规则遮罩工具下拉菜单,如图 3-3 所示,利用该组工具可以绘制不同类型的规则遮罩。

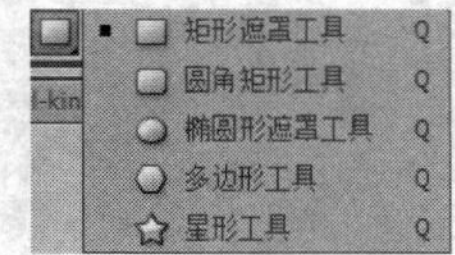

图 3-3 规则遮罩工具

技术点睛

按住 Shift 键的同时拖动鼠标,可以创建正方形、正圆角矩形、正圆形遮罩,在创建多边形和星形遮罩时,按住 Shift 键可固定它们的创建角度。

(2)创建不规则遮罩

使用工具栏中的"钢笔工具"可以创建任意形状的不规则遮罩。单击工具栏中的"钢笔工具"按钮,在需要添加遮罩的图层上单击可添加直线连接点,单击并按住鼠标左键不放拖动可添加曲线连接点,最后回到起点单击,闭合路径即可完成遮罩的创建,如图 3-4 所示。

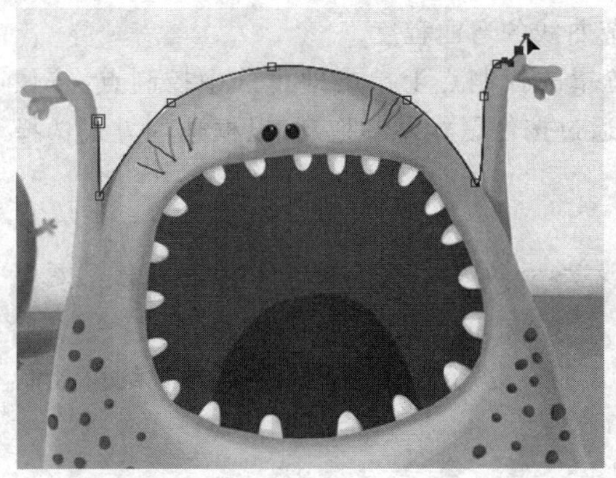
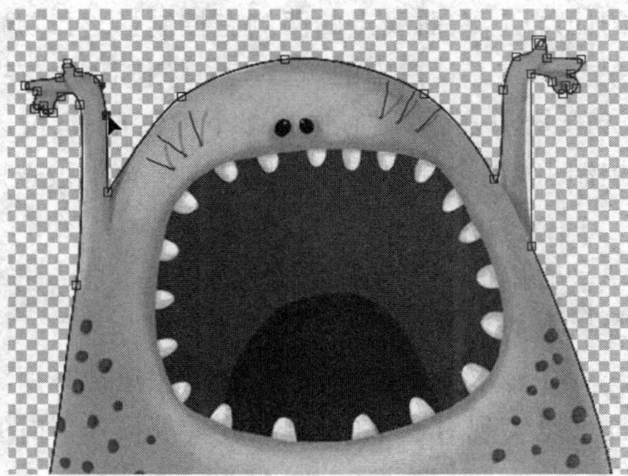

图 3-4 用钢笔工具创建遮罩

技术点睛

用钢笔工具可以绘制闭合的路径,也可以绘制开放的路径,但只有闭合的路径才能起到遮罩的作用;开放的路径可辅助完成其他动画及特效效果。

(3)输入数据创建遮罩

选择需要添加遮罩的图层,单击"图层"→"遮罩"→"新建遮罩"菜单命令,系统会沿当前层的边缘创建一个遮罩;选中创建的遮罩,单击"图层"→"遮罩"→"遮罩形状"菜单命令,即会打开"遮罩形状"对话框,如图 3-5 所示。在其"约束编组"选项组中可以设置遮罩的范围和单位;在"形状"组中可指定遮罩的形状。

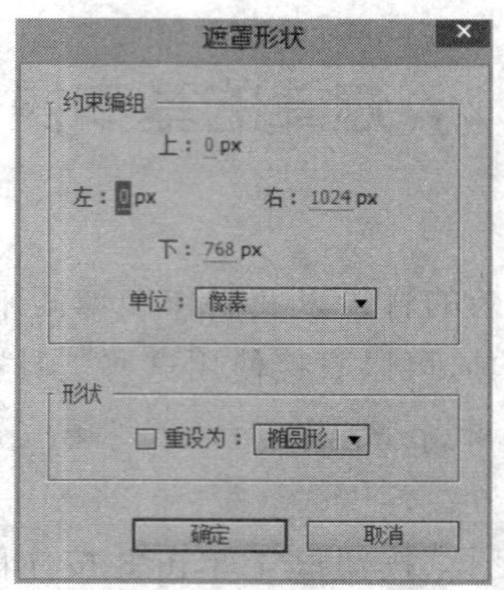

图 3-5 遮罩形状对话框

(4)导入第三方软件路径

在 After Effects 软件中可以导入第三方软件中的路径。在 Photoshop 或 Illustrator 等软件中，将绘制好的路径复制，在 After Effects 软件中选中需要添加遮罩的层，执行"编辑"→"粘贴"菜单命令，即可完成遮罩的引用。

2. 编辑遮罩形状

为了使遮罩更适合图像轮廓要求，时常需要对创建的遮罩进行修改，下面就来介绍一下遮罩形状的编辑方法。

(1)选择遮罩的控制点

在 After Effects 软件中，遮罩的控制点有两种类型，即连接直线的角点和连接曲线的曲线点，在曲线点的两侧有控制柄，可以调节曲线的弯曲程度。

单击工具栏中的"选择工具"按钮，在遮罩的控制点上单击即可选中控制点，按住 Shift 键单击，可同时选择多个控制点；也可以通过按住鼠标左键拖动，以框选的方式选择控制点，包含在选框中的控制点将全部被选中。

技术点睛

选中的控制点以实心矩形表示，未选中的控制点以空心矩形表示。通过调整已选中控制点的位置可以改变遮罩的形状。

在遮罩任意位置双击，可以快速选择所有控制点，并出现约束控制框，通过约束控制框可以实现对遮罩的缩放、旋转等操作，如图 3-6 所示。

图 3-6 选择控制点及约束控制框操作

(2)编辑遮罩的形状

在工具栏中的"钢笔工具"按钮上单击并按住鼠标左键不放，在其弹出的下拉菜单中包含了编辑遮罩形状的四个工具，如图 3-7 所示，运用这组工具可以实现对遮罩形状的编辑。

“顶点添加工具”：在遮罩上需要增加控制点的位置单击，可以添加控制点。

“顶点清除工具”：在遮罩上需要删除的控制点上单击，即可删除该控制点；也可以通过选中欲删除的控制点，按键盘上的 Delete 键删除。

“顶点转换工具”：在控制点上单击可以将曲线点转换为角点；在角点上单击并按住鼠标左键拖动，可将角点转换为曲线点，调节控制句柄可以改变曲线的曲率。

“遮罩羽化工具”：在遮罩的任意位置单击并按住鼠标左键向外拖动，调节羽化值的大小，即可为遮罩添加羽化效果，如图 3-8 所示。

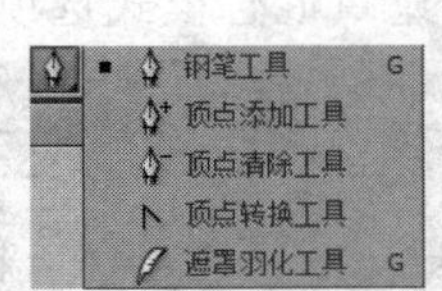

图 3-7　编辑遮罩工具

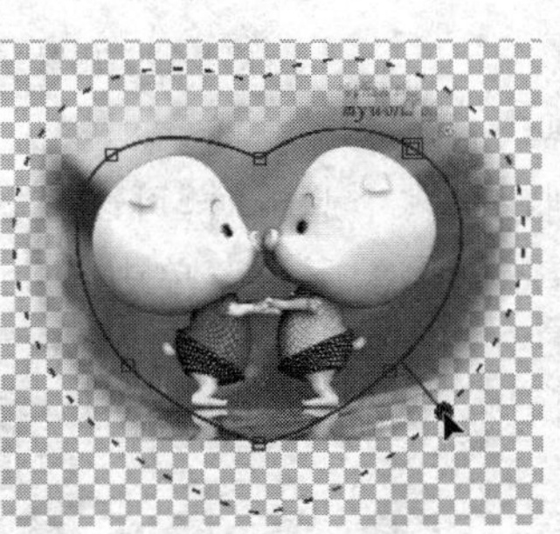
图 3-8　遮罩羽化工具的使用

3. 修改遮罩的属性

遮罩的属性主要包括遮罩的混合模式、遮罩的形状、羽化、透明度、遮罩区域的扩展和收缩等，可以在“时间线”面板中，修改遮罩的属性，如图 3-9 所示。

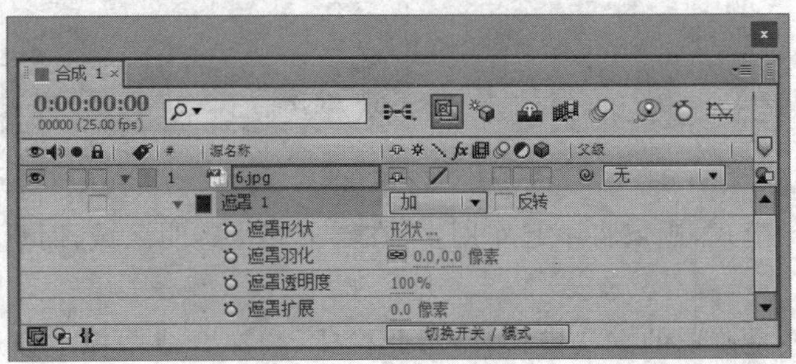

图 3-9　遮罩属性列表

(1)遮罩形状：单击其右侧的“形状...”文字链接，将会打开“遮罩形状”对话框，见图 3-5，前面已做阐述，在此不再赘述。

(2)遮罩羽化：用于设置遮罩羽化效果。

(3)遮罩透明度：用于设置遮罩内图像的不透明度。

(4)遮罩扩展：用于对当前遮罩区域进行伸展或收缩。当参数为正值时，遮罩范围在原始基础上伸展；当参数为负值时，遮罩范围在原始基础上收缩。

(5)反转：默认是遮罩以内显示当前层的图像，遮罩以外为透明区域。选中“反转”复选框后，遮罩的区域将反转，如图 3-10 所示。

(6)锁定：在遮罩前方“锁定”选项开关上单击，可以将遮罩锁定，锁定后的遮罩将不能被修改。

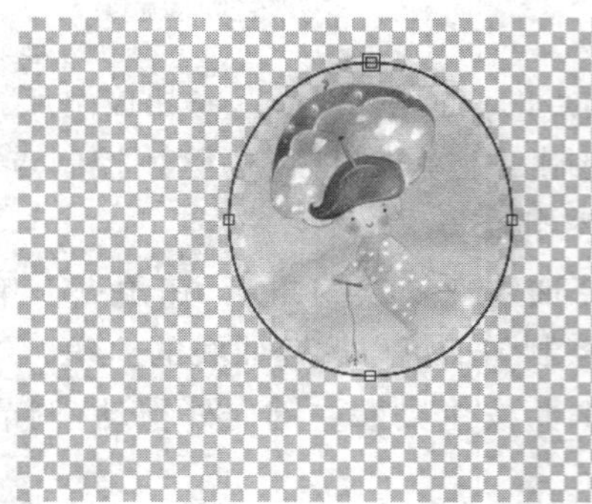

图 3-10 遮罩“反转”示例

4. 遮罩的混合模式

当在一个层上创建了多个遮罩时，可以在这些遮罩间运用不同的混合模式以产生各种不同的效果。在遮罩右侧的下拉菜单中，显示了遮罩混合模式选项，如图 3-11 所示。

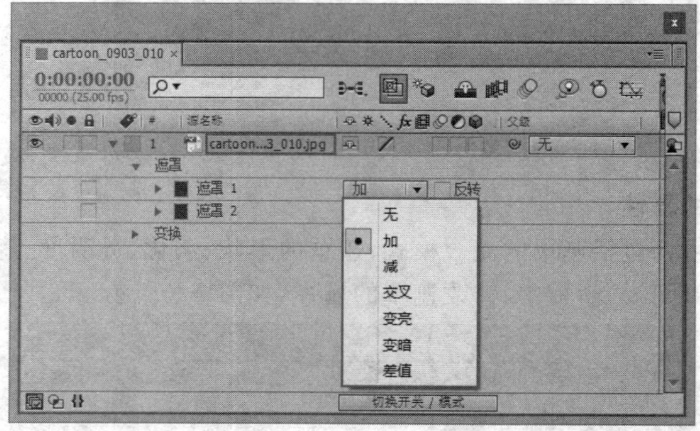

图 3-11 遮罩混合模式选项

(1)无：选择此模式，遮罩将不起作用，不在层上产生透明区域，而只作为路径存在，如图 3-12 所示。

(2)加：此模式是遮罩的默认模式，使用此模式，会在合成图像上显示所有遮罩内容，遮罩相交部分的不透明度相加，如图 3-13 所示。

图 3-12 “无”模式

图 3-13 “加”模式

(3)减：使用此模式，上面的遮罩会减去下面的遮罩，被减区域的内容不在合成图像上显示，如图 3-14 所示。

(4)交叉:使用此模式,只会显示所选遮罩与其他遮罩相交部分的内容,所有相交部分的不透明度相减,如图 3-15 所示。

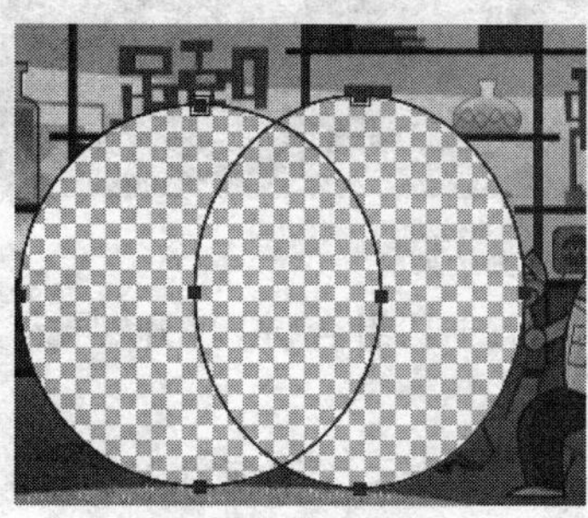
图 3-14 “减”模式

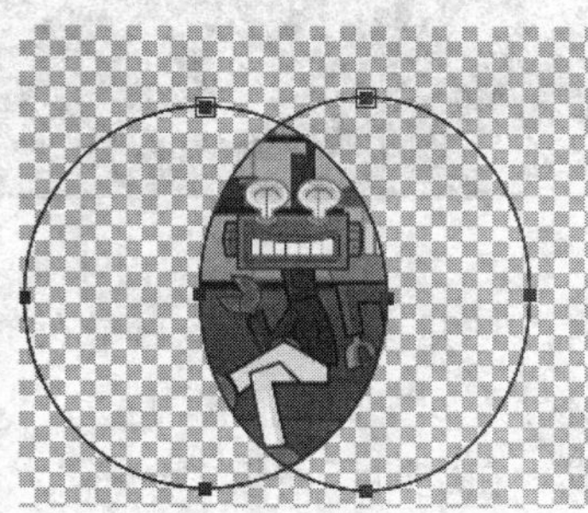
图 3-15 “交叉”模式

(5)变亮:该模式与“加”模式相同,但相交部分的不透明度采用不透明度较高的那个值,如图 3-16 所示,左侧遮罩 1 的不透明度为 80%,右侧遮罩 2 的不透明度为 35%。

(6)变暗:该模式与“交叉”模式相同,但相交部分的不透明度采用不透明度较低的那个值,如图 3-17 所示,左侧遮罩 1 的不透明度为 80%,右侧遮罩 2 的不透明度为 35%。

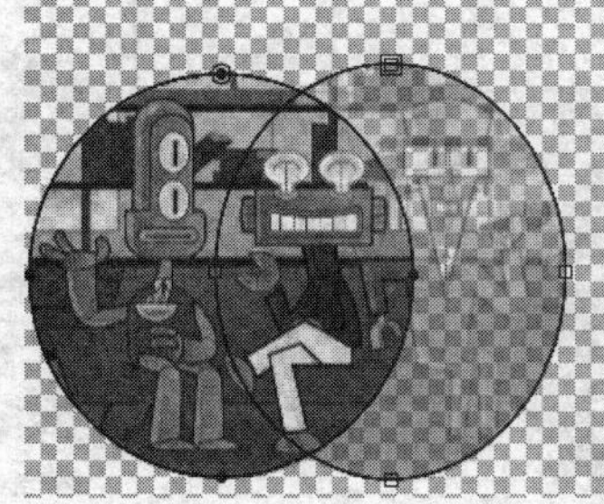
图 3-16 “变亮”模式

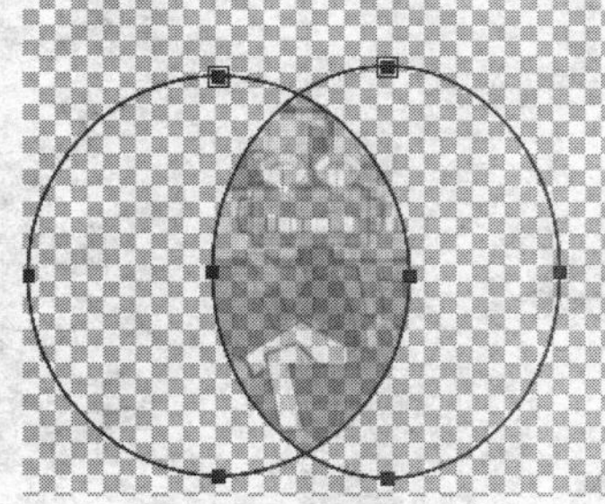
图 3-17 “变暗”模式

(7)差值:该模式遮罩采用并集减交集的方式,在合成图像上只显示相交部分以外的所有遮罩区域,如图 3-18 所示。

图 3-18 “差值”模式

3.3 实战训练 1:转场过渡动画

本例通过在素材层上添加遮罩,实现画面间转场过渡动画,效果如图 3-19 所示。

操作步骤:

图 3-19 转场过渡动画效果

1. 导入素材。打开 After Effects 软件，按“Ctrl+I”组合键，打开“导入文件”对话框，将该案例的素材导入到“项目”面板中。

2. 新建合成。在“项目”面板中选择“大象.avi”素材，将其拖到“时间线”面板中创建一个合成。用同样的方法，将“长颈鹿.avi”素材拖到“时间线”面板中，并将其放在“大象.avi”素材层下方，如图 3-20 所示。

图 3-20 新建合成

3. 调整层的入点位置。选择“长颈鹿.avi”素材层，将当前时间指示器移动到 0:00:06:07 帧的位置，按键盘的“[”键，将该层的入点设置到当前位置。

4. 绘制遮罩。选择“大象.avi”素材层，单击工具栏中的“椭圆形遮罩工具”按钮，绘制如图 3-21 所示的圆形遮罩。

5. 制作遮罩动画。展开“大象.avi”素材层的遮罩 1 属性列表，设置其“遮罩羽化”值为 50 像素。激活“遮罩形状”属性前面的“时间秒表”按钮，记录遮罩形状属性动画。将当前时间指示器移到 0:00:08:00 帧位置，单击工具栏中的“选择工具”按钮，在遮罩上双击，将其等比例缩小到合成窗口左下角位置，如图 3-22 所示。

6. 至此，转场过渡动画制作完成，按数字小键盘上的 0 键，可以预览动画效果。

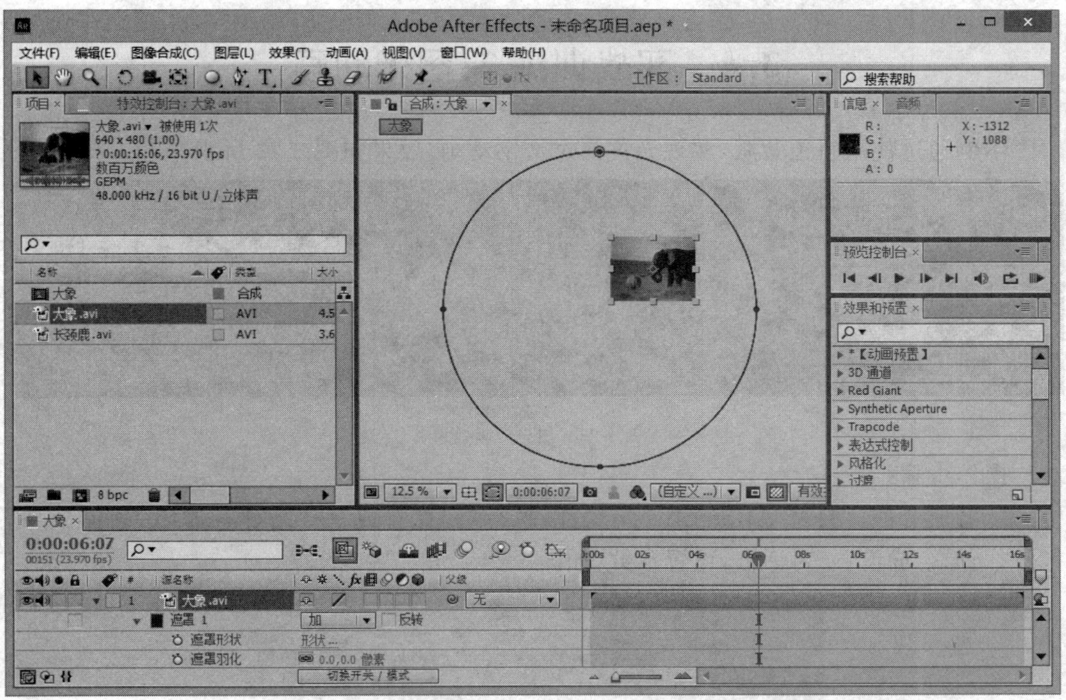

图 3-21　绘制遮罩

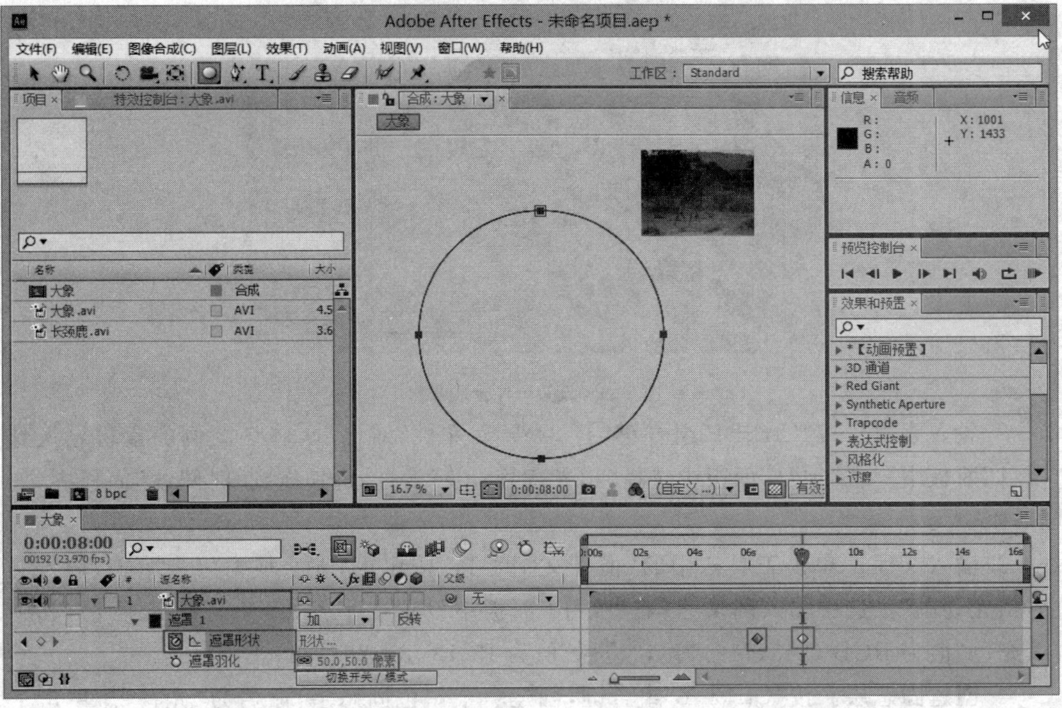

图 3-22　记录遮罩形状动画

3.4 实战训练 2:扫光动画

本例通过使用轨道蒙版,实现光芒扫过文字动画,效果如图 3-23 所示。

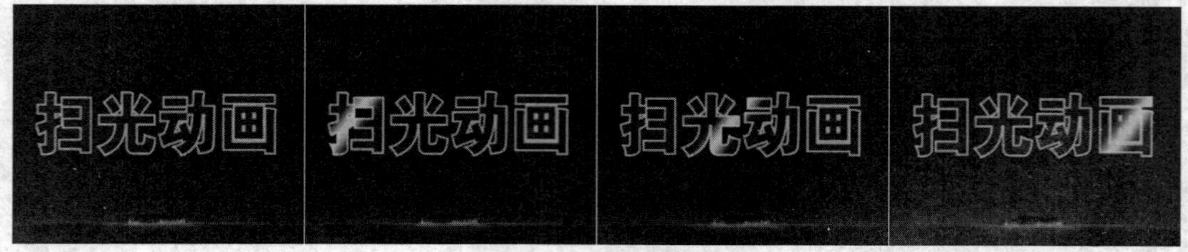

图 3-23 扫光动画效果

操作步骤:

1.新建合成。打开 After Effects 软件,执行“图像合成”→“新建合成组”菜单命令,打开“图像合成设置”对话框,设置参数,如图 3-24 所示。

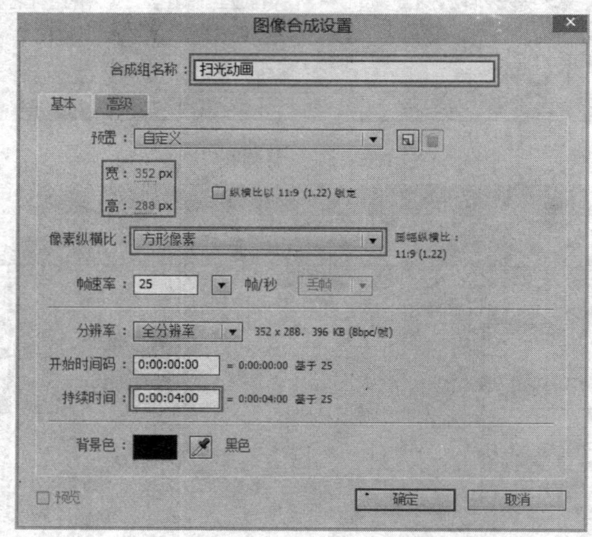

图 3-24 设置图像合成参数

2.导入素材。按“Ctrl+I”组合键,打开“导入文件”对话框,将该案例的素材导入到“项目”面板中。在“项目”面板中选择“扫光背景.jpg”素材,将其拖到“时间线”面板中,如图 3-25 所示。

3.输入文字。单击工具栏中的“横排文字工具”按钮 T,在合成窗口中单击,输入文字“扫光动画”。选中输入的文字,在“文字”面板中设置文字参数,如图 3-26 所示,其中“填充色”值为 RGB (243,112,15),“边色”值为 RGB(137,233,23)。

4.创建固态层。按“Ctrl+Y”组合键,创建一个白色固态层,命名为“光芒”。单击工具栏中的“矩形遮罩工具”按钮 ,在新创建的固态层上绘制一个小的矩形,如图 3-27 所示。

图 3-25　添加素材

图 3-26　设置文字参数

5. 设置遮罩参数。按 F 键，展开“遮罩羽化”属性，设置其值为(12.0，12.0)，旋转并调整其位置，如图 3-28 所示。

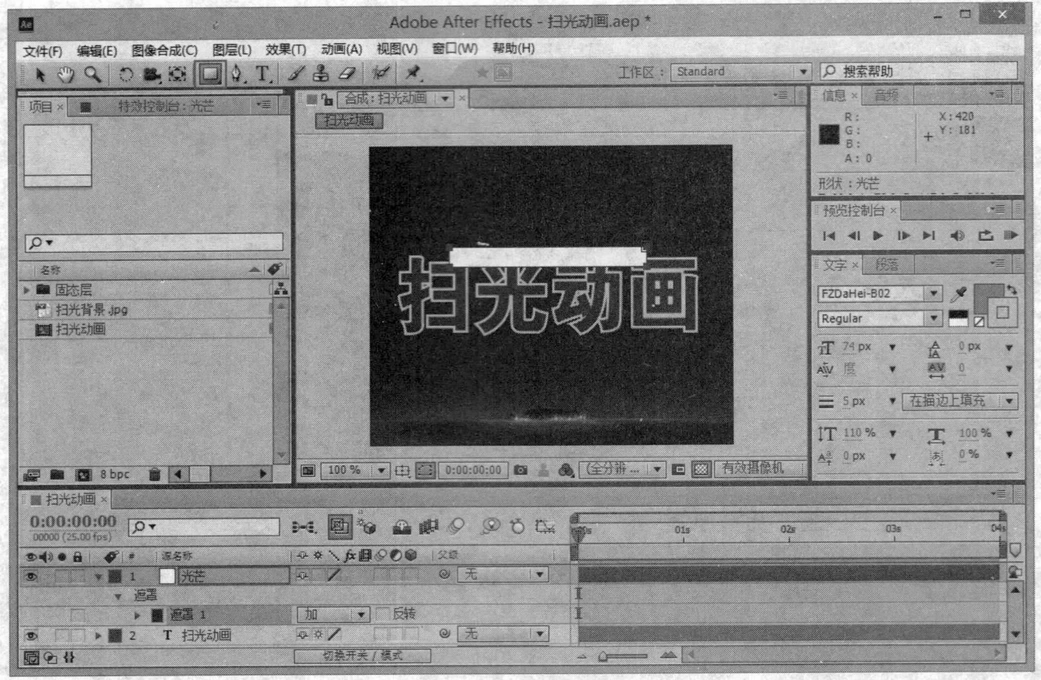

图 3-27 绘制矩形遮罩

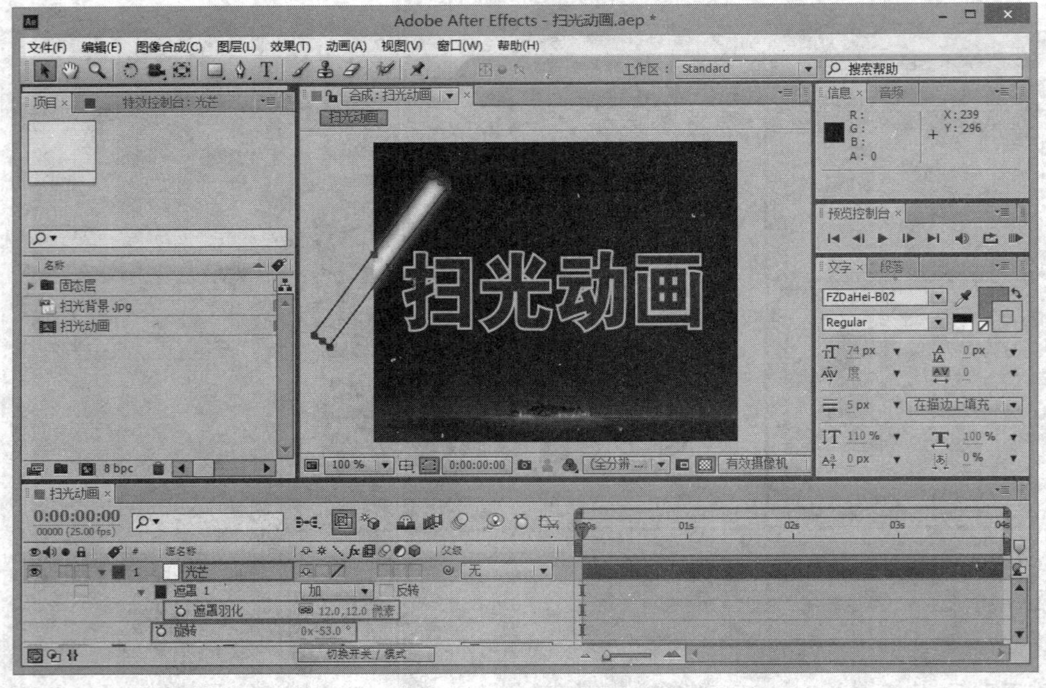

图 3-28 设置遮罩参数

6. 设置光芒动画。按 P 键，展开“光芒”层的“位置”属性，将当前时间指示器移动到 0:00:00:00 帧的位置，激活“位置”属性前面的“时间秒表”按钮，记录其位置动画；将当前时间指示器移到 0:00:03:24 帧位置，将光芒调到文字右侧，如图 3-29 所示。

图 3-29　设置光芒动画

7. 复制文字层。在“时间线”面板中选择“扫光动画”文字层，按“Ctrl＋D”组合键，复制文字层，并将其移动到“光芒”层上方。

8. 设置轨道蒙版。选择“光芒”层，在其右侧的按钮 无 ▼ 下拉菜单中选择“Alpha 蒙版扫光动画 2”选项，如图 3-30 所示。

图 3-30　设置轨道蒙版

技术点睛

轨道蒙版是通过一个遮罩层的 Alpha 通道或亮度值定义其他层的透明区域。

例：上层为文字，下层为图像。

- Alpha 蒙版：将上层文字的 Alpha 通道作为图像层的透明蒙版，同时其上的文字层的显示状态会被关闭。
- Alpha 反转蒙版：将上层的文字作为图像层的透明蒙版，同时其上文字层的显示状态会被关闭。
- 亮度蒙版：通过亮度来设置透明区域。
- 亮度反转蒙版：反转亮度蒙版的透明区域。

9. 至此，扫光动画制作完成，按数字小键盘上的 0 键，可以预览动画效果。

3.5 实战训练 3：打开的折扇

本例通过遮罩形状变化调节，实现打开的折扇动画，效果如图 3-31 所示。

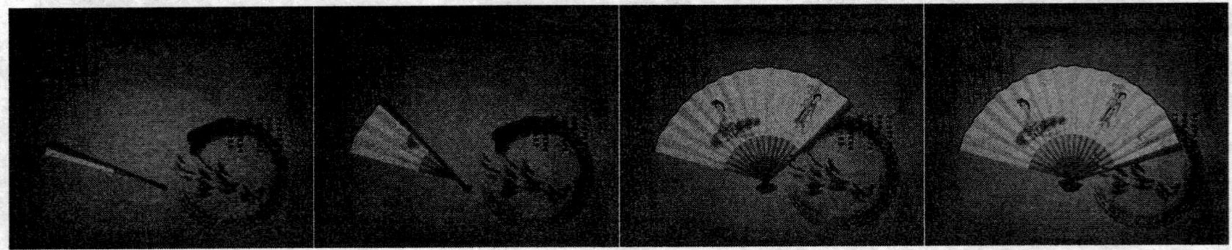

图 3-31 打开的折扇动画效果

操作步骤：

1. 以合成的方式导入素材。打开 After Effects 软件，按"Ctrl+I"组合键，打开"导入文件"对话框，以合成方式导入案例素材"折扇. psd"文件，如图 3-32 所示。

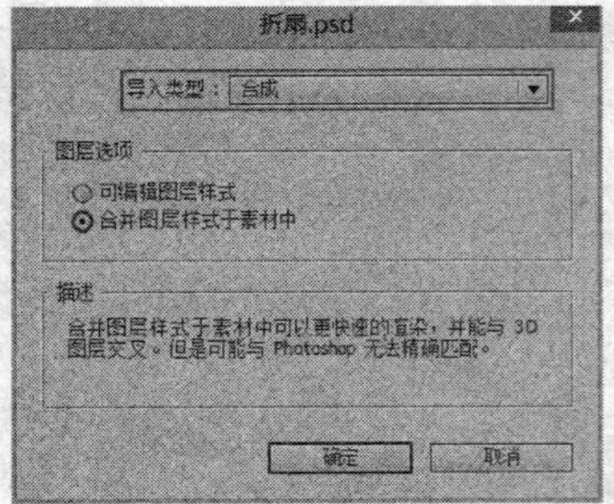

图 3-32 以合成的方式导入素材

2. 在"项目"面板中，选择"折扇"合成，按"Ctrl＋K"组合键，打开"图像合成设置"对话框，设置合成"持续时间"为 4 秒。双击并打开"折扇"合成，如图 3-33 所示。

图 3-33　折扇合成

3. 调整扇柄定位点。选择"扇柄"层，单击工具栏中的"定位点工具"按钮，在合成窗口中选择中心点，将其移动到扇柄的旋转中心位置。也可以通过"时间线"面板"扇柄"层参数来修改定位点位置，如图 3-34 所示。

图 3-34　调整扇柄定位点

4. 设置扇柄动画。按 R 键，展开“扇柄”层的“旋转”属性，将当前时间指示器移动到 0:00:03:00 帧，激活“旋转”属性前面的“时间秒表”按钮，记录动画；将当前时间指示器移到 0:00:00:00 帧，设置“旋转”属性值为 0x−146.0°，如图 3-35 所示。

图 3-35 设置扇柄动画

5. 为折扇绘制遮罩。选择“折扇”层，单击工具栏中的“钢笔工具”按钮，为折扇绘制遮罩，如图 3-36 所示。

图 3-36 为折扇绘制遮罩

6. 制作折扇扇面展开动画。按 M 键，展开“遮罩形状”属性，将当前时间指示器移动到 0:00:00:00 帧，激活其属性前面的“时间秒表”按钮，记录动画。将当前时间指示器移动到 0:00:01:00 帧，使用工具栏中的“选择工具”调整遮罩形状，并在遮罩适当位置，使用“顶点添加工具”添加节点，便于进一步调整遮罩形状，如图 3-37 所示。

图 3-37　调整折扇扇面遮罩形状

7. 用同样的方法，在 0:00:02:00 帧和 0:00:03:00 帧，制作遮罩形状动画，实现折扇扇面完全展开动画，如图 3-38、图 3-39 所示。

图 3-38　0:00:02:00 帧调整效果

图 3-39 0:00:03:00 帧调整效果

8. 为折扇扇柄绘制遮罩。选择“折扇”层，单击工具栏中的“钢笔工具”按钮，为折扇扇柄绘制遮罩，如图 3-40 所示。

图 3-40 为折扇扇柄绘制遮罩

9. 制作折扇扇柄展开动画。按 M 键，展开“折扇”层的“遮罩 2”的“遮罩形状”属性，在第 0:00:00:00 帧，激活其属性前面的“时间秒表”按钮，记录动画。用制作折扇扇面

展开动画同样的方法制作折扇扇柄展开动画，将当前时间指示器移动到 0:00:01:00 帧，调整遮罩形状制作动画，如图 3-41 所示。

图 3-41　0:00:01:00 帧调整效果

10. 用同样的方法，在 0:00:02:00 帧和 0:00:03:00 帧，制作遮罩形状动画，实现折扇扇柄完全展开动画，如图 3-42、图 3-43 所示。

图 3-42　0:00:02:00 帧调整效果

图 3-43　0:00:03:00 帧调整效果

11. 至此，打开的折扇制作完成，按数字小键盘上的 0 键，可以预览动画效果。

3.6　本章小结

本章主要对遮罩原理及遮罩基本操作进行了详细讲解，其中遮罩基本操作包括创建遮罩、编辑遮罩、修改遮罩属性、遮罩的混合模式四个方面。三个案例分别从遮罩基本动画、轨道蒙版动画、遮罩形状变化动画三个方面，进一步巩固遮罩知识，进而掌握遮罩编辑及遮罩动画制作技巧。

3.7　习　题

一、填空题

1. 一般来说，遮罩需要两个层，上面的图层称为______，下面的图层称为______。

2. 按住______键的同时拖动鼠标，可以创建正方形、正圆角矩形、正圆形遮罩。

3. 遮罩的属性主要包括遮罩的混合模式、遮罩的形状、______、______、______等，可以在“时间线”面板中，修改遮罩的属性。

4. 遮罩的混合模式有______、______、______、变亮、变暗和差值。

二、不定项选择题

1. 下列是 After Effects 软件中轨道蒙版类型的是(　　)。

A. Alpha 蒙版　　B. Alpha 反转蒙版　　C. 亮度蒙版　　D. 亮度反转蒙版

2. 下面对蒙版的作用，描述正确的是(　　)。

A. 通过蒙版，可以对指定的区域进行屏蔽

B. 某些效果需要根据蒙版发生作用

C. 产生屏蔽的蒙版必须是封闭的

D. 应用于效果的蒙版必须是封闭的

3. 对于轨道蒙版描述正确的是(　　)。

A. 可以指定合成中的某个层作为当前层的蒙版

B. 当前层可以将其上方的层作为蒙版使用

C. 作为蒙版使用的层会根据自己的 Alpha 或者亮度通道产生屏蔽

D. 作为蒙版使用的层，会自动关闭其显示开关

4. 在 After Effects 中，对于已生成的遮罩，可以进行哪些调节？(　　)

A. 对遮罩边缘进行羽化　　B. 设置遮罩的不透明度

C. 扩展和收缩遮罩　　D. 对遮罩进行反转

5. 蒙版可以由下面哪些方法创建？(　　)

A. 使用自由笔工具随意绘制创建蒙版

B. 使用钢笔工具连接控制点创建蒙版

C. 从 Illustrator 或者 Photoshop 中复制路径，粘贴到 After Effects 中，产生蒙版

D. 根据指定的图像通道，自动产生蒙版

第4章 文字动画

本章教学目标

1. 掌握文字工具的使用，文字和段落面板的使用；（重点）
2. 掌握文字动画的制作技巧；（难点）
3. 掌握路径文字的应用；（重点）
4. 掌握文字特效的使用方法。（难点）

4.1 文字基本操作

文字可以说是视频制作的灵魂，可以起到画龙点睛的作用，它被用在制作影视片头字幕、广告宣传广告语等方面，掌握文字的基本操作，对影视制作也是至关重要的一个环节。

1. 创建文字

在默认情况下，工具栏中的文字工具为 T，选择该工具，按住鼠标左键，会弹出扩展工具 ↓T，分别用于创横排文字和竖排文字，如图 4-1 所示。选择文字工具后，在合成窗口中单击即可创建文字。同时，在“时间线”面板中会新建一个文字层。

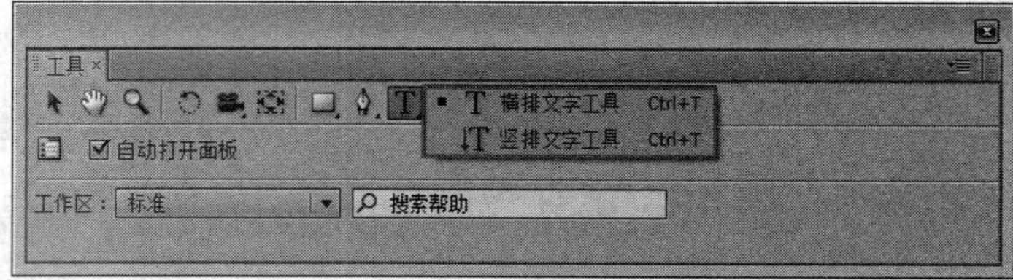

图 4-1 文字工具

技术点睛

创建文字的方法：

方法一：使用菜单命令。单击“层”→“新建”→“文字”菜单命令，此时在合成窗口中出现光标效果，直接输入文字即可。

方法二：使用文字工具。单击工具栏中的 T 按钮，直接在合成窗口中单击并输入文字。

方法三：按“Ctrl＋T”组合键，选择文字工具，反复按组合键，可以在横排和竖排文字间切换。

2. 修饰文字

文字创建后，可随时对其进行编辑修改，而文字和段落面板是进行文字修改的地方。利用文字面板可以对文本的字体、字形、字号、颜色等属性进行修改；利用段落面板可以对文字进行对齐、缩进等修改。

单击“窗口”→“文字”或“段落”菜单命令，或在工具栏中选择文字工具，然后单击“文字面板和段落面板切换”按钮，即可打开文字面板和段落面板，如图 4-2 和图 4-3 所示。

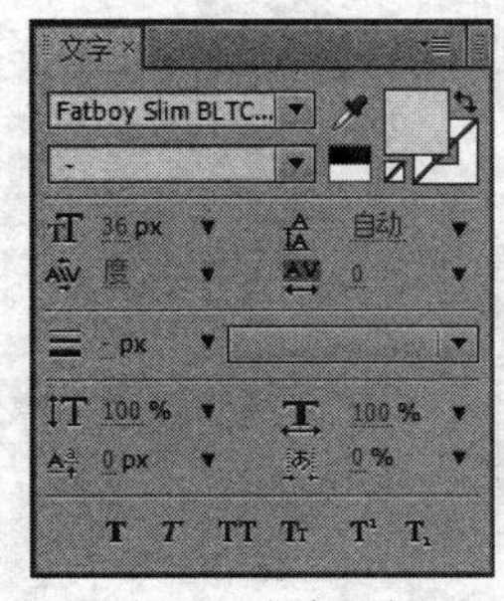

图 4-2　文字面板

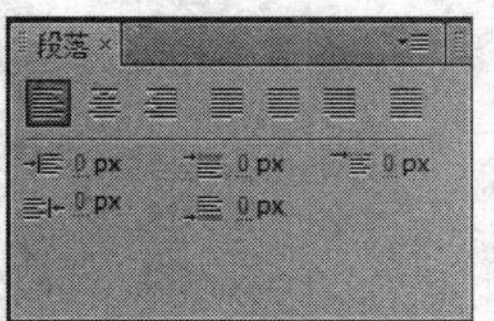

图 4-3　段落面板

3. 文字动画

After Effects CS6 具有强大的文字动画功能，可以制作出丰富的文字动画效果，增强影片效果。

(1)文字的基本动画

创建文字后，在“时间线”面板中将出现一个文字层，展开文字列表，将显示出“文字”属性选项，如图 4-4 所示。通过对该属性设置关键帧，即可产生不同时间段的文字内容变换的动画。

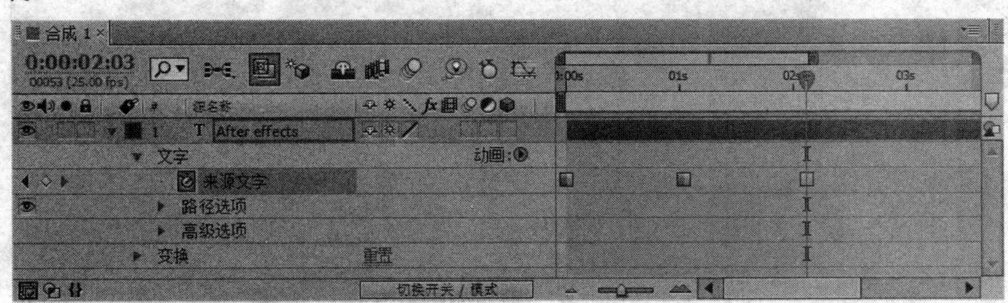

图 4-4　“来源文字”属性关键帧

(2)文字的高级动画

在文字列表选项右侧有一个 动画: 按钮，单击该按钮，将弹出一个菜单，该菜单包含了文字的动画制作命令，选择某个命令后，在文字列表选项中将添加该命令的动画选项，通过该选项，可以制作更加丰富的文字动画效果。动画菜单如图 4-5 所示。

在菜单中选择需要的动画属性，After Effects 会自动在文字列表选项中增加一个“动画”属性。展开“动画”属性，可以看到“范围选择器”和“透明度”选项，如图 4-6 所示。

在为文字设置动画后，在“动画”属性下方显示有 添加: 选项，单击其右侧的按钮，在弹出的菜单中可为当前动画添加属性或选择扭曲、排列等。

4. 路径文本

在“路径选项”列表中有一个路径选项，通过它可以制作一个路径文字，在合成窗口创建文字并绘制路径，然后通过路径右侧的菜单，可以制作路径文字效果。路径文字设置及显示效果如图 4-7 所示。

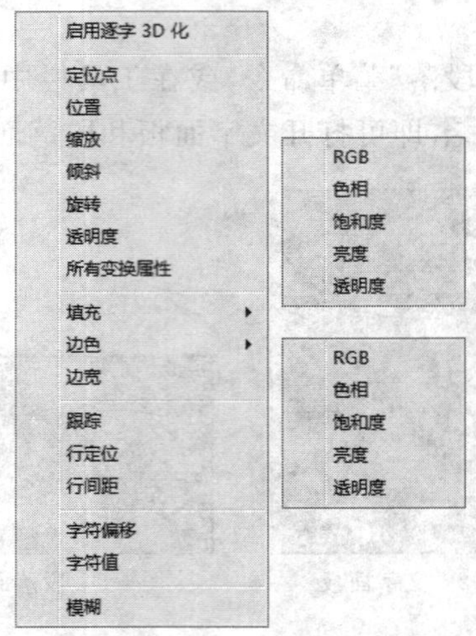

图 4-5　动画菜单

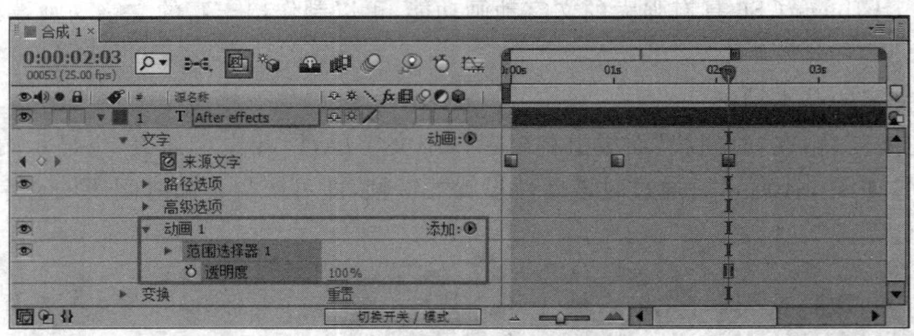

图 4-6　动画属性

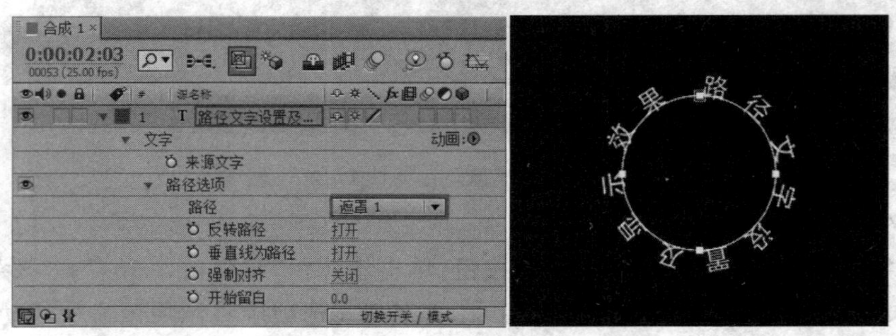

图 4-7　路径文字设置及显示效果

在应用路径文字后，在“路径选项”列表中将多出五个选项，用来控制文字与路径的排列关系，如图 4-8 所示。

“反转路径”：该选项可以将路径上的文字进行反转，反转前后效果对比如图 4-9 所示。

“垂直线为路径”：该选项控制文字与路径的垂直关系，如果开启垂直功能，不管路径如何变化，文字始终与路径垂直，应用前后的效果对比如图 4-10 所示。

“强制对齐”：强制将文字与路径两端对齐。如果文字过少，将出现文字分散的效果，应用前后的效果对比如图 4-11 所示。

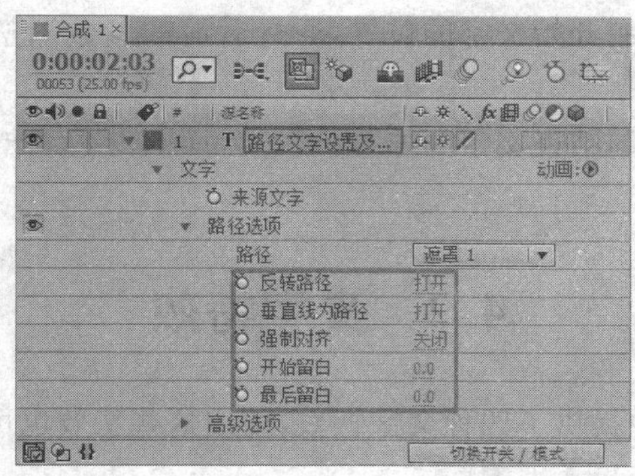

图 4-8　增加的选项

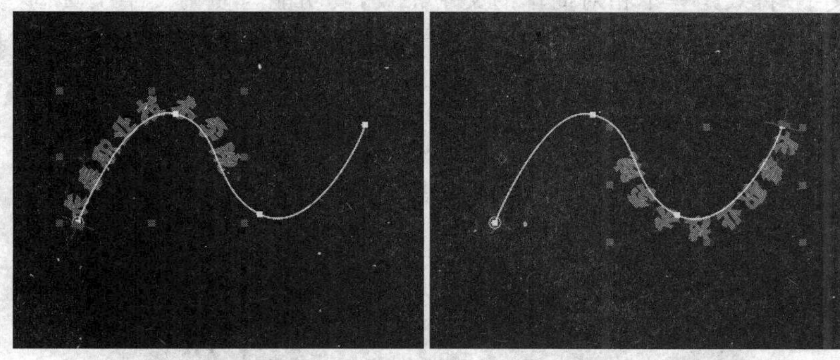

图 4-9　“反转路径”应用前后效果对比

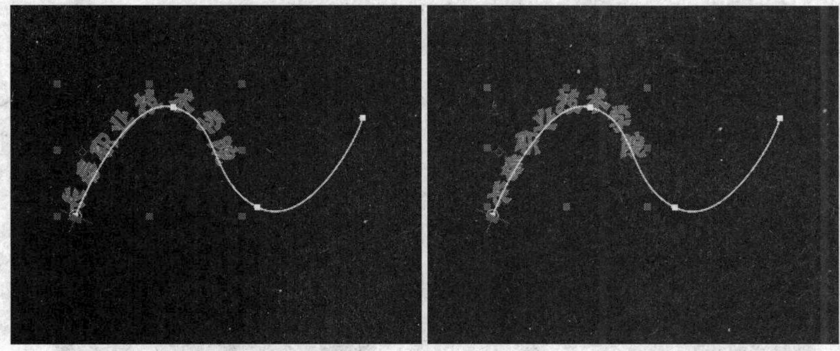

图 4-10　“垂直线为路径”应用前后效果的对比

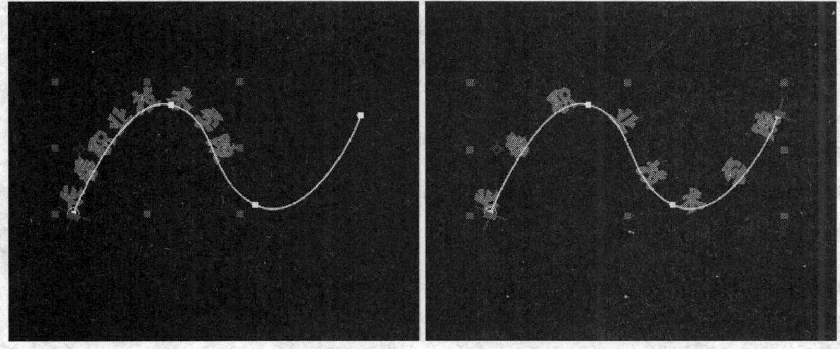

图 4-11　“强制对齐”应用前后效果对比

“首字位置”:用来控制开始文字的位置,通过后面的参数调整,可以改变首字在路径上的位置。

“末字位置”:用来控制结束文字的位置,通过后面的参数调整,可以改变末字在路径上的位置。

4.2 文字特效

After Effects CS6 中提供了四种文字特效,使用这些特效也可以创建文字。

1.“基本文字”特效

“基本文字”特效是一个相对简单的文字特效,其功能与使用文字工具创建基础文本相似。单击“效果”→“旧版插件”→“基本文字”菜单命令,可以创建“基本文字”特效,如图4-12所示。

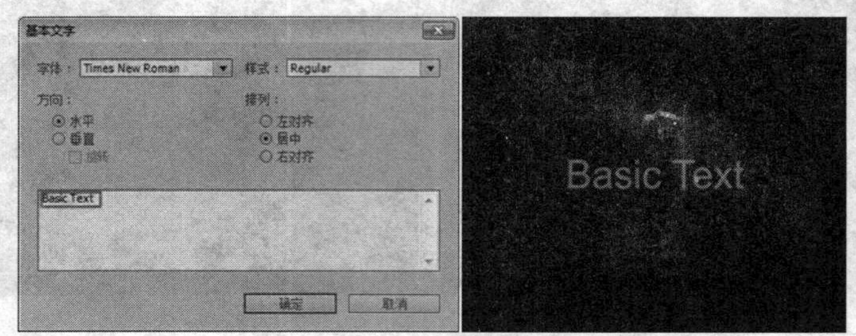

图 4-12 “基本文字”对话框及创建的文字

2.“路径文字”特效

“路径文字”特效是一个功能强大的文字特效,使用它可以制作出丰富的文字运动动画。单击“效果”→“旧版插件”→“路径文字”菜单命令,可以创建“路径文字”特效,如图4-13所示。

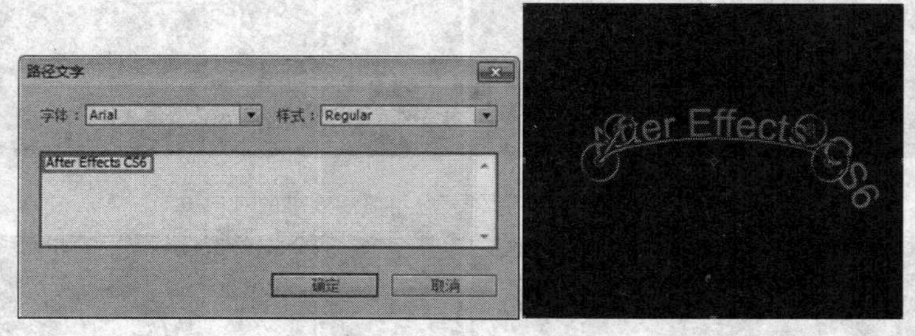

图 4-13 “路径文字”对话框及创建的文字

3.“编号”特效

“编号”特效可以产生随机的和连续的数字效果。用“编号”特效创建文本的方法与“基本文字”特效相似。单击“效果”→“文字”→“编号”菜单命令,可以创建“编号”特效,如图 4-14 所示。

4.“时间码”特效

“时间码”特效用于为影片添加时间码作为影片主时间依据,方便后期制作。单击“效果”→“文字”→“时间码”菜单命令,可以创建“时间码”特效,如图 4-15 所示。

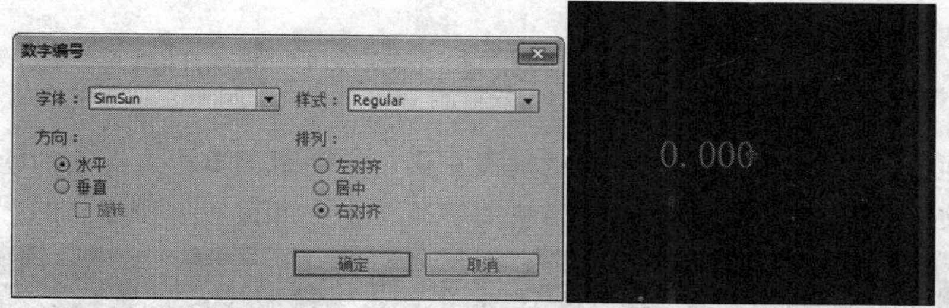

图 4-14　“数字编号”对话框及创建的文字

图 4-15　“时间码”特效各项参数及效果

4.3　使用特效预置动画

在 After Effects 的预置动画中提供了很多文字动画，在“效果和预置”面板中展开“动画预置”选项，可以在“文字”文件夹下看到所有的文字预置动画，如图 4-16 所示。

在合成窗口中创建文本后，选择合适的动画预置，使用鼠标直接将其拖至文字层上即可，如图 4-17 所示为一些文字预置动画效果。

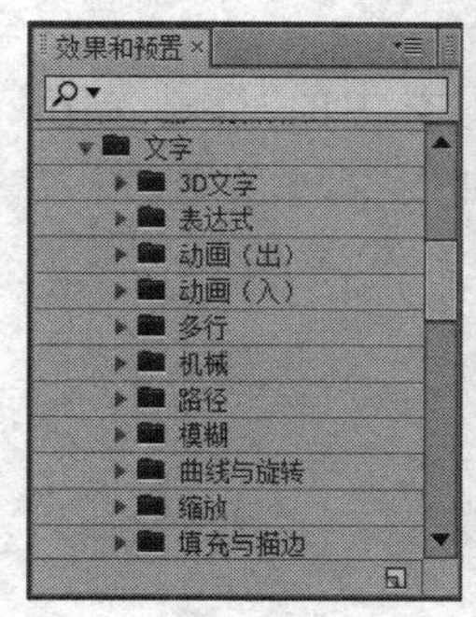

图 4-16　文字预置动画

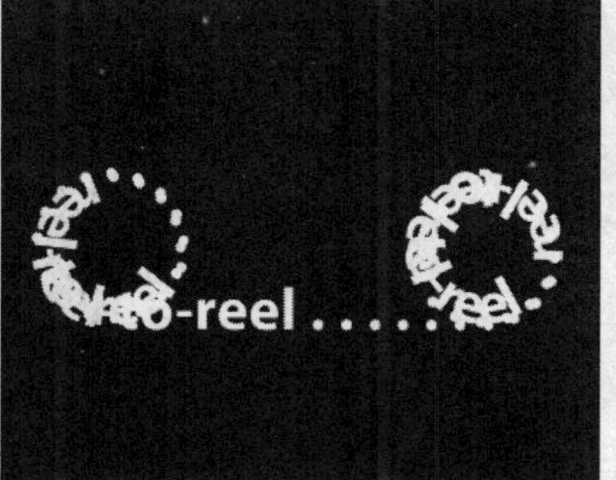

图 4-17　预置动画效果

4.4 实战训练1:随机文字动画

本例通过制作一个文字随机变化的动画来讲解动画:菜单中各选项的功能,使读者掌握不同文字属性动画的制作方法。随机文字动画效果如图4-18所示。

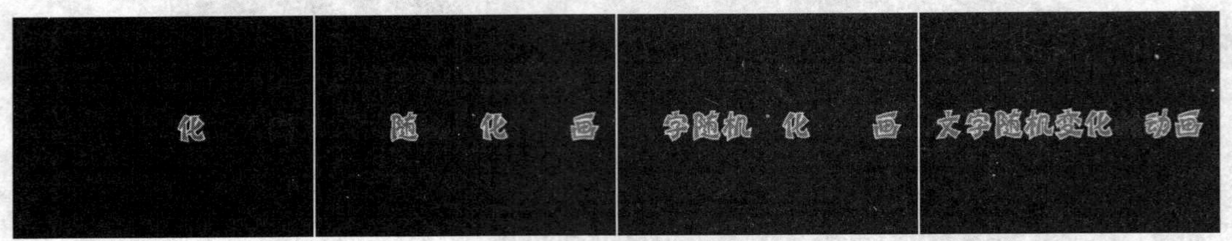

图4-18 随机文字动画效果

操作步骤:

1. 新建合成。打开After Effects软件,单击"合成"→"新建合成"菜单命令,打开"图像合成设置"对话框,设置图像合成参数如图4-19所示。

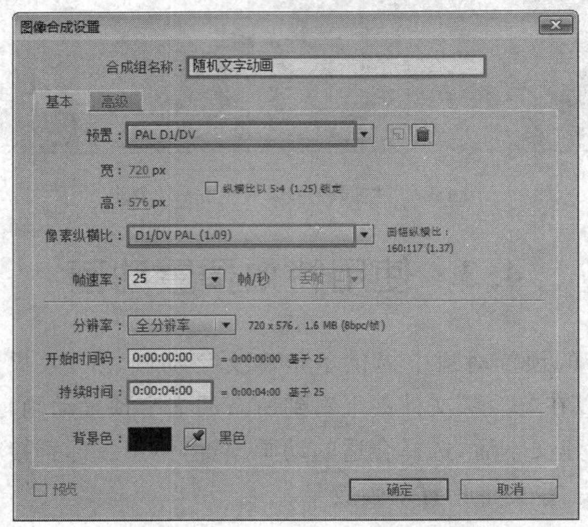

图4-19 设置图像合成参数

2. 创建文字。单击"层"→"新建"→"文字"菜单命令,或单击工具栏中的"横排文字"按钮T,在合成窗口中单击,然后输入文字"文字随机变化的动画",如图4-20所示。

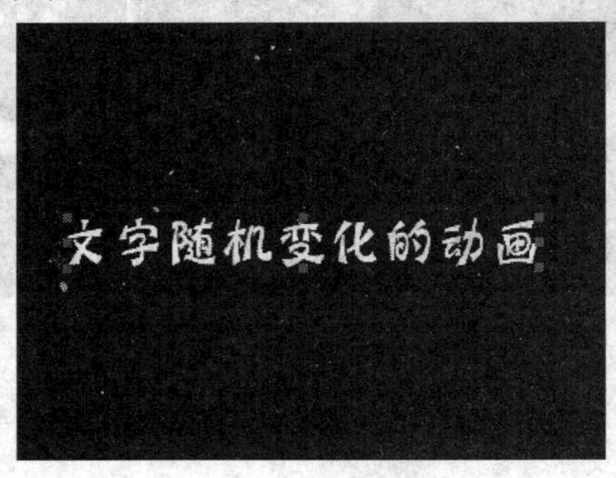

图4-20 输入文字

3. 单击工具栏右侧的“文字面板和段落面板切换”按钮，打开“文字”面板，设置填充的颜色为红色，描边为白色，其他参数及文字效果如图 4-21 所示。

图 4-21　文字参数设置及文字效果

4. 制作文字随机动画。在“时间线”面板中，展开文字层，然后单击文字层右侧的 动画: 右侧的按钮，在弹出的菜单中选择“透明度”命令，如图 4-22 所示。

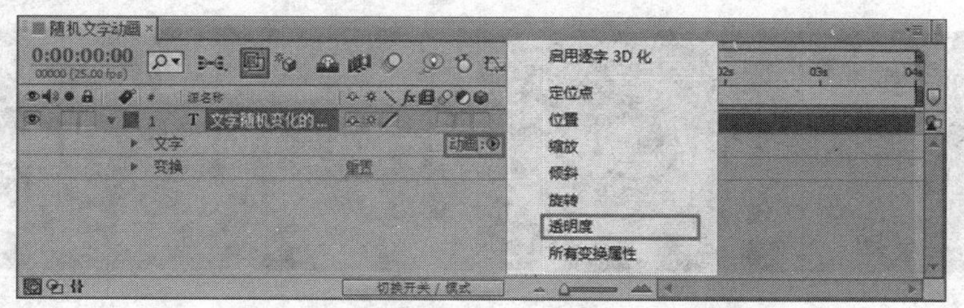

图 4-22　选择“透明度”命令

5. 在文字层列表选项中，出现了一个“动画 1”选项组，通过该选项组可以进行随机透明动画的制作。首先将该选项组下的透明度值设置为 0%，以便制作透明动画，如图 4-23 所示。

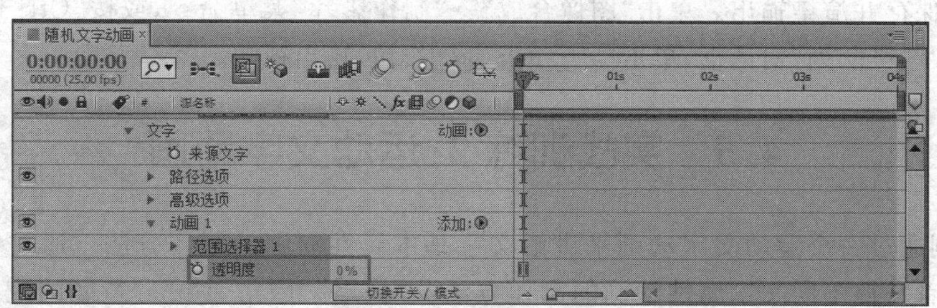

图 4-23　设置透明度参数

6. 确保时间指示器处于 0:00:00:00 帧的位置，展开“动画 1”选项组中的“范围选择器 1”选项，激活“开始”左侧按钮，添加一个关键帧，并设置开始值为 0%，如图 4-24 所示。

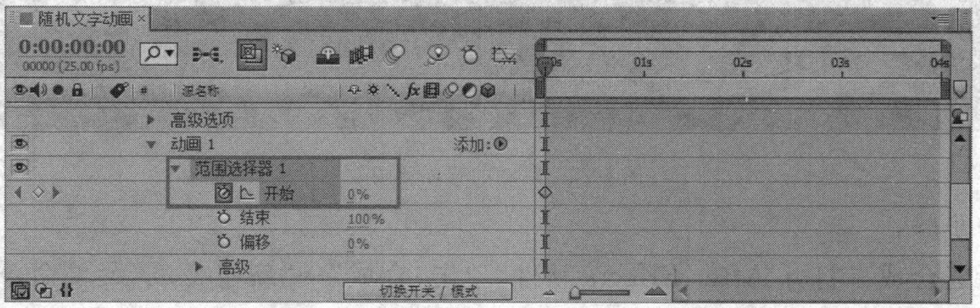

图 4-24　0:00:00:00 帧的位置添加关键帧

7. 拖动"时间指示器"到 0:00:03:24 帧的位置,设置开始值为 100%,系统自动在该处创建一个关键帧,如图 4-25 所示。

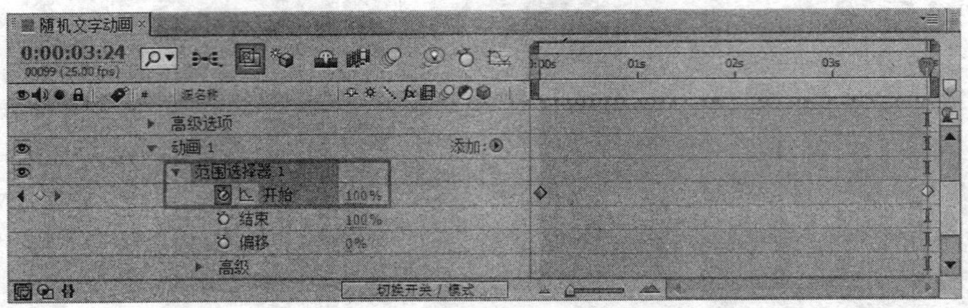

图 4-25 0:00:03:24 帧的参数

8. 此时,拖动时间滑块或按小键盘上的 0 键,可以预览动画,动画效果如图 4-26 所示。

图 4-26 文字动画效果

9. 从播放的动画预览中可以看出该动画只是一个文字逐渐透明显示的动画,而不是一个随机透明动画。下面来制作随机效果。展开"范围选择器 1"选项组中的"高级"选项,设置随机顺序为"打开"。这样,就完成了随机动画的制作。

10. 保存并渲染输出。单击"图像合成"→"制作影片"菜单命令,或按"Ctrl+M"组合键,打开"渲染队列"对话框,单击 渲染 按钮,输出视频。

4.5 实战训练 2:运动文字动画

本例通过一个运动文字动画来讲解文字基本属性动画的制作方法。通过本例的学习,使读者掌握不同文字属性动画的制作方法及"拖尾""倒角 Alpha"特效的应用。运动文字动画效果如图 4-27 所示。

图 4-27 跳动的圆环动画效果

操作步骤:

1. 新建合成。打开 After Effects 软件,单击"合成"→"新建合成"菜单命令,打开"图像合成设置"对话框,设置图像合成参数如图 4-28 所示。

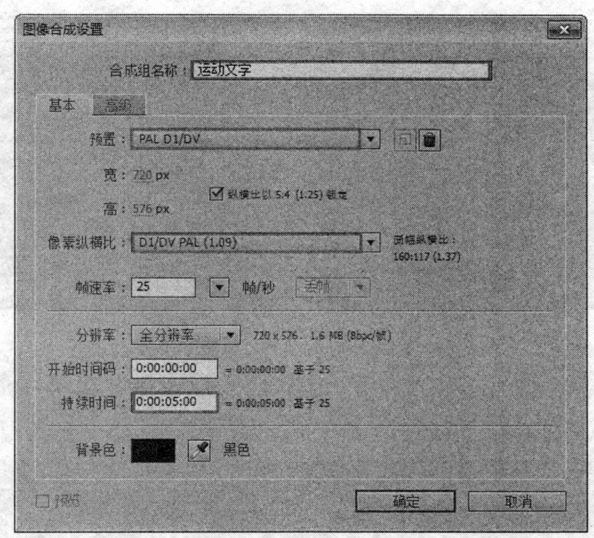

图4-28 设置图像合成参数

2. 创建文字。单击"层"→"新建"→"文字"菜单命令，或单击工具栏中的"横排文字"按钮 T，在合成窗口中单击，然后输入文字"厚德载物 上善若水"。在"文字"面板中分别设置文字的字体、大小、颜色、字间距等，如图4-29所示。

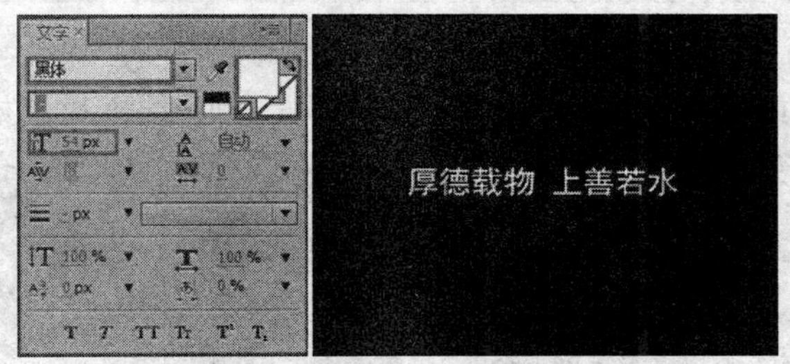

图4-29 文字参数设置及文字效果

3. 制作文字动画。在"时间线"面板中，展开文字层，然后单击文字层右侧的 动画: 右侧的 按钮，在弹出的菜单中选择"透明度"命令。在文字层列表选项中，出现了一个"动画1"选项组，通过该选项组可以进行随机透明动画的制作。首先将该选项组下的透明度值设置为0%，以便制作透明动画，如图4-30所示。

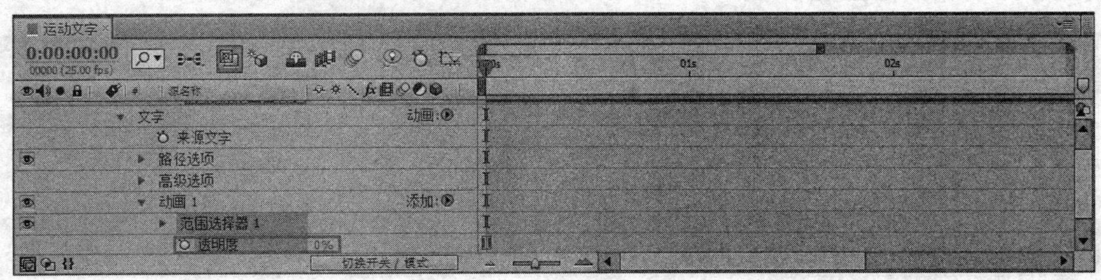

图4-30 设置透明度参数

4. 确保时间指示器处于0:00:00:00帧的位置，展开"动画1"选项组中的"范围选择器1"选项，激活"偏移"左侧 按钮，添加一个关键帧，并设置偏移值为0%，如图4-31

所示。

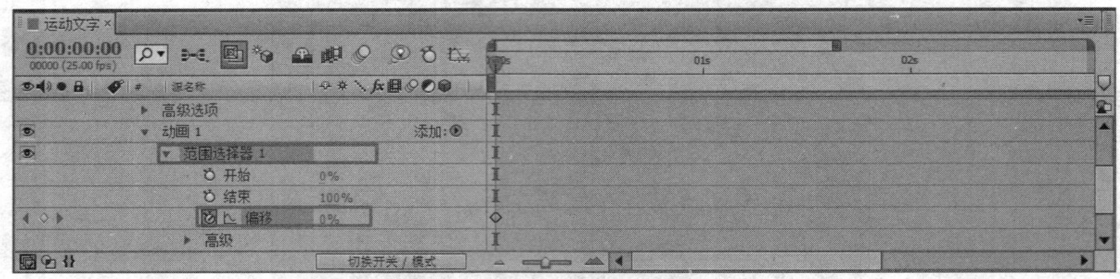

图 4-31 0:00:00:00 帧的位置添加关键帧

5. 拖动“时间指示器”到 0:00:02:10 帧的位置，设置偏移值为 100%，系统自动在该处创建一个关键帧，如图 4-32 所示。

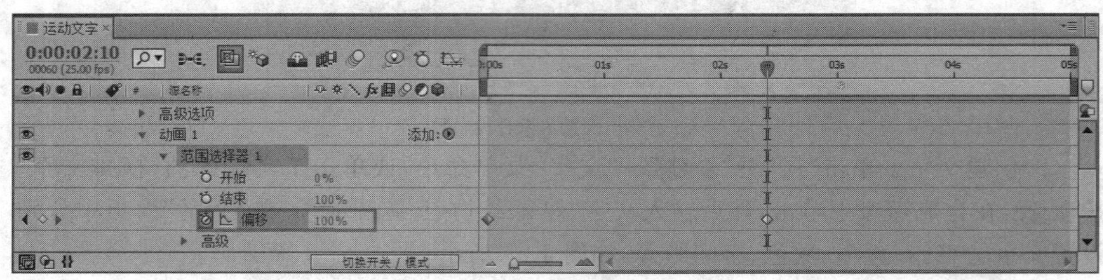

图 4-32 设置 0:00:02:10 帧的参数

6. 拖动时间滑块或按小键盘上的 0 键，可以预览动画，动画效果如图 4-33 所示。

图 4-33 动画过程 1

7. 制作文字缩放动画。单击“动画 1”选项右侧的添加:右侧的按钮，在弹出的菜单中选择“特性”→“缩放”菜单命令，在“时间线”面板中“范围选择器 1”选项下方出现了“缩放”选项，将其数值设置为 1500.0%，如图 4-34 所示。

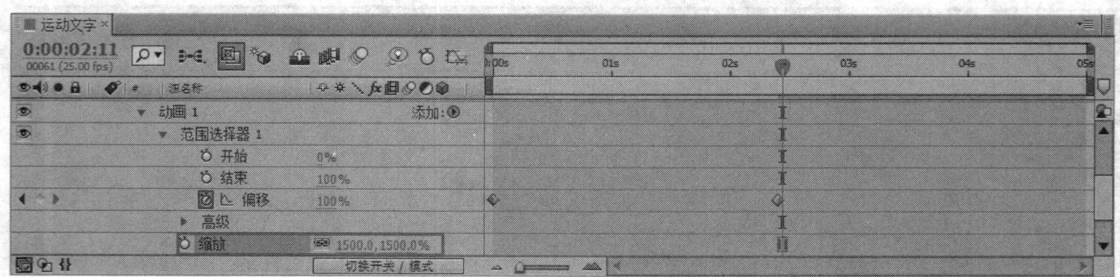

图 4-34 设置缩放参数

8. 拖动时间滑块或按小键盘上的 0 键，可以预览动画，动画效果如图 4-35 所示。

图 4-35 动画过程 2

9. 制作文字旋转动画。单击添加:右侧的按钮，在弹出的菜单中选择“特性”→“旋转”菜单命令，在“时间线”面板中“范围选择器 1”选项下方出现了“旋转”选项，将其数值设置为－2x＋0.0°，让每个文字能够反向旋转 2 周，如图 4-36 所示。

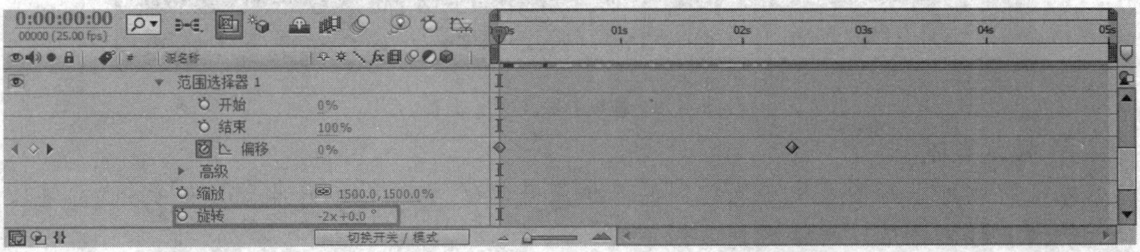

图 4-36 设置旋转参数

10. 拖动时间滑块或按小键盘上的 0 键，可以预览动画，动画效果如图 4-37 所示。

图 4-37 动画过程 3

11. 在上面的动画预览中，文字虽然产生了缩放和旋转的动画，但是文字在旋转时并没有以每个字的轴心点来平稳地转动。这是因为 After Effects 创建文字时，默认的轴心点在其底部，需要将其调整至文字的中间部位。单击动画:右侧的按钮，在弹出的菜单中选择“定位点”命令，为文字添加“动画 2”选项，并修改其下面的“定位点”参数值为(0.0，－17.0)，如图 4-38 所示。

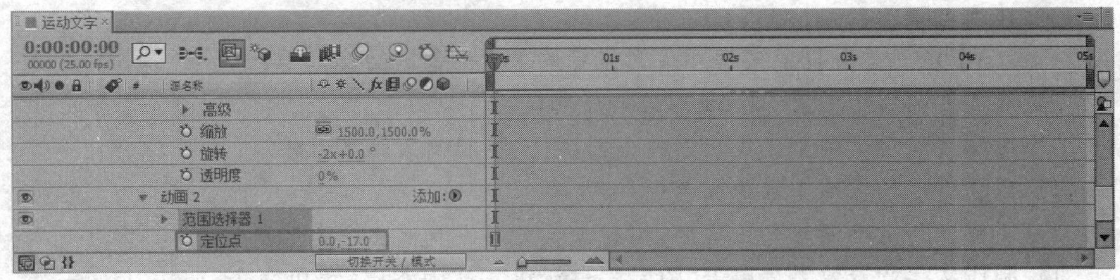

图 4-38 设置定位点参数

12. 制作文字拖尾效果。单击“效果”→“时间”→“拖尾”菜单命令，在“特效控制台”中，设置“拖尾”特效的“重影数量”值为 3，“衰减”值为 0.45，如图 4-39 所示。

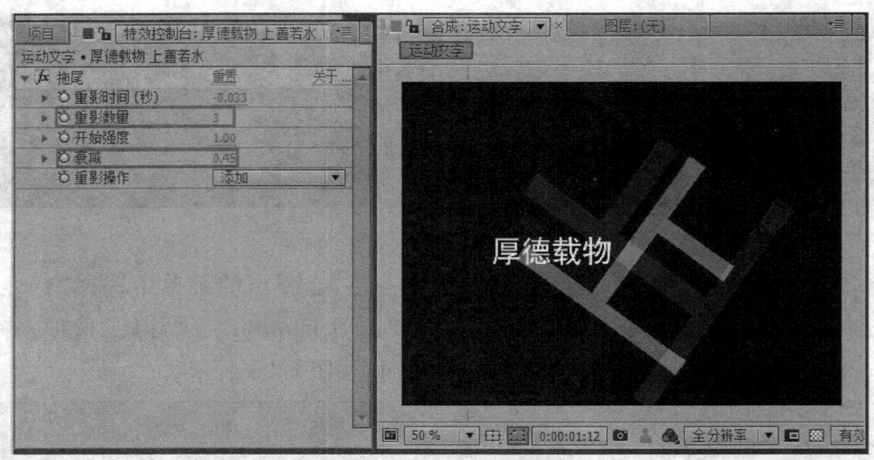

图 4-39 拖尾参数及文字效果

技术点睛

拖尾特效可以将图像中不同时间的多个组合起来同时播放，产生重复效果，该特效只对运动的素材起作用。其参数功能如下：

“重影时间”：设置两个混合图像之间的时间间隔，负值将会产生一种拖尾效果，单位为秒；

“重影数量”：设置重复产生的数量；

“开始强度”：设置开始帧的强度；

“衰减”：设置图像重复的衰退情况；

“重影操作”：设置重复图形的混合模式。

13. 制作文字倒角效果。单击“效果”→“透视”→“斜面 Alpha”菜单命令，设置“边缘厚度”值为1.40，“照明强度”值为0.55，如图4-40所示。至此，文字的动画效果完成。

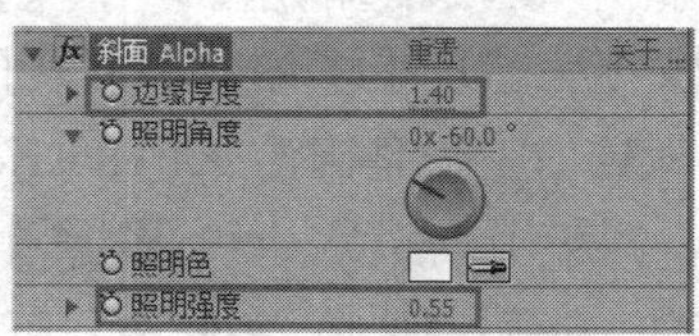

图 4-40 设置斜面 Alpha 参数

技术点睛

斜面 Alpha 特效可以使文字产生立体感效果。其参数功能如下：

“边缘厚度”：用于设置 Alpha 倒角的厚度；

“照明角度”：用于调整光线照射的方向，用于控制倒角的显示外观；

“照明色”：用于控制光源的颜色；

“照明强度”：用于调整光照强度，控制边界与图像其他部分的区别。

14. 制作文字背景效果。单击“图层”→“新建”→“固态层”菜单命令，或按“Ctrl＋Y”组合键，创建一个固态层，设置该固态层的大小与合成一致，并命名为“背景”。单击“效果”→“生成”→“渐变”菜单命令，“渐变”特效的默认效果是由黑到白的线性渐变。单击工具栏中的“矩形遮罩工具”按钮，在背景层上画出一个矩形的遮罩，设置渐变结束点的位置值为(360.0,287.0),结束色为 RGB(255,0,0),如图 4-41 所示。

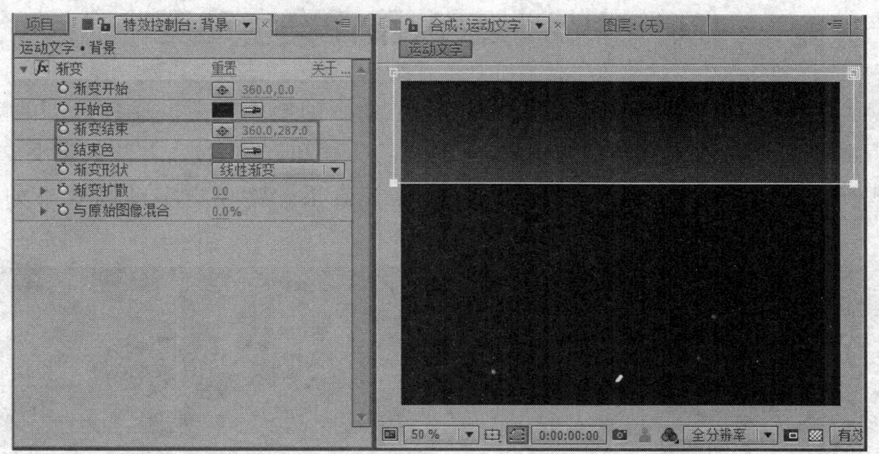

图 4-41　渐变参数及效果

技术点睛

渐变特效可以产生双色渐变效果,能与原始图像相融合产生渐变特效。其参数功能如下:

"渐变开始":设置渐变开始的位置;

"开始色":设置渐变开始的颜色;

"渐变结束":设置渐变结束的位置;

"结束色":设置渐变结束的颜色;

"渐变形状":选择渐变的方式,包括线性渐变和放射渐变;

"渐变扩散":设置渐变的扩散程度,值过大时将产生颗粒效果;

"与原始图像混合":设置渐变颜色与原图像的混合百分比。

15. 选中背景层,按"Ctrl+D"组合键复制一层。选中复制的背景层,设置图层的旋转值为 180,如图 4-42 所示。至此,整个运动文字动画效果全部完成。

图 4-42　复制后的效果

16. 保存并渲染输出。单击"图像合成"→"制作影片"菜单命令,或按"Ctrl+M"组合键,打开"渲染队列"对话框,单击 渲染 按钮,输出视频。

4.6 实战训练 3:路径文字动画

本例通过一个路径文字动画来讲解路径文字动画的制作方法。通过本例的学习,使读者掌握路径文字的创建和编辑方法、三维图层的建立和调整方法;并能利用文字沿路径运动的规律,制作流动的光线、空心霓虹灯文字等效果。路径文字动画效果如图 4-43 所示。

图 4-43 路径文字动画效果

操作步骤:

1. 新建合成。打开 After Effects 软件,单击"合成"→"新建合成"菜单命令,打开"图像合成设置"对话框,设置图像合成参数如图 4-44 所示。

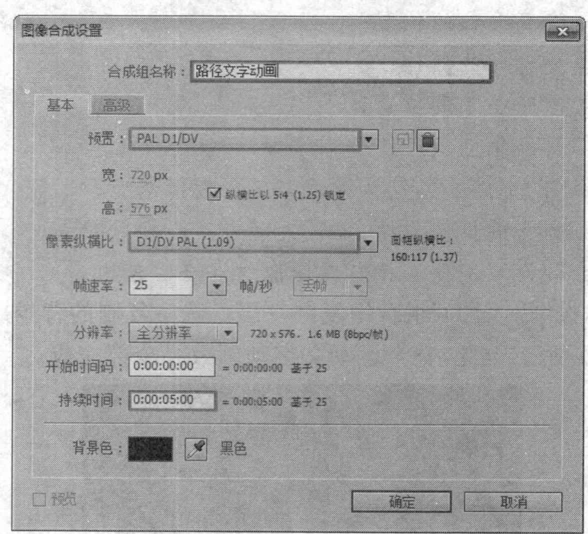

图 4-44 设置图像合成参数

2 新建一个固态层。单击"图层"→"新建"→"固态层"菜单命令,或按"Ctrl+Y"组合键,创建一个固态层,设置该固态层的大小与合成一致,大小为 720×576,并命名为"背景"。

3. 为该图层添加一个"渐变"特效。单击"效果"→"生成"→"渐变"菜单命令,设置渐变形状为放射渐变,渐变开始值为(360.0,288.0)、开始色为(138,255,0);渐变结束值为(360.0,741.0)、结束色为(17,72,0),如图 4-45 所示。

4. 再次新建一个固态层,命名为"文字",并为文字层添加"路径文字"特效。选中文字层,单击"效果"→"旧版本"→"路径文字"菜单命令,在打开的"路径文字"对话框中输入文

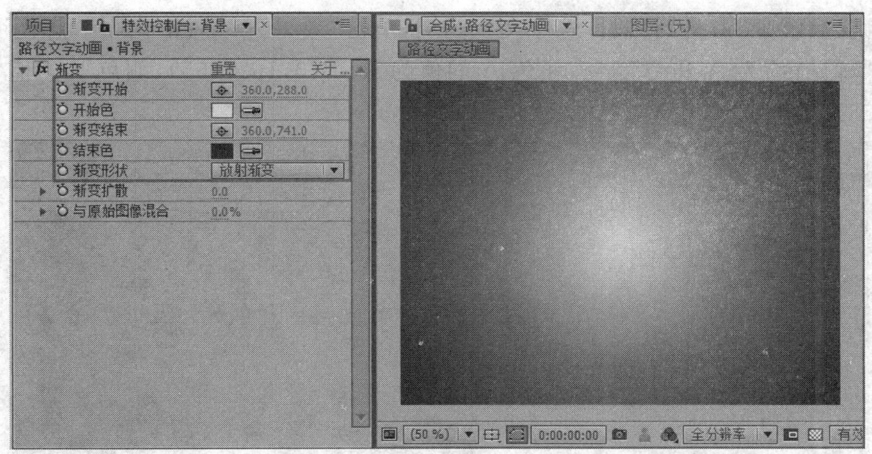

图 4-45　设置渐变参数及背景效果

字“快乐不是因为得到的多而是因为计较的少”，设置文字的字体为“SimHei”，如图 4-46 所示。

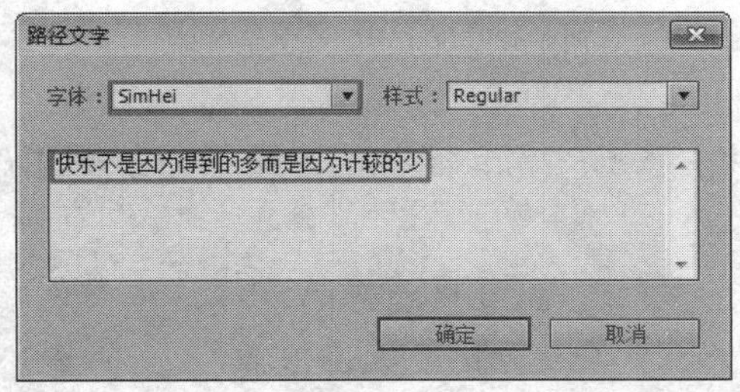

图 4-46　设置路径文字

5. 设置“路径文字”特效的参数。设置形状类型为圆，顶点 1/圆中心值为(360.0，288.0)；设置“填充色”为白色，设置字符组中的跟踪值为 35.00，如图 4-47 所示。

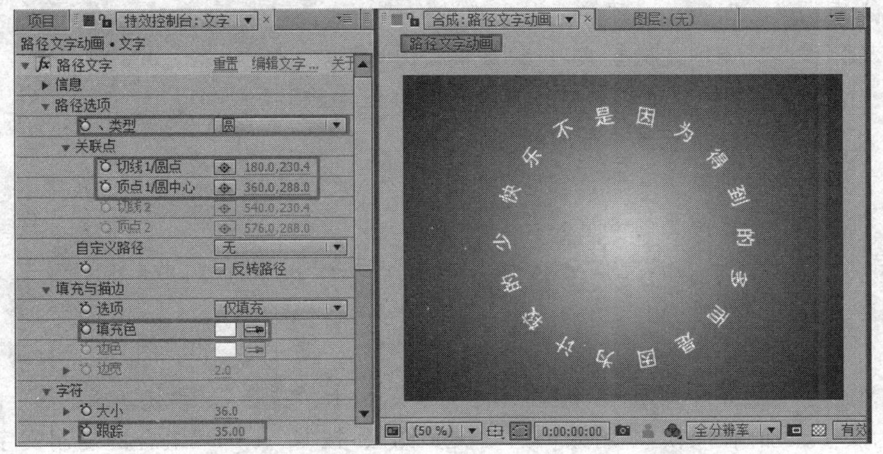

图 4-47　“路径文字”特效参数及文字效果

6. 制作环形文字围绕中心旋转动画效果。确保时间指示器处于 0:00:00:00 帧的位置，在“段落”选项组中，激活“左侧空白”左侧的按钮，添加一个关键帧，并设置其数值为 0；拖动“时间指示器”到 0:00:04:24 帧的位置，设置其数值为－1280。

7. 为文字添加“辉光”特效。选中文字图层，单击“效果”→“风格化”→“辉光”菜单命令，设置“辉光色”为 A 和 B 颜色，颜色 A 的值为 RGB(0,162,255)，颜色 B 的值为 RGB(0,36,255)，如图 4-48 所示。

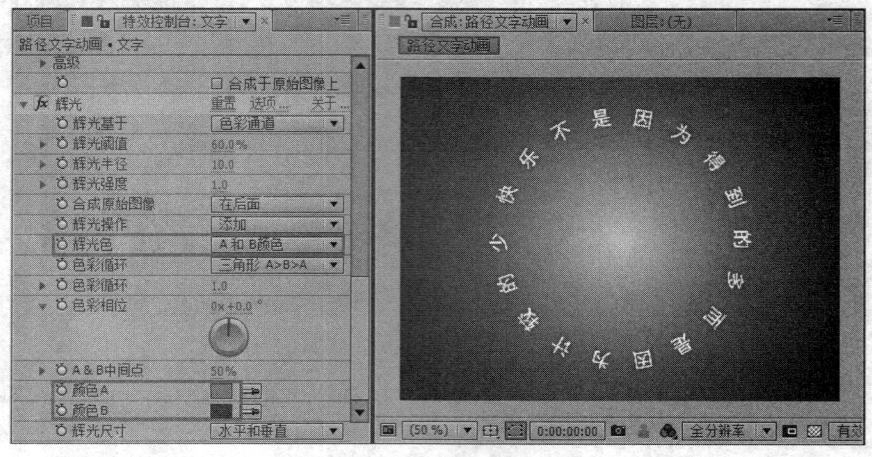

图 4-48 辉光参数及文字效果

技术点睛

“辉光”特效经常用于图像中的文字和带有 Alpha 通道的图像，可以产生发光或光晕的效果。其参数功能如下：

“辉光基于”：选择发光作用通道，可以选择 Alpha 通道或色彩通道。

“辉光阈值”：控制辉光产生的百分比。数值越低，产生的辉光越多；数值越高，产生的辉光越少。

“辉光半径”：控制辉光从图像的明亮区域向外延伸的半径大小。

“辉光强度”：设置辉光的发光强度，影响辉光的亮度。

“合成原始素材”：设置和原始素材图像的合成方式。

“辉光操作”：辉光的发光模式，类似层模式的选择。

“辉光色”：选择“原始颜色”“A 和 B 颜色”和“任意贴图”。

“色彩循环方式”：设置辉光颜色的循环方式。

“色彩循环数”：设置辉光颜色循环的数值。

“色彩相位”：设置辉光的颜色相位。

“A&B 中间点”：设置辉光颜色 A 和 B 的中点百分比。

“颜色 A”：设置颜色 A。

“颜色 B”：设置颜色 B。

“辉光尺寸”：设置辉光方向，有“水平和垂直”“水平”和“垂直”三种方式。

8. 为文字添加“径向模糊”特效。选中文字图层，按“Ctrl＋D”组合键复制文字图层。在时间线窗口中，选中下面的文字层，按回车键，将其命名为“文字 2”。选中文字 2 图层，单击“效果”→“模糊与锐化”→“径向模糊”菜单命令，设置模糊量为 50，类型为缩放，如图 4-49所示。

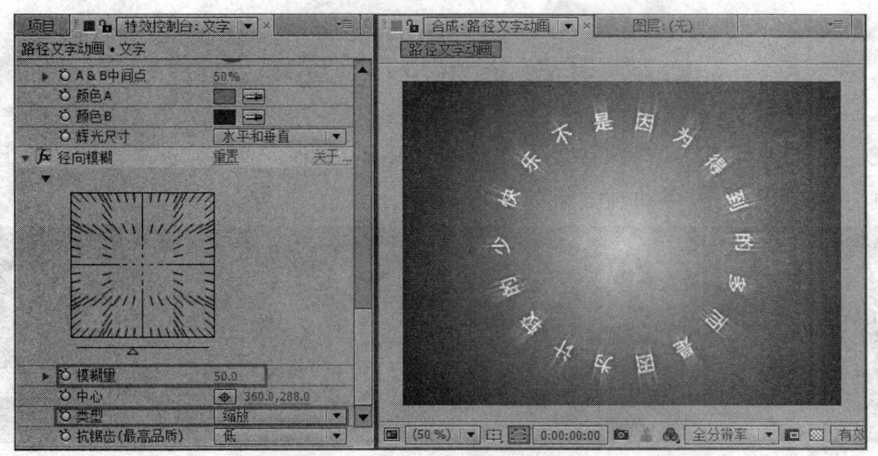

图 4-49　径向模糊参数及文字效果

9. 为文字层设置三维效果。分别打开两个文字图层的三维开关，展开其变换属性，设置其“X 轴旋转”属性值为 0x－70.0°，如图 4-50 所示。

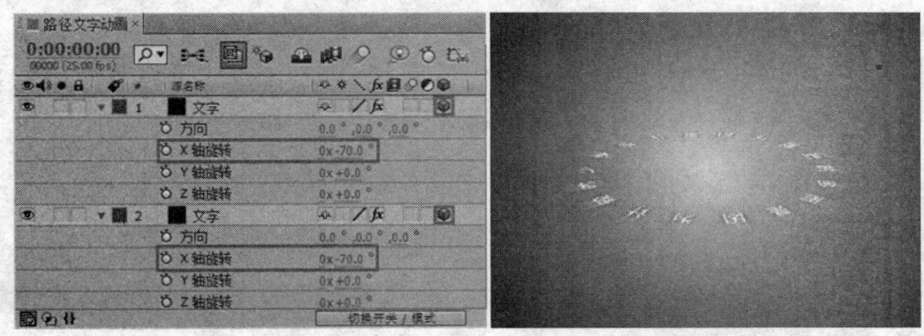

图 4-50　旋转参数及效果

10. 导入素材。按“Ctrl＋I”组合键，打开“导入文件”对话框，导入素材“renwu. psd”文件。

11. 将素材“renwu. psd”从“项目”面板拖放到“时间线”面板中，并放置在最上层。打开 renwu. psd 图层的三维开关，按下 P 键，展开位置属性，设置其参数值为(360.0，288.0，30.0)，如图 4-51 所示。

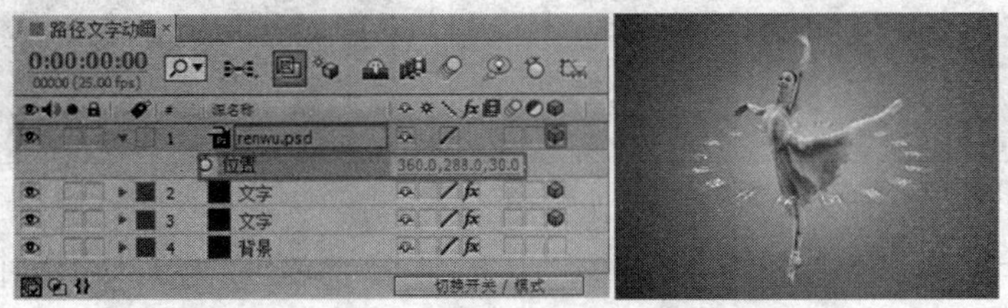

图 4-51　位置参数及效果

12. 编辑完成后，单击“文件”→“保存”菜单命令，保存文件。

13. 渲染输出。单击“图像合成”→“制作影片”菜单命令，或按“Ctrl＋M”组合键，打开“渲染队列”对话框，单击 渲染 按钮，输出视频。

4.7 实战训练 4:手写字动画

本例主要讲解利用“书写”特效制作手写字动画效果。通过本例的学习,掌握“书写”特效的使用方法。手写字动画效果如图 4-52 所示。

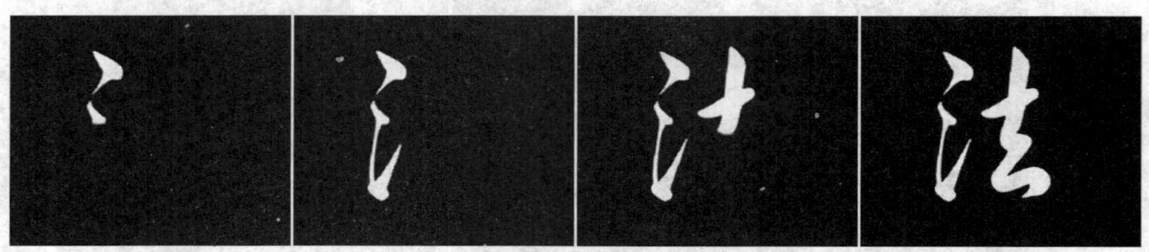

图 4-52 手写字动画效果

操作步骤:

1. 新建合成。打开 After Effects 软件,单击“合成”→“新建合成”菜单命令,打开“图像合成设置”对话框,设置图像合成参数如图 4-53 所示。

2. 导入素材。按“Ctrl+I”组合键,打开“导入文件”对话框,导入素材“法.psd”文件,并将其拖到“时间线”面板中,此时,合成窗口如图 4-54 所示。

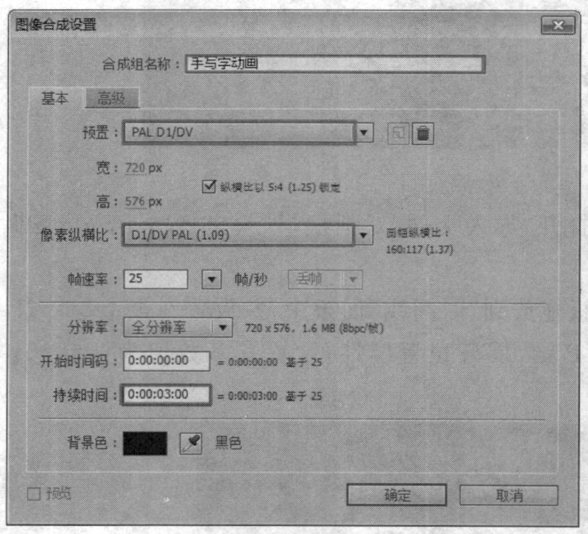

图 4-53 合成图像参数

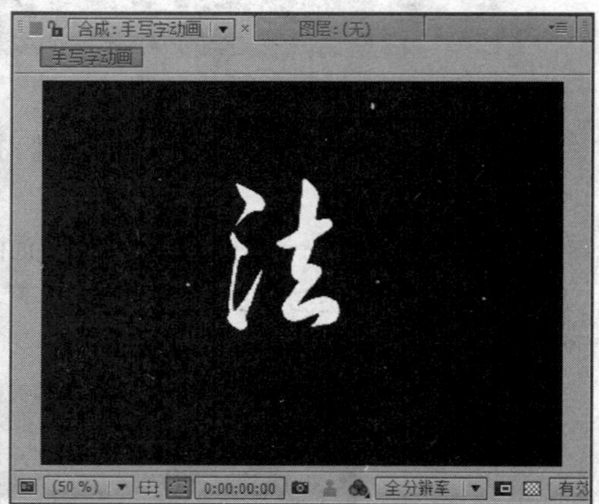

图 4-54 合成窗口效果

3. 复制图层。这个“法”字可以分三笔书写,所以选择“法”层,按“Ctrl+D”组合键两次,将其复制两层,如图 4-55 所示。

4. 绘制遮罩。单击“法”层左侧的按钮,将第 2 层和第 3 层隐藏。选择第 1 层,单击工具栏中的“钢笔工具”按钮,为“法”层绘制遮罩,将左侧的笔画分离出来,如图 4-56 所示。

5. 用同样的方法为第 2 层和第 3 层绘制遮罩,将第 2、3 笔画分离出来,如图 4-57 所示。

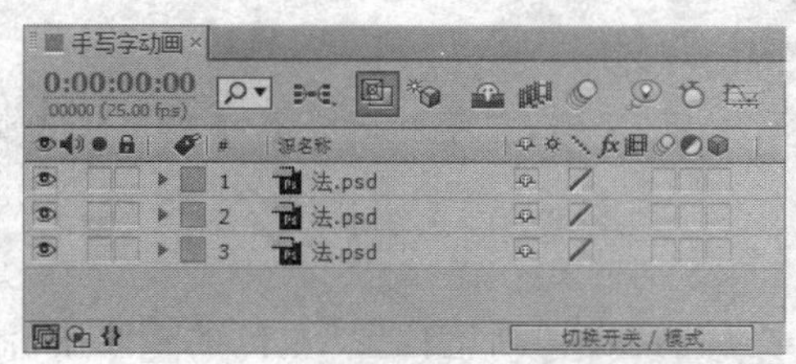

图 4-55　复制图层

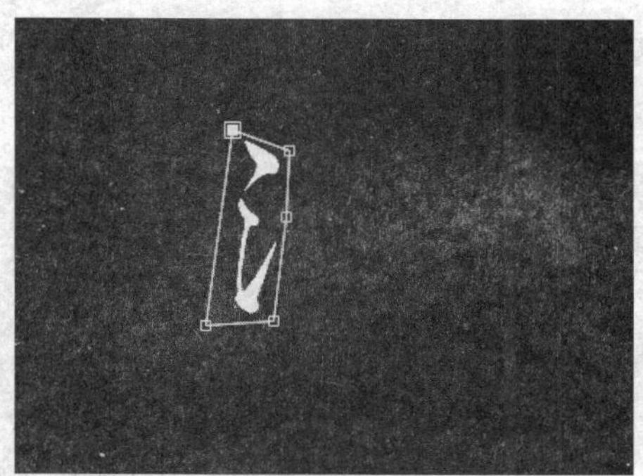

图 4-56　为法字第 1 层绘制遮罩

图 4-57　为法字第 2 层和第 3 层绘制遮罩

6. 制作手写动画。选择第 1 层，单击“效果”→“生成”→“书写”菜单命令，设置画笔位置为(251.0,142.0)、颜色为红色、画笔大小为 24.0，参数和效果如图 4-58 所示。

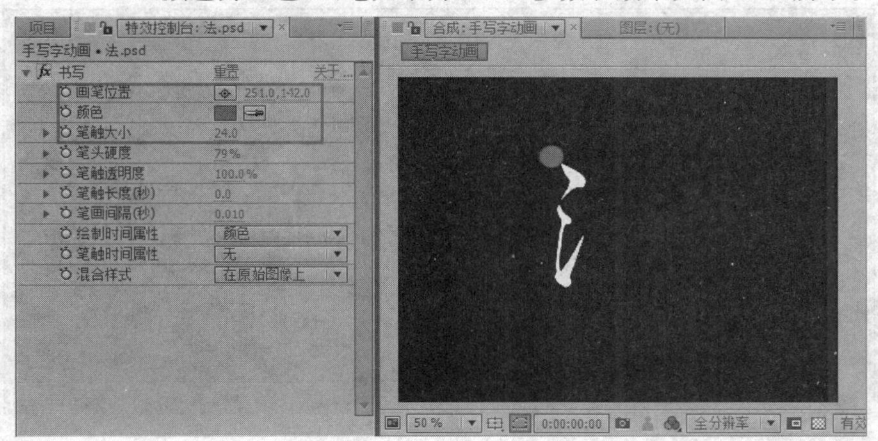

图 4-58　特效参数及效果

技术点睛

“书写”特效是用画笔在一层中绘画，模拟笔迹和绘制过程，它一般与表达式合用，能表示出精彩的图案效果。各参数功能如下：

“画笔位置”：用来设置画笔的位置。通过在不同时间修改关键帧位置，可以制作出书写动画效果。

“颜色”：用来设置画笔的绘画颜色。

“画笔大小”：用来设置画笔的笔触粗细。

“画笔硬度”：用来设置画笔笔触的柔化程度。

“画笔透明度”：用来设置画笔绘制时的颜色透明度。

“画笔间隔”：用来设置画笔笔触间的间距大小。

“笔触时间属性”：设置画笔的属性，包括大小、硬度等，在绘制时是否将其应用到每个关键帧或整个动画中。

“混合样式”：设置书写的样式。

7. 确保时间指示器处于 0:00:00:00 帧的位置，激活“画笔位置”左侧的按钮，添加一个关键帧。然后根据笔画效果多次调整时间，设置不同的画笔位置直到将第 1 笔画写完，系统会自动产生关键帧，如图 4-59 所示。完成第 1 笔画，大约需要 23 帧的时间。

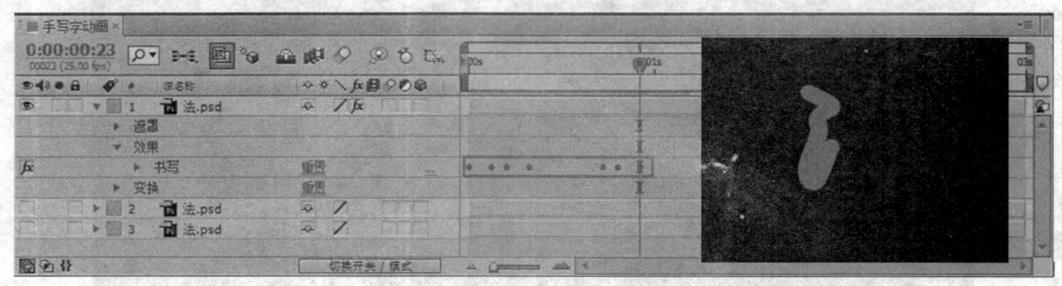

图 4-59　第 1 笔画关键帧设置及效果

8. 在特效控制台面板中修改“书写”特效的参数，在混合样式右侧的下拉列表中选择“显示原始图像”，如图 4-60 所示。

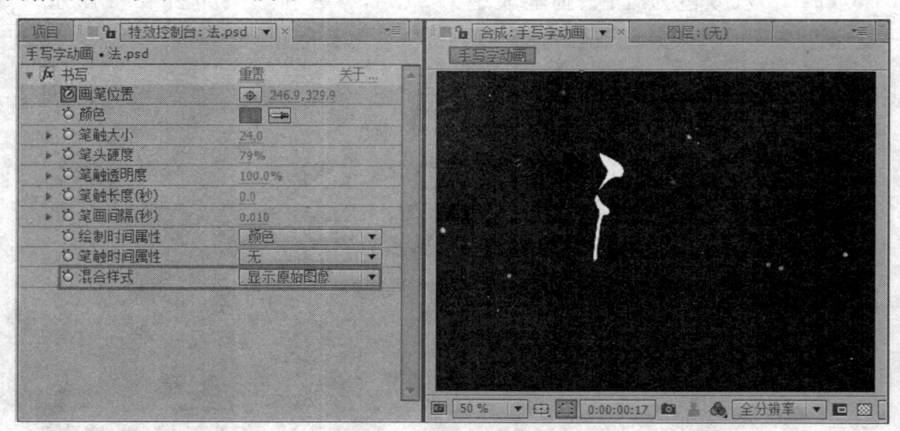

图 4-60　修改书写参数及效果

9. 显示并选择第 2 层，拖动“时间指示器”到 0:00:00:23 帧的位置，按“[”键，为第 2 层设置入点，如图 4-61 所示。

10. 单击“效果”→“生成”→“书写”菜单命令，按第 5、6、7 步骤的方法完成第 2 笔画的书写，大约需要 5 帧的时间。

11. 显示并选择第 3 层，拖动“时间指示器”到 0:00:01:04 帧的位置，按“[”键，为第 3 层设置入点，如图 4-62 所示。

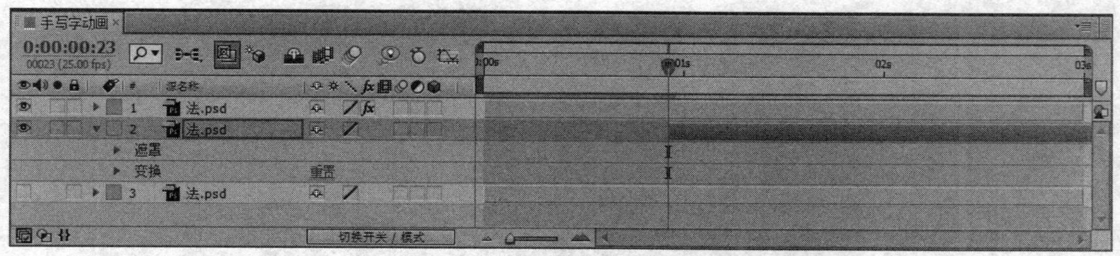

图 4-61　显示第 2 层并设置入点

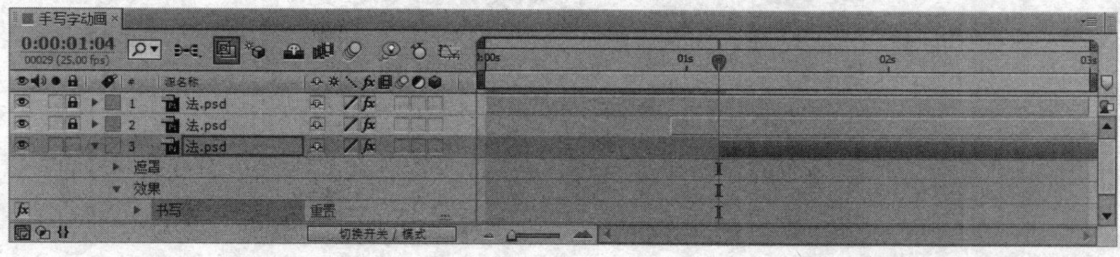

图 4-62　显示第 3 层并设置入点

12. 单击“效果”→“生成”→“书写”菜单命令，按第 5、6、7 步骤的方法完成第 3 笔画的书写，大约需要 1 秒 13 帧的时间。

13. 至此，完成手写字的制作。单击“文件”→“保存”菜单命令，保存文件。

14. 渲染输出。单击“图像合成”→“制作影片”菜单命令，或按“Ctrl＋M”组合键，打开“渲染队列”对话框，单击 渲染 按钮，输出视频。

4.8　实战训练 5：粒子文字动画

本例通过一个粒子文字动画来讲解“粒子运动”特效的使用方法。通过本例的学习，掌握“粒子运动”特效的创建和编辑方法、多图层的合并方法。粒子文字动画效果如图 4-63所示。

图 4-63　粒子文字动画效果

操作步骤：

1. 新建合成。打开 After Effects 软件，单击“合成”→“新建合成”菜单命令，打开“图像合成设置”对话框，设置图像合成参数如图 4-64 所示。

2. 添加“粒子运动”特效。按“Ctrl＋Y”组合键，建立一个固态层，命名为“粒子”，其大小与合成大小一致。单击“效果”→“模拟仿真”→“粒子运动”菜单命令，在粒子固态层上添加“粒子运动”特效，如图 4-65 所示。

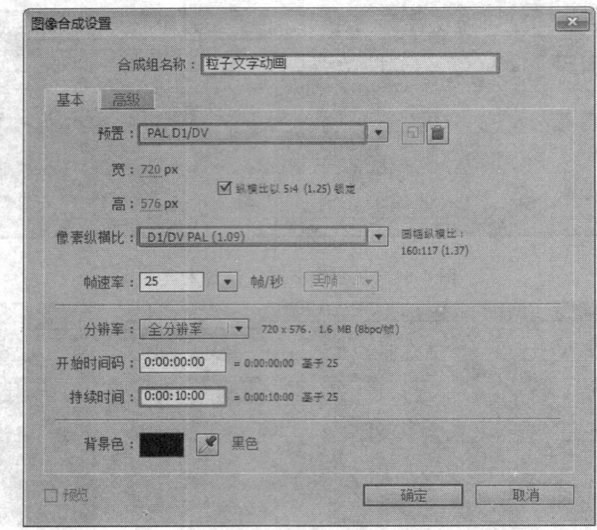

图 4-64　设置图像合成参数

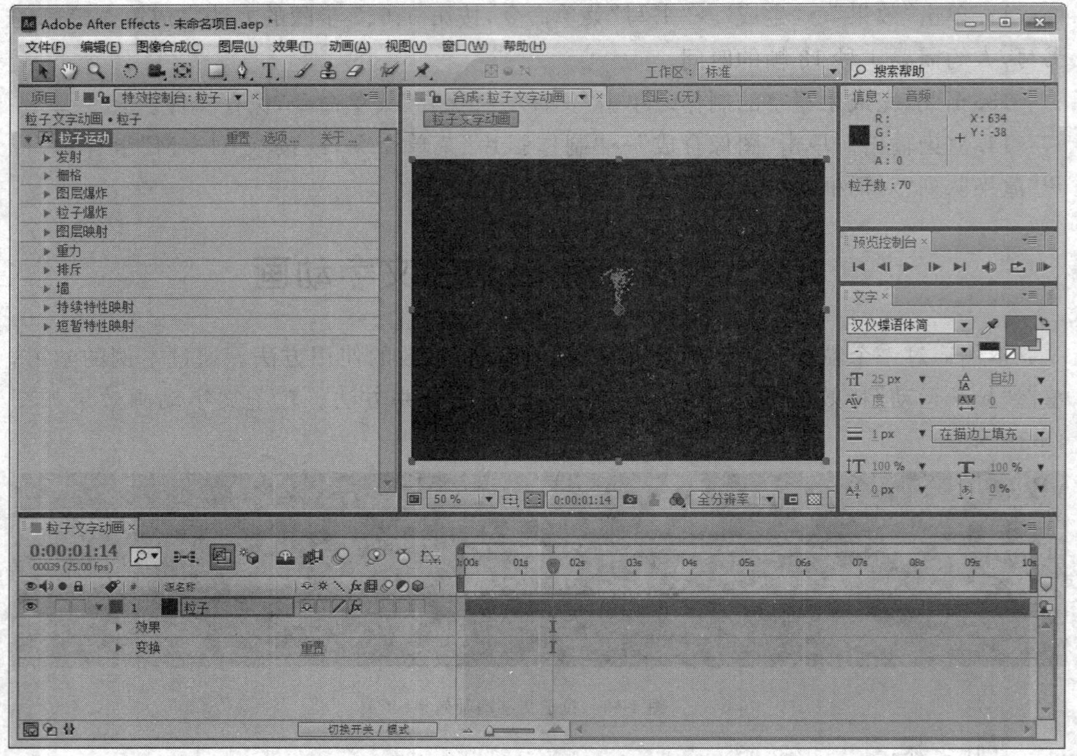

图 4-65　添加“粒子运动”特效效果

3. 编辑发射文字。在特效控制台面板中，单击 选项... 按钮，打开“粒子运动”对话框。单击 编辑发射文字... 按钮，在打开的“编辑发射文字”对话框中输入数字“123456789”，选择合适的字体，以随机的方式出现，如图 4-66 所示。

4. 设置粒子的发射和重力参数。设置位置为(360.0，−360.0)，可以将粒子的发射点移到画面以外合成窗口的正上方；圆筒半径为 360.00，可以使粒子的分布充满整个屏幕；

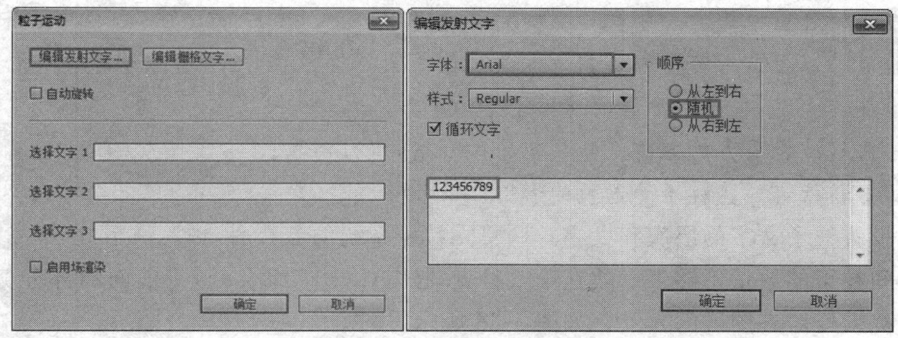

图 4-66　编辑发射文字

粒子/秒为 10.00，表示每秒发射的粒子数量为 10；方向为 0x＋180.0°，可以使粒子发射的方向朝下；随机扩散方向为 0.00，可以使粒子垂直下落，而不发生偏移；速度为 100.00，代表粒子的初始速度为 100.00；随机扩散速度为 50.00，可以使粒子下落时快慢结合，因而更生动；颜色为 RGB(242，211，0)；字体大小为 20.00，表示粒子的半径大小为 20.00。设置粒子的“重力”选项中的力的值为 80.00，表示减小粒子下落的重力，使粒子下落得更慢些；方向为 0x＋180.0°，表示重力的方向是默认向下的，如图 4-67 所示。

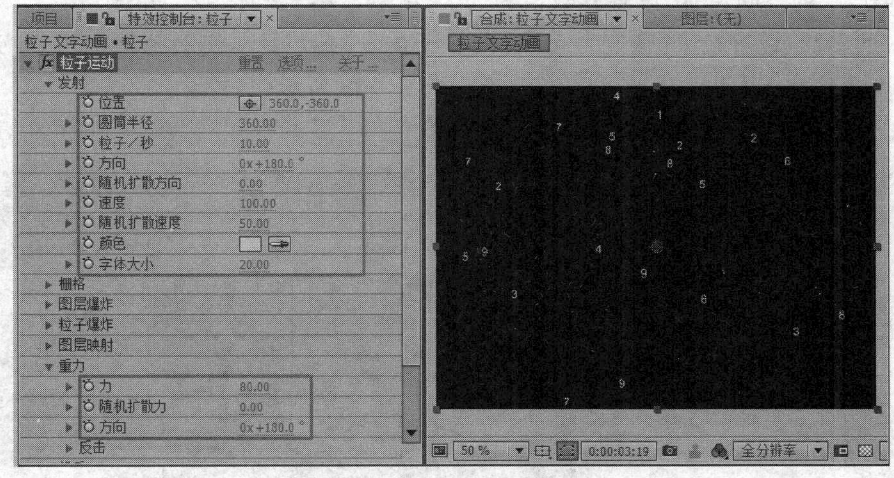

图 4-67　粒子运动参数及效果

技术点睛

“粒子运动”特效主要用于模拟现实世界中物体间的相互作用，例如喷泉、雪花等效果。其参数功能如下：

“位置”：设定粒子发射点的位置。“圆筒半径”：设置发射柱体半径尺寸。

“粒子/秒”：设定每秒产生粒子的数量。“方向”：控制粒子发射的角度。

“随机扩散方向”：控制粒子随机偏离发射方向的偏离量。

“速度”：设定粒子发射的初始速度。

“随机扩散速度”：控制粒子速度的随机量。

“颜色”：设定粒子或者文字的颜色。

“字体大小”：设定粒子文字的尺寸大小。

"力":设置重力的大。

"随机扩散力":指定重力影响力的随机值范围。值为 0 时,所有粒子都以相同的速率下落,当值较大时,粒子以不同的速率下落。

"方向":设置重力的方向。默认值为 180 度,重力向下。

"反击":指定哪些粒子受选项的影响。

5. 设置粒子文字的层次和大小。调整完粒子系统的参数后,预览一下效果,发现开始一段时间粒子的数量不够多。故在第 1 秒处,按"Alt+["组合键,将前面的部分剪切掉,并在第 0 帧处对齐图层的入点。如图 4-68 所示。

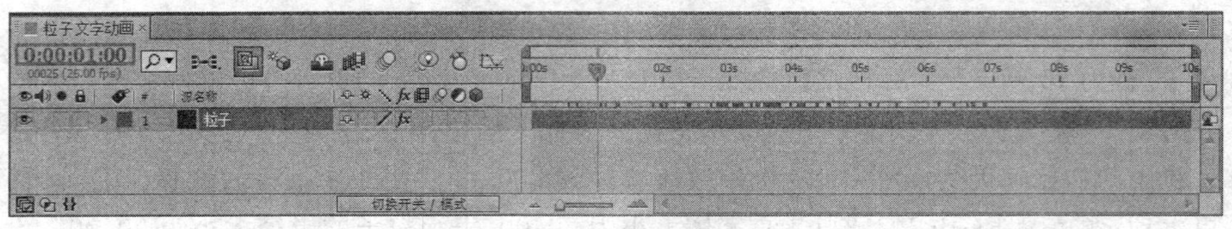

图 4-68　时间线编辑前后的效果

6. 打开粒子图层的三维开关,按"Ctrl+D"组合键复制一层,调整一下新复制出的图层"粒子 2"的空间位置,设置其数值为(360.0,288.0,-254.0)。并适当调整"粒子运动"特效的参数,设置粒子/秒值为 5.00,使粒子的发射数量少一些;速度值为 150.00,使发射速度稍快些;颜色值为 RGB(203,0,0),如图 4-69 所示。

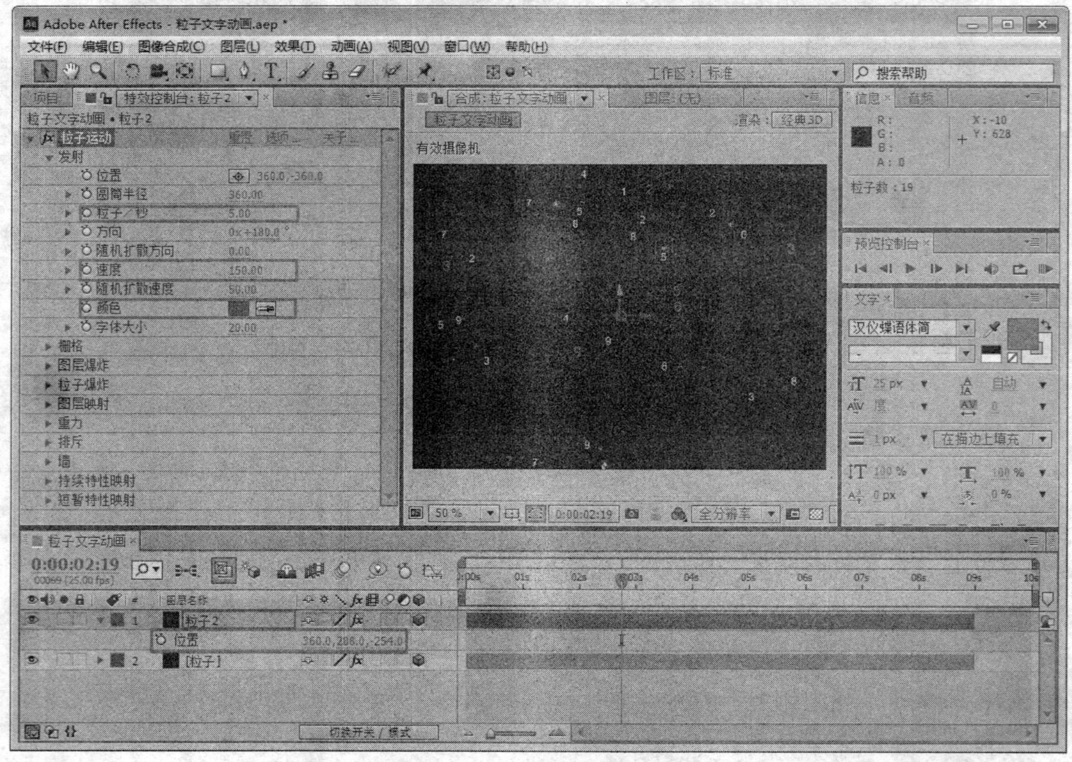

图 4-69　调整复制出的图层"粒子 2"和粒子运动的参数

7. 选择“粒子 2”图层，按“Ctrl＋D”组合键复制，调整一下新复制出的图层“粒子 3”的空间位置，设置其数值为(360.0,288.0,－508.0)。并适当调整其“粒子运动”特效的参数，设置速度值为 361.00，使发射速度更快些；颜色值为 RGB(0,166,27)，如图 4-70 所示。

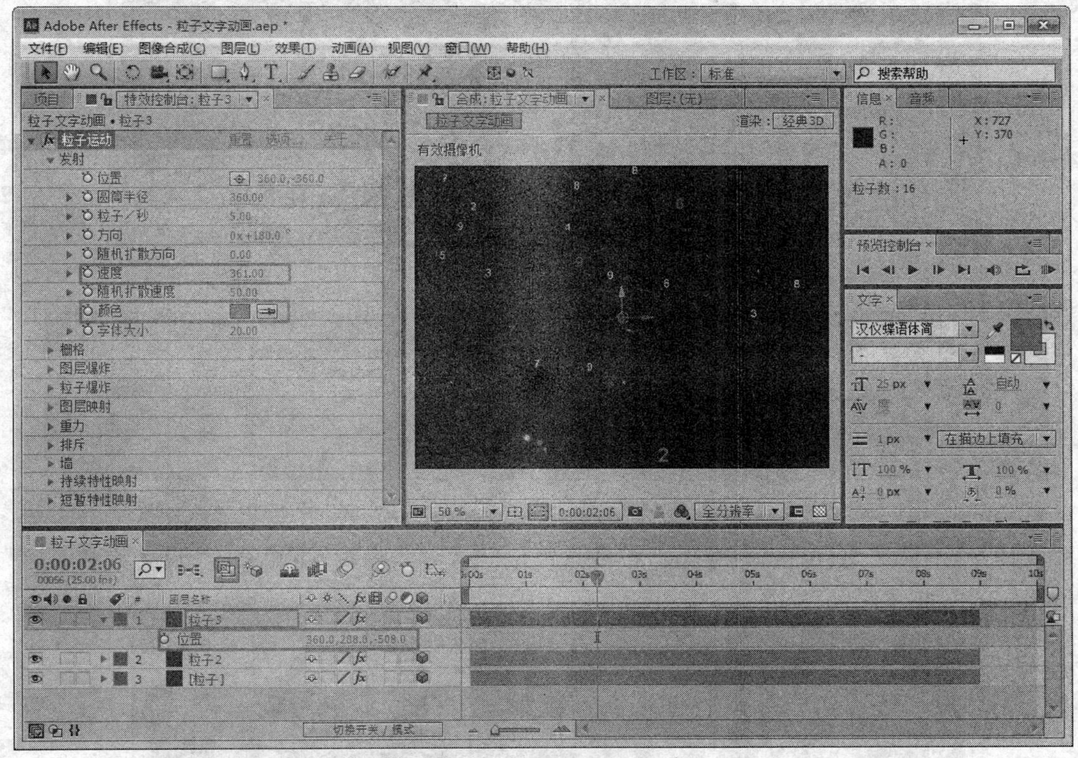

图 4-70　调整复制出的图层“粒子 3”和粒子运动的参数

8. 合并图层。框选三个图层，按“Ctrl＋Shift＋C”组合键，打开“预合成”对话框，选择“移动全部属性到新建合成中”选项，不勾选“打开新建合成组”复选框，单击 确定 按钮，在时间线窗口中生成一个新的“预合成 1”层，如图 4-71 所示。

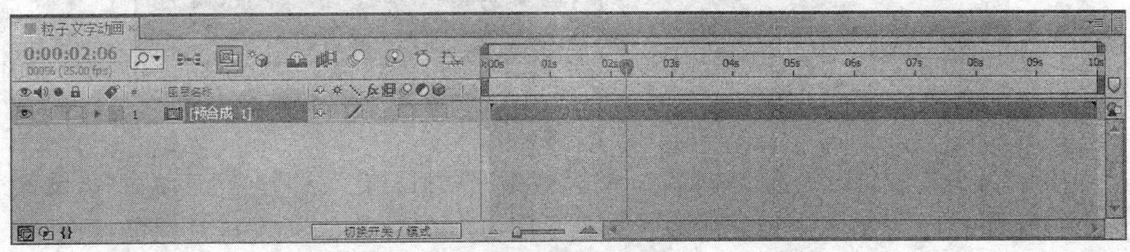

图 4-71　“时间线”面板效果

10. 制作粒子文字拖尾效果。选中预合成 1 图层，单击“效果”→“时间”→“拖尾”菜单命令，设置重影时间值为－0.100，重影数量为 5，衰减值为 0.76，如图 4-72 所示。

11. 添加模糊效果增强粒子文字的拖尾效果。选中预合成 1 图层，按“Ctrl＋D”组合键复制出一个新图层，并命名为“模糊”。为了不影响观察图层的效果，单击预合成 1 图层最前面的眼睛图标，关闭该图层，如图 4-73 所示。

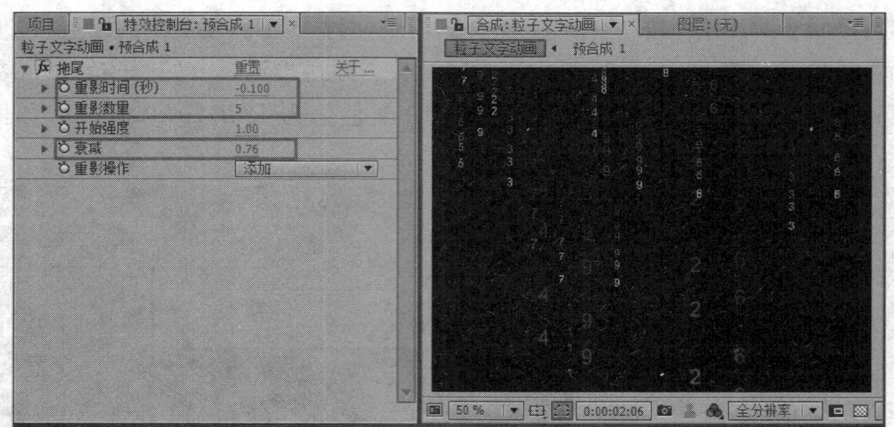

图 4-72 拖尾参数及效果

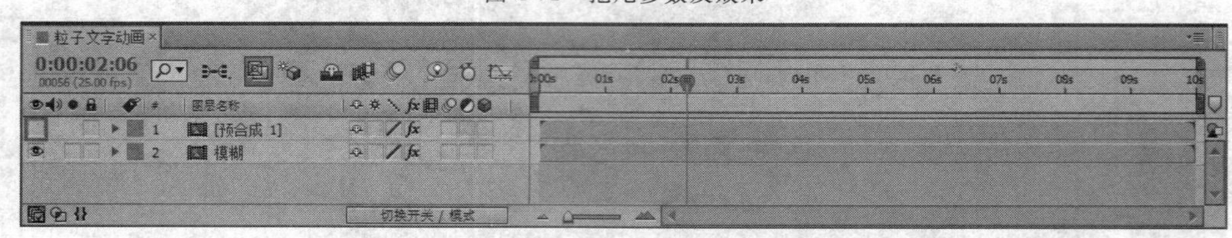

图 4-73 隐藏图层

12. 选中模糊层，单击"效果"→"模糊与锐化"→"方向模糊"菜单命令，设置模糊长度值为 55.0，如图 4-74 所示。

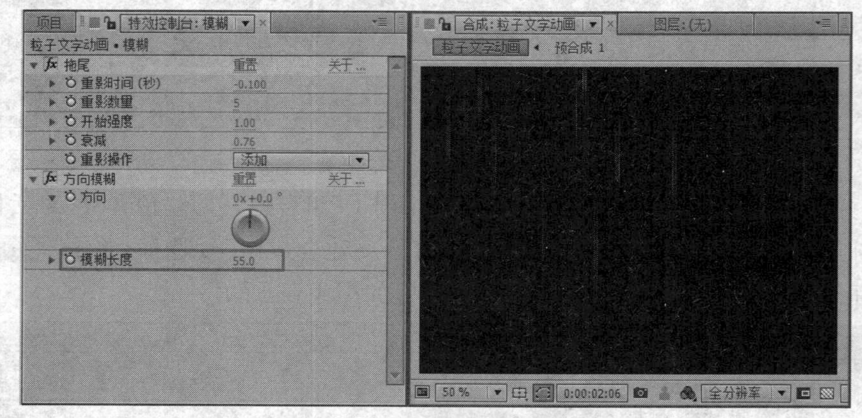

图 4-74 模糊参数及效果

13. 添加"辉光"特效。选中模糊层，单击"效果"→"风格化"→"辉光"菜单命令，设置辉光阈值为 9.4%，"辉光半径"为 22.0，辉光强度为 1.3，辉光色为 A 和 B 颜色，颜色 A 为 RGB(222,255,0)，颜色 B 为 RGB(255,114,0)。打开"预合成 1"层的显示开关，恢复其显示，如图 4-75 所示。

14. 为了产生更加真实的拖尾效果，把"模糊"层往后移动 1 帧，这样就产生了真正的拖尾效果。

15. 添加背景图片。双击项目窗口，导入素材图片"背景.jpg"。将其拖入粒子文字合成层，置于底层，最终效果如图 4-76 所示。

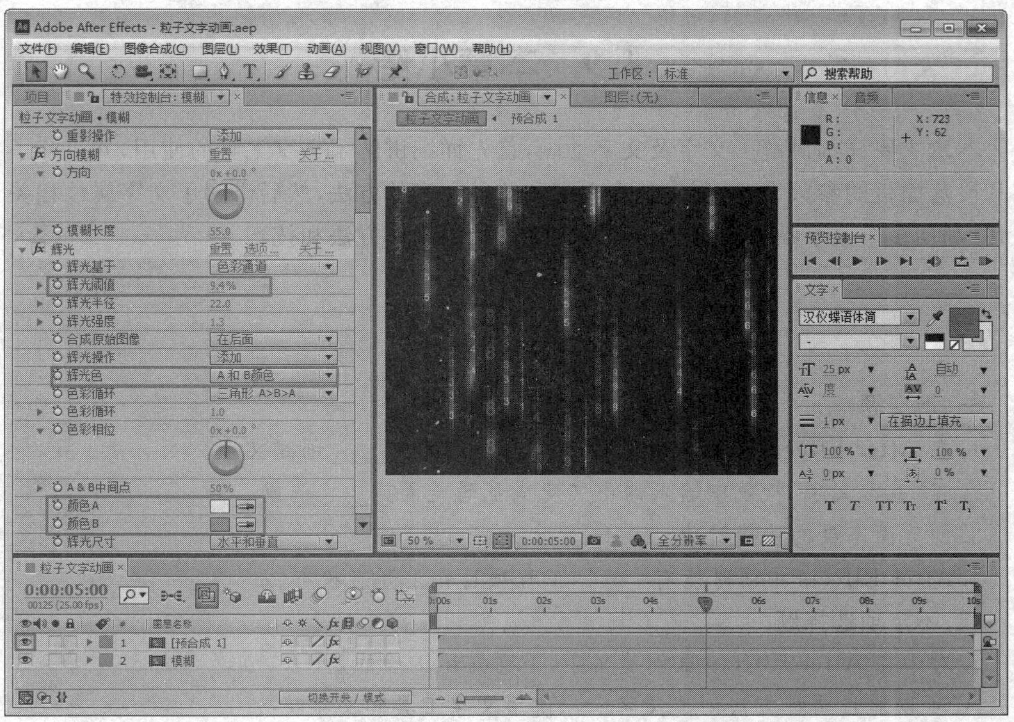

图 4-75　辉光参数与效果

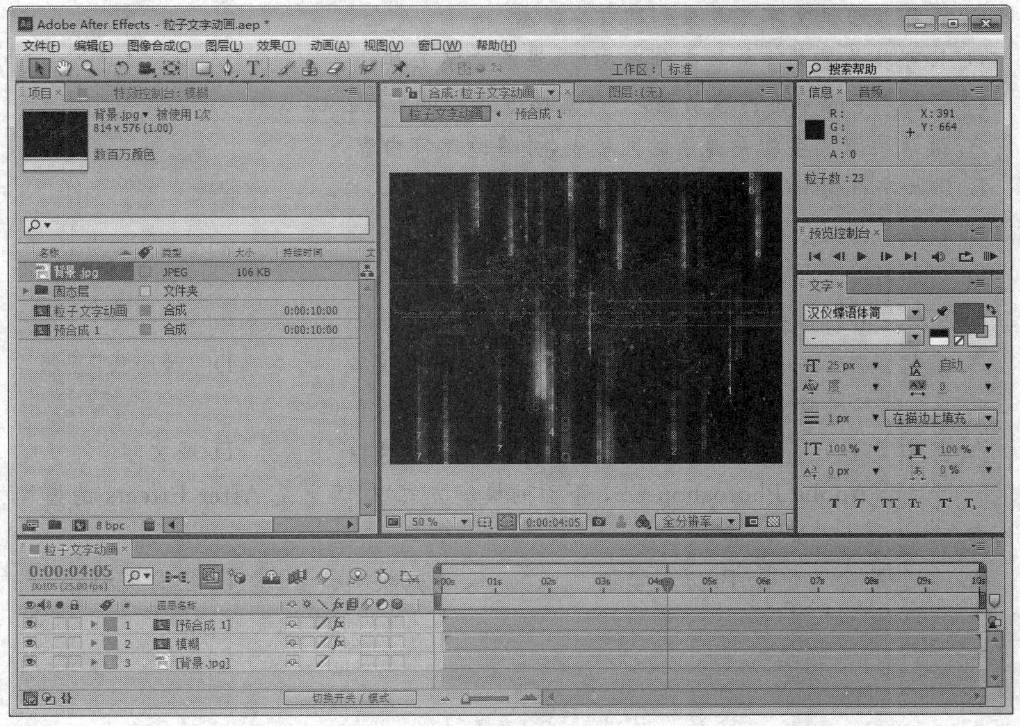

图 4-76　添加背景后的效果

16. 保存并渲染输出。

4.9 本章小结

本章主要详细讲解了文字及文字动画，首先详细讲解了文字工具的使用，并讲解了文字和段落面板的参数设置，创建基本文字和路径文字的方法，然后讲解了文字属性相关知识，并利用多个文字动画实例全面解析文字动画的制作方法和技巧。

4.10 习 题

一、填空题

1. 在 After Effects 中可以采用______、______和______创建文字。

2. 在“基本文字”特效中输入的中文变成乱码是因为______或______。

3. 创建固态层的快捷键为______。

4. After Effects 中同时能有______工程项目处于开启状态。

二、不定项选择题

1. 对于在 After Effects 里创建文字，下列描述正确的是(　　)。

A. 可以通过两种方法创建文字——使用文字工具和文字特效

B. 文字工具既可以创建横排文字也可以创建竖排文字

C. 只可以通过文字工具来创建文字特效

D. 只可以通过文字特效来创建文字，没有文字工具

2. 产生文字的字符内容动画，下列哪些方法可以实现？(　　)

A. 激活来源文字的关键帧时间秒表，并修改字符内容

B. 添加字符偏移属性动画

C. 添加字符值属性动画

D. 添加跟踪属性动画

3. 可以在下列哪些窗口中设置层的入点和出点？(　　)

A. 素材窗口　　B.“层”窗口　　C. 合成窗口　　D.“时间线”面板

4. 下面的哪种特效不属于 After Effects 的文字特效？(　　)

A. 基本文字　　B. 编码　　C. 路径文字　　D. 域文字

5. 相对于 Adobe Photoshop CS，下面的模糊方式中，哪个是 After Effects 的模糊方式所特有的？(　　)

A. 通道模糊　　B. 方向模糊　　C. 高斯模糊　　D. 径向模糊

第5章 校色应用

本章教学目标

1. 了解色彩调整的应用;(重点)
2. 学习各种色彩校正的含义及使用方法;(重点)
3. 掌握利用色彩校正美化图像的技巧;(难点)
4. 掌握色彩校正动画的制作方法。(难点)

色彩作为一种反映客观世界的符号,不仅向人们传达着某种资讯和情绪,而且可以用于隐喻某种观念,不同的色彩让人产生不同的联想。正因为不同的色彩具有不同的含义及作用,所以色彩校正在 After Effects CS6 中显得十分重要。

色彩校正主要是通过对图像的明暗、对比度、饱和度及色相的调整,来达到改善图像质量的目的,以更好地控制影片的色彩信息,制作出理想的视频画面效果。

5.1 色彩调整的应用方法

要使用色彩校正特效进行图像处理,首先要学习色彩调整的使用方法。应用色彩校正的操作方法如下:

1. 在“时间线”面板中选择要应用色彩调整特效的层;

2. 单击“效果”→“色彩校正”菜单命令,展开“色彩校正”特效组,然后选择其中的某个特效命令;

3. 打开特效控制台面板,修改特效的相关参数。

5.2 色彩校正特效组

在图像处理过程中经常需要进行图像颜色调整工作,如调整图像的色彩、色调、明暗度、对比度等。在 After Effects CS6 中提供了 33 个色彩调整命令,选择相应的命令,即可对其进行应用。

1.“自动颜色”特效

“自动颜色”特效可以自动地处理图像的色彩,图像值如果和色彩的值相近,图像应用该特效后变化效果较小。该特效的参数设置及应用前后效果如图 5-1 所示。

“时间线定向平滑”:用来设置时间滤波的时间秒数;

“场景侦测”:选其复选框,将进行场景检测;

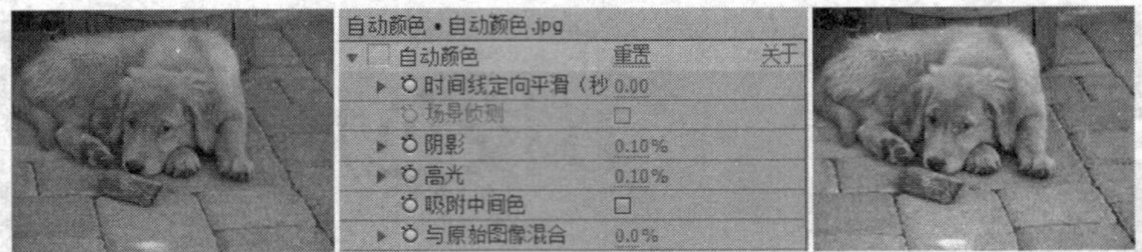

图 5-1 “自动颜色”特效的参数设置及应用前后效果

“阴影”：修剪阴影部分的图像，可以加深阴影；

“高光”：修剪高光部分的图像，可以提高高光部分的亮度；

“吸附中间色”：选中其复选框，将对中间色调进行吸附设置；

“与原始图像混合”：将调整后的效果图像与原始素材图像混合。

2.“自动对比度”特效

“自动对比度”特效将对图像的自动对比度进行调整，如果图像值和自动对比度的值相近，图像应用该特效后图像变化效果小。该特效的参数设置及应用前后效果如图 5-2 所示。

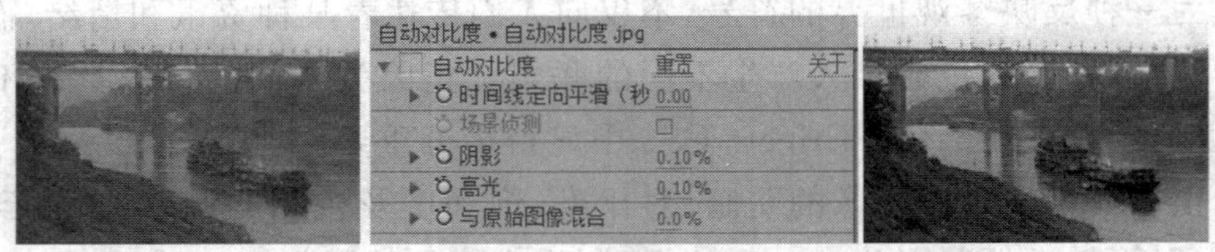

图 5-2 “自动对比度”特效的参数设置及应用前后效果

3.“自动电平”特效

“自动电平”特效对图像进行自动色阶的调整，如果图像值和自动色阶的值相近，图像应用该特效后图像变化效果较小。该特效的参数设置及应用前后效果如图 5-3 所示。

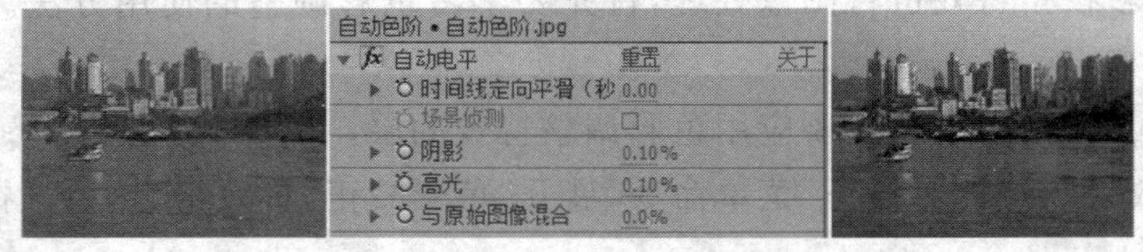

图 5-3 “自动电平”特效的参数设置及应用前后效果

4.“黑白”特效

“黑白”特效主要用来处理各种黑白图像，创建各种风格的黑白效果，且可编辑性很强。它还可以通过简单的色调应用，将彩色图像或灰度图像处理成单色图像，如图 5-4 所示。

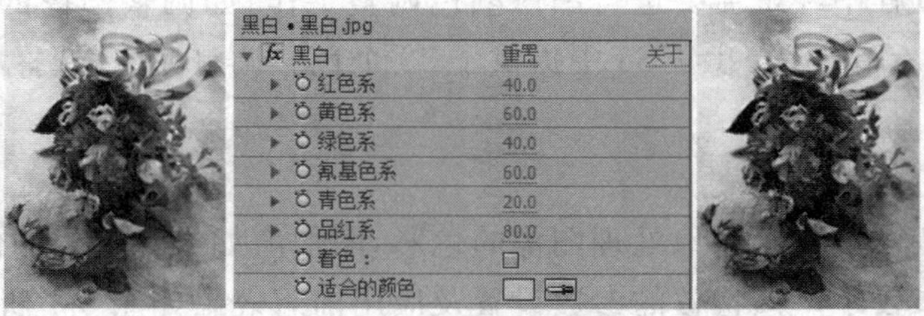

图 5-4 “黑白”特效的参数设置及应用前后效果

5.“亮度与对比度”特效

“亮度与对比度”特效是对图像的亮度和对比度进行调节。该特效的参数设置及应用前后效果如图 5-5 所示。

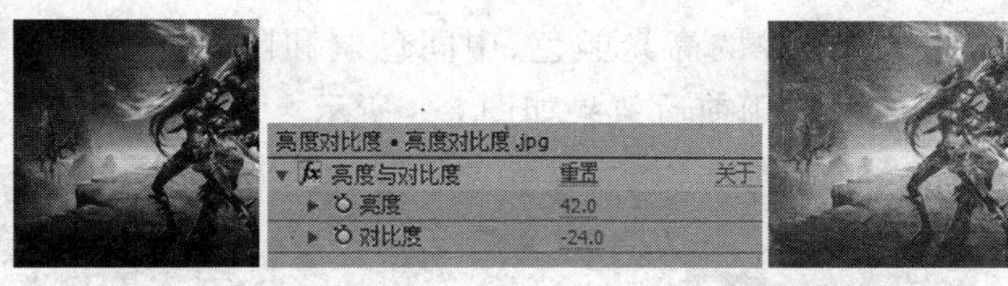

图 5-5　“亮度与对比度”特效的参数设置及应用前后效果

“亮度”：用来调整图像的亮度。正值亮度提高，负值亮度降低。

“对比度”：用来调整图像色彩的对比程度。正值加强色彩对比度，负值减弱色彩对比度。

6.“广播级颜色”特效

“广播级颜色”特效主要对影片像素的颜色值进行测试，因为电脑本身与电视播放色彩有很大的差别，电视设备仅能表现某个度以下的信号，使用该特效就可以测试影片的亮度和饱和度是否在某个幅度以下的信号安全范围内，以免发生不理想的电视画面效果。该特效的参数设置及应用前后效果如图 5-6 所示。

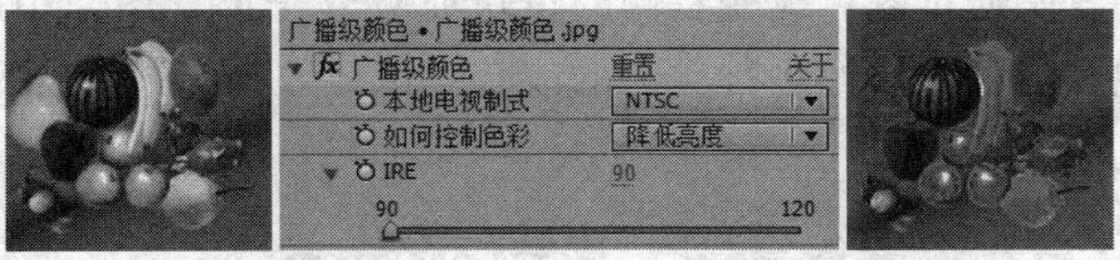

图 5-6　“广播级颜色”特效的参数设置及应用前后效果

“本地电视制式”：可以在右侧的下拉菜单中选择广播的制式，有 NTSC 制和 PAL 制两种。

“如何控制色彩”：从右侧的下拉菜单中，可以选择一种获得安全色彩的方式。“降低亮度”选项可以减少图像像素的明亮度；“降低色饱和度”选项可以减少图像像素的饱和度，以降低图像的彩色度。

“IRE”：设置信号的安全范围，超出的将被改变。

7.“CC 色彩偏移”特效

“CC 色彩偏移”特效主要是对图的红、绿、蓝相位进行调节。该特效的参数设置及应用前后效果如图 5-7 所示。

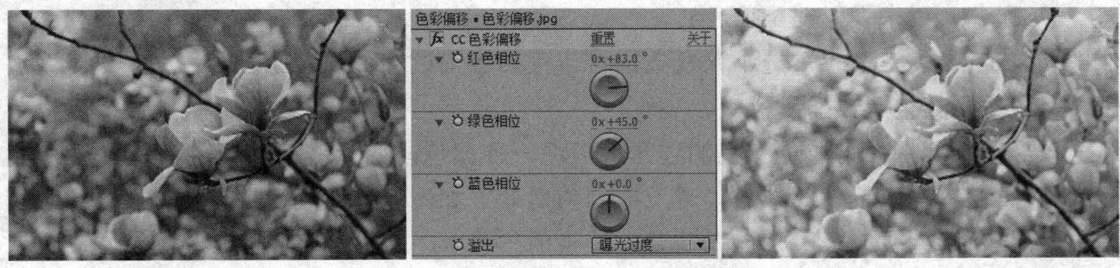

图 5-7　“CC 色彩偏移”特效的参数设置及应用前后效果

“红色/绿色/蓝色相位”：用来调节图像的红色/绿色/蓝色相位的位置；

“溢出”：用来设置溢出方式，可选择包围、曝光过度或偏振。

8.“CC 调色”特效

“CC 调色”特效通过对图像的高光颜色、中间色调和阴影颜色的调节来改变图像的颜色。该特效的参数设置及应用前后效果如图 5-8 所示。

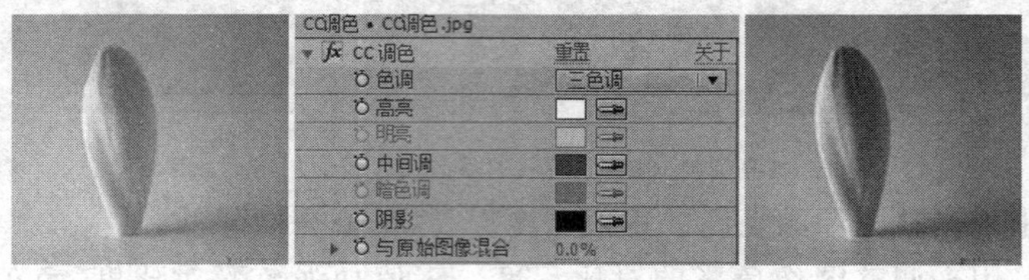

图 5-8 “CC 调色”特效的参数设置及应用前后效果

“高亮”：利用色块或吸管来设置图像的高光颜色；

“中间调”：利用色块或吸管来设置图像的中间色调；

“阴影”：利用色块或吸管来设置图像的阴影颜色；

“与原始图像混合”：用来调整与原图的混合。

9.“更改颜色”特效

“更改颜色”特效是通过颜色改变右侧的色块或吸管来设置图像中的某种颜色，然后通过亮度、色调、饱和度等对图像进行颜色的改变。该特效的参数设置及应用前后效果如图 5-9 所示。

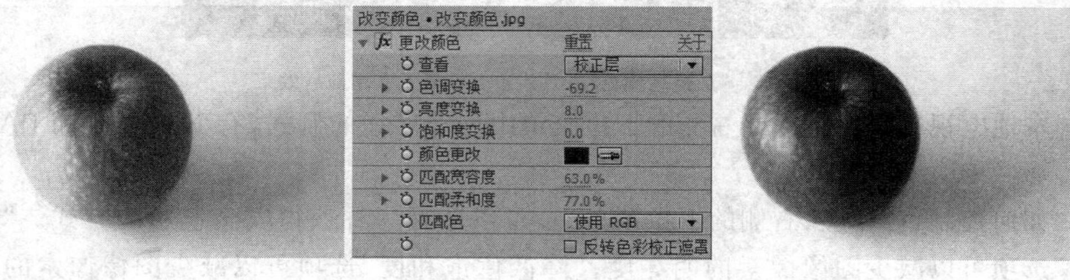

图 5-9 “更改颜色”特效的参数设置及应用前后效果

“色调变换/亮度变换/饱和度变换”：分别调整色相、亮度、饱和度的变换；

“颜色更改”：设置要改变的颜色；

“匹配宽容度”：用来设置颜色的差值范围；

“匹配柔和度”：用来设置颜色的柔和度；

“匹配色”：用来设置匹配颜色；

“反转色彩校正遮罩”：选中该复选框可以反转当前改变的颜色值区域。

10.“转换颜色”特效

“转换颜色”特效是通过颜色的选择可以将一种颜色改变为另一种颜色，用法与“更改颜色”特效相似。该特效的参数设置及应用前后效果如图 5-10 所示。

“从”：利用色块或吸管来设置需要被替换的颜色；

“到”：利用色块或吸管来设置需要替换成的颜色；

“更改”：从右侧的下拉菜单中选择替换颜色的基准；

 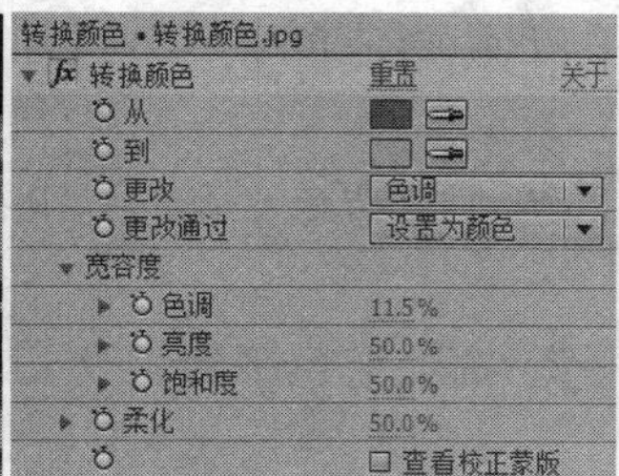

图 5-10　“转换颜色”特效的参数设置及应用前后效果

“更改通过”:设置颜色的替换方式;

“柔化”:用来设置替换颜色后的柔和程度;

“查看校正蒙版”:选中该复选框,可将替换后的颜色变为蒙版形式。

11.“通道混合”特效

“通道混合”特效是通过修改一个或多个通道的颜色值来调整图像的色彩。该特效的参数设置及应用前后效果如图 5-11 所示。

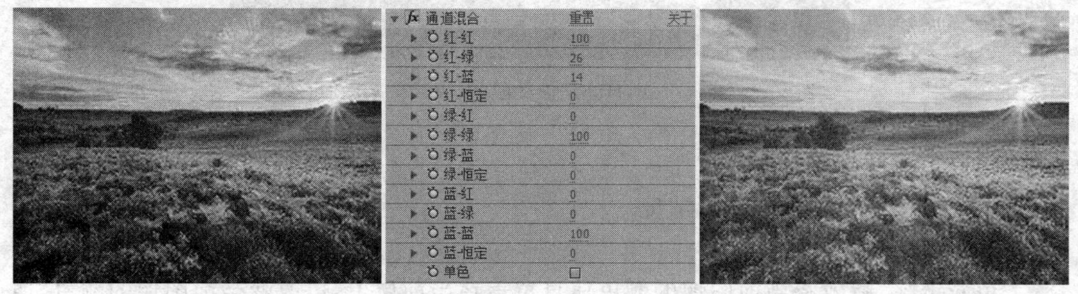

图 5-11　“通道混合”特效的参数设置及应用前后效果

“红-红、红-绿……”:表示图像 RGB 模式,分别调整红、绿、蓝三个通道,表示在某个通道中其他颜色所占的比率,其他类推;

“红-恒定、绿-恒定……”:设置一个常量,确定几个通道的原始数值,添加到前面颜色的通道中,最终效果就是其他通道计算的结果和;

“单色”:选中该复选框,图像将变成灰色。

12.“色彩平衡”特效

“色彩平衡”特效是调整图像暗部、中间色调和高光的颜色强度来调整素材的色彩平衡。该特效的参数设置及应用前后效果如图 5-12 所示。

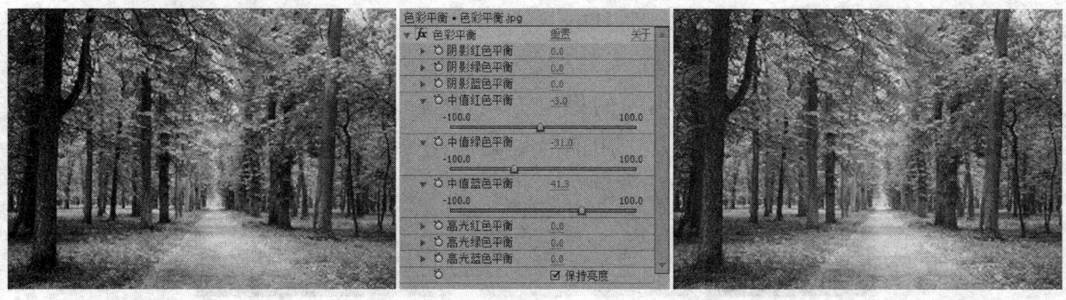

图 5-12　“色彩平衡”特效的参数设置及应用前后效果

“阴影红色平衡、阴影绿色平衡、阴影蓝色平衡”：这几个选项主要用来调整图像暗部的 RGB 色彩平衡；

“中值红色平衡、中值绿色平衡、中值蓝色平衡”：这几个选项主要用来调整图像中间色调的 RGB 色彩平衡；

“高光红色平衡、高光绿色平衡、高光蓝色平衡”：这几个选项主要用来调整图像中高光区的 RGB 色彩平衡；

“保持亮度”：选中该复选框，保持图像整体亮度值不变。

13.“色彩平衡(HLS)”特效

“色彩平衡(HLS)”特效与“色彩平衡”特效很相似，不同的是该特效不是调整图像的 RGB 而是 HLS，即调整图像的色相、亮度和饱和度各项参数，以改变图像的颜色。该特效的参数设置及应用前后效果如图 5-13 所示。

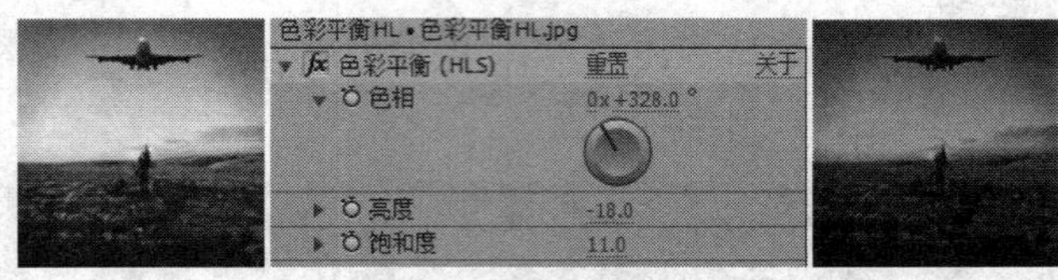

图 5-13 “色彩平衡(HLS)”特效的参数设置及应用前后效果

“色相”：调整图像的色调；

“亮度”：调整图像的明亮程度；

“饱和度”：调整图像的色彩浓度。

14.“色彩链接”特效

“色彩链接”特效将当前图像的颜色信息覆盖在当前层上，以改变当前图像的颜色，通过透明度的修改，可以使图像有透过玻璃看画面的效果。该特效的参数设置及应用前后效果如图 5-14 所示。

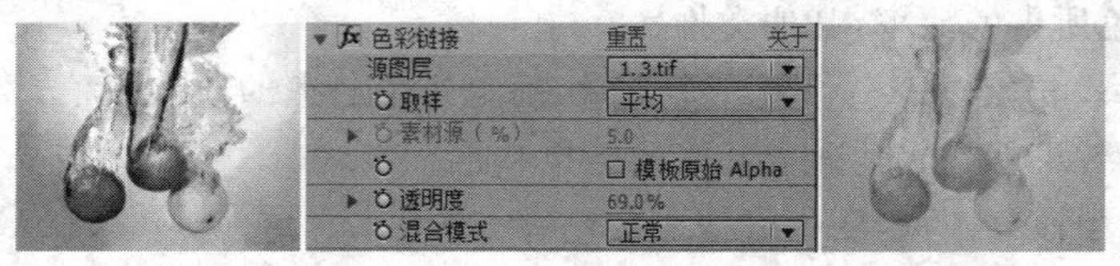

图 5-14 “色彩链接”特效的参数设置及应用前后效果

“源图层”：在右侧的下拉菜单中，可以选择需要调整颜色的层；

“取样”：从右侧的下拉菜单中，可以选择一种默认的样品来调节颜色；

“透明度”：设置所调整颜色的透明度。

15.“色彩稳定器”特效

“色彩稳定器”特效通过选择不同的稳定方式，然后在指定点通过区域添加关帧对色彩进行设置。该特效的参数设置及应用前后效果如图 5-15 所示。

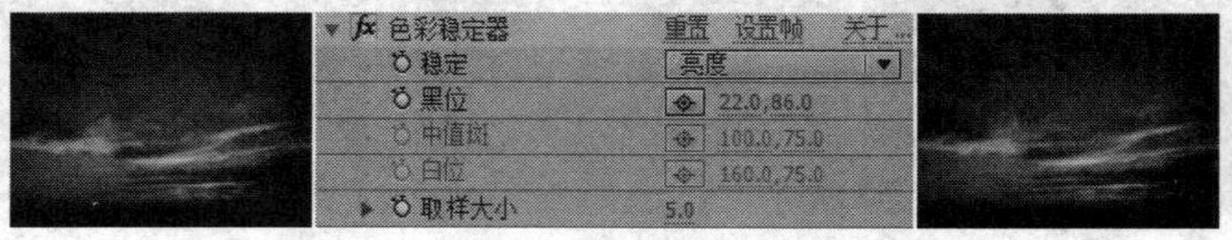

图 5-15 “色彩稳定器”特效的参数设置及应用前后效果

“稳定”：在右侧的下拉菜单中，可以选择稳定的方式；

“黑点”：设置一个保持不变的暗点；

“中间点”：在亮点和暗点中间设置一个保持不变的中间色调；

“亮点”：设置一个保持不变的亮点；

“采样大小”：设置所采样区域的大小尺寸。

16.“彩色光”特效

“彩色光”特效可以将色彩以自身为基准按色环颜色变化的方式周期变化，产生梦幻彩色光的填充效果。该特效的参数设置及应用前后效果如图 5-16 所示。

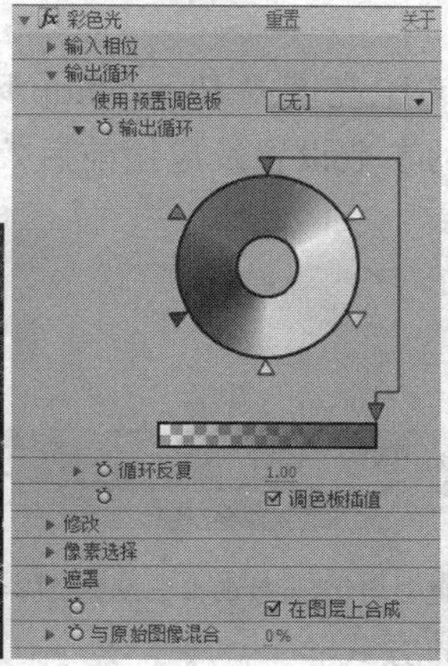

图 5-16　“彩色光”特效的参数设置及应用前后效果

“输入相位”：该选项有很多其他的选项，应用比较简单，主要是对彩色光的相位进行调整；

“输出循环”：通过“使用预置图案”可以选择预置的多种色样来更改色彩；

“修改”：可以从右侧的下拉菜单中选择修改色环中的某个颜色或多个颜色，以控制彩色光的颜色信息；

“像素选择”：通过“匹配颜色”来指定彩色光影响的颜色；

“遮罩”：可以指定一个用于控制彩色光的蒙版层；

“与原始图像混合”：设置修改图像与原图像的混合程度。

17.“曲线”特效

“曲线”特效可以通过调整曲线的变曲度或复杂度，来调整图像的亮区和暗区的分布情况。该特效的参数设置及应用前后效果如图 5-17 所示。

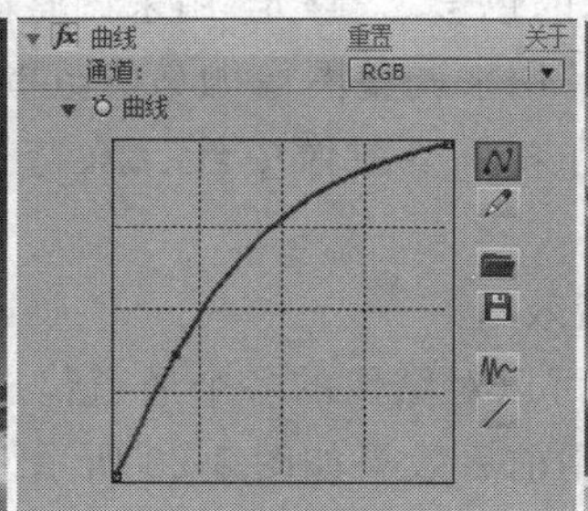

图 5-17　“曲线”特效的参数设置及应用前后效果

“通道”:从右侧的下拉菜单中指定调整图像的颜色通道;

“曲线工具”:可以在其左侧的控制区线条上单击添加控制点,手动控制点可以改变图像的亮区和暗区的分布,将控制点拖出区域范围之外,可以删除控制点;

“铅笔工具”:可以在左侧的控制区内单击拖动,绘制一条曲线来控制图像的亮区和暗区分布效果;

“平滑”:单击该按钮,可以对设置的曲线进行平滑操作,多次单击,可以多次对曲线进行平滑;

“直线”:单击该按钮,可以将调整的曲线恢复为初始的直线效果。

18.“色彩均化”特效

“色彩均化”特效可以通过 RGB、亮度或 Photoshop 风格三种方式对图像进行色彩补偿,使图像色阶平均化。该特效的参数设置及应用前后效果如图 5-18 所示。

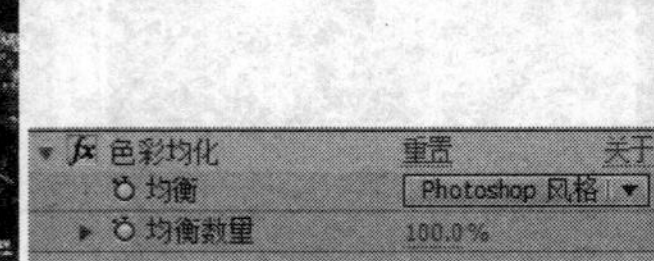

图 5-18 “色彩均化”特效的参数设置及应用前后效果

“均衡”:用来设置用于均衡的方式;

“均衡数量”:用来设置用于均衡的百分比总量。

19.“曝光”特效

“曝光”特效用来调整图像的曝光程度,可以通过通道的选择来设置图像曝光的通道。该特效的参数设置及应用前后效果如图 5-19 所示。

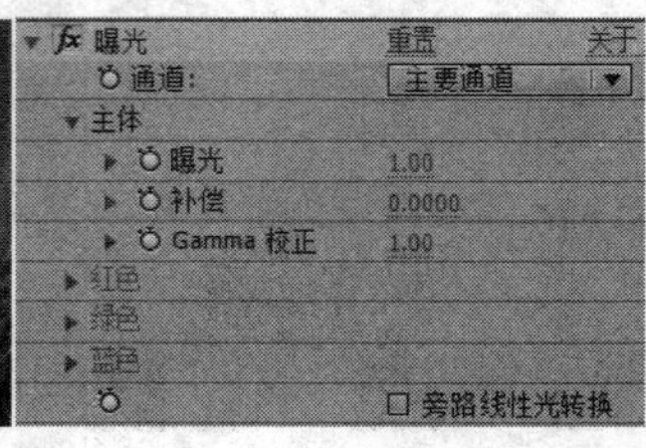

图 5-19 “曝光”特效的参数设置及应用前后效果

“通道”:从右侧的下拉菜单中选择要曝光的通道。

“主体”:用来调整整个图像的色彩。“曝光”用来调整图像曝光程度;“补偿”用来调整曝光的偏移程度;“Gamma 校正”用来调整图像伽马值范围。

“红色/绿色/蓝色”:分别用来调整图像中红、绿、蓝通道值,其中的参数与主体的相同。

20.“Gamma/基准/增益”特效

“Gamma/基准/增益”特效可以对图像的各个通道值进行控制,以细致地改变图像的效果。该特效的参数设置及应用前后效果如图 5-20 所示。

“黑色伸缩”:控制图像中的黑色像素;

图 5-20　“Gamma/基准/增益”特效的参数设置及应用前后效果

“红色/绿色/蓝色 Gamma”:控制颜色通道曲线形状;

“红色/绿色/蓝色基础”:设置通道中最小输出值,主要控制图像的暗区部分;

“红色/绿色/蓝色增益”:设置通道中最大输出值,主要控制图像的亮区部分。

21.“色相位/饱和度”特效

“色相位/饱和度”特效可以控制图像的色彩和色彩的饱和度,还可以将多彩的图像调整成单色画面效果,做成单色图像。该特效的参数设置及应用前后效果如图 5-21 所示。

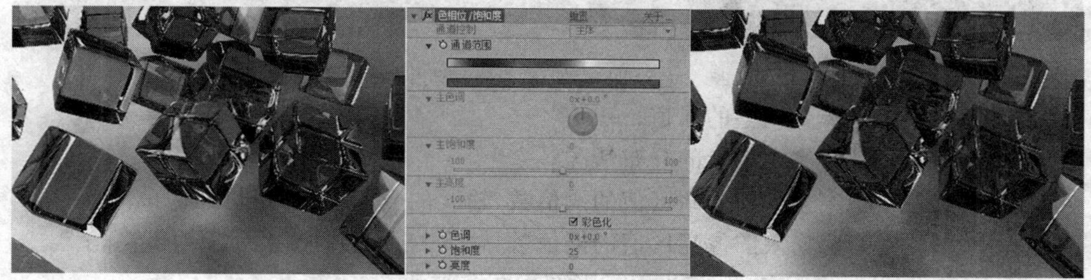

图 5-21　“色相位/饱和度”特效的参数设置及应用前后效果

“通道控制”:控制图像中的黑色像素;

“通道范围”:通过下方的颜色预览区,可以看到颜色调整的范围;

“主色调”:调整图像颜色的浓度;

“主亮度”:调整图像颜色的亮度;

“彩色化”:选中该复选框,可以为灰度图像增加色彩,也可以将多彩的图像转换成单一的图像效果;

“色调”:调整着色后图像颜色的色调;

“饱和度”:调整着色后图像颜色的浓度;

“亮度”:调整着色后图像颜色的亮度。

22.“分色”特效

“分色”特效可以通过设置颜色来指定图像中保留的颜色,将其他的颜色转换为灰度效果。该特效的参数设置及应用前后效果如图 5-22 所示。

图 5-22　“分色”特效的参数设置及应用前后效果

“脱色数量”:控制保留颜色以外颜色的脱色百分比;

"颜色分离":通过右侧的色块或吸管来设置图像中需要保留的颜色;

"宽容度":调整颜色的容差程度;

"边缘羽化":调整保留颜色边缘的柔和程度;

"匹配色":设置匹配颜色模式。

23."色阶"特效

"色阶"特效将亮度、对比度和伽马等功能结合在一起,对图像进行明度、阴暗层次和中间色彩的调整。该特效的参数设置及应用前后效果如图 5-23 所示。

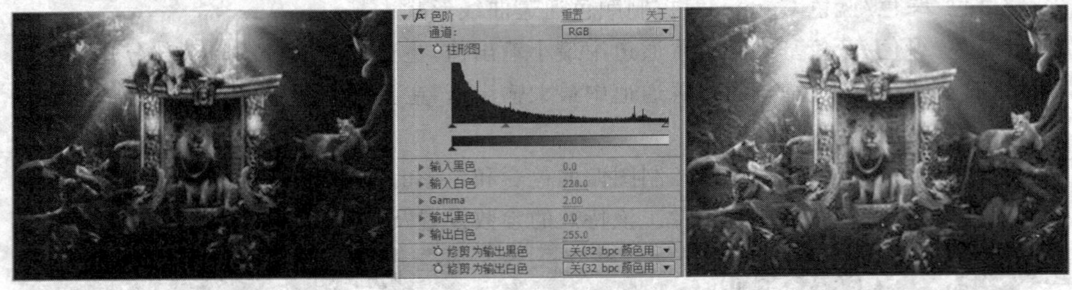

图 5-23 "色阶"特效的参数设置及应用前后效果

"通道":用来选择要调整的通道;

"柱形图":显示图像中像素的分布情况;

"输入黑色":指定输入图像暗区值的阈值数,输入的数值将应用到图像的暗区;

"输入白色":指定输入图像亮区值的阈值数,输入的数值将应用到图像的亮区;

"Gamma":设置中间色调,相当于柱形图中灰色滑块;

"输出黑色":设置输出暗区的范围;

"输出白色":设置输出亮区的范围;

"修剪为输出黑色":用来修剪暗区输出;

"修剪为输出白色":用来修剪亮区输出。

24."独立色阶控制"特效

"独立色阶控制"特效可以将图像调整成照片级别,使其看上去更加逼真。该特效的参数设置及应用前后效果如图 5-24 所示。

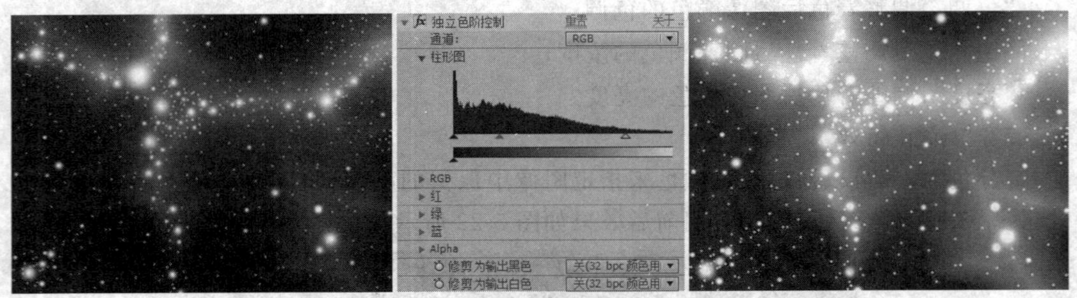

图 5-24 "独立色阶控制"特效的参数设置及应用前后效果

25."照片滤镜"特效

"照片滤镜"特效与"色阶"特效应用方法相同,只是在控制图像的亮度、对比度和伽马值时,对图像的通道进行单独控制,更细化了控制的效果。该特效的参数设置及应用前后效果如图 5-25 所示。

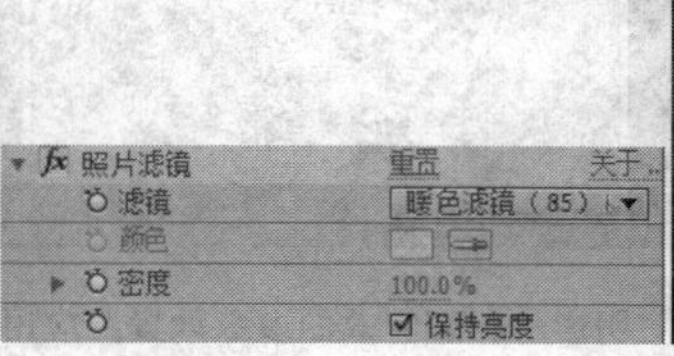

图 5-25 “照片滤镜”特效的参数设置及应用前后效果

“滤镜”：可以在右侧的下拉菜单中选择一种用于过滤的预设，也可以选择自定义来设置过滤颜色；

“颜色”：当滤镜中选择自定义时，该项才可以用，用来设置一种过滤的颜色；

“密度”：用来设置过滤器与图像的混合程度；

“保持亮度”：选中该复选框，在应用过滤器时，将保持图像的亮度不变。

26.“PS 任意贴图”特效

“PS 任意贴图”特效应用在 Photoshop 的映像设置文件上，通过相位的调整来改变图像效果。该特效的参数设置及应用前后效果如图 5-26 所示。

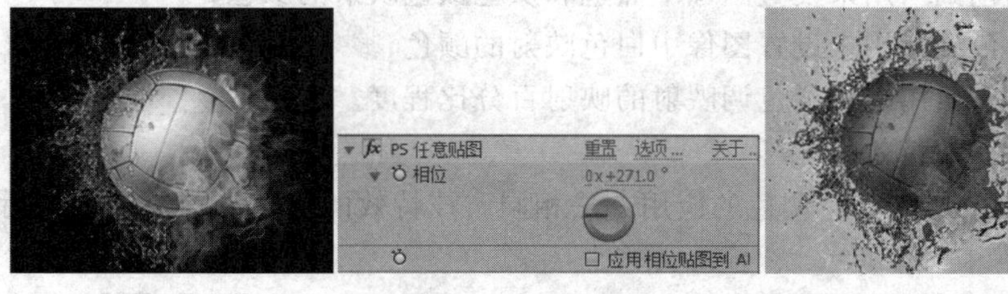

图 5-26 “PS 任意贴图”特效的参数设置及应用前后效果

“相位”：可用来调整颜色的相位位置；

“应用相位贴图到 Alpha”：选中该复选框，将相位图应用到图像的通道上。

27.“阴影/高光”特效

“阴影/高光”特效用于对图像中的阴影和高光部分进行调整。该特效的参数设置及应用前后效果如图 5-27 所示。

“自动数量”：选中该复选框，对图像进行自动阴影和高光的调整；

“阴影数量”：用来调整图像的阴影数量；

“高光数量”：用来调整图像的高光数量；

“临时平滑”：用来设置时间滤波的秒数；

“场景侦测”：选中该复选框，将进行场景检测；

“更多选项”：可以通过展开参数对阴影和高光的数量、范围、宽度、色彩进行更细致的修改；

“与原始图像混合”：用来调整与原图的混合。

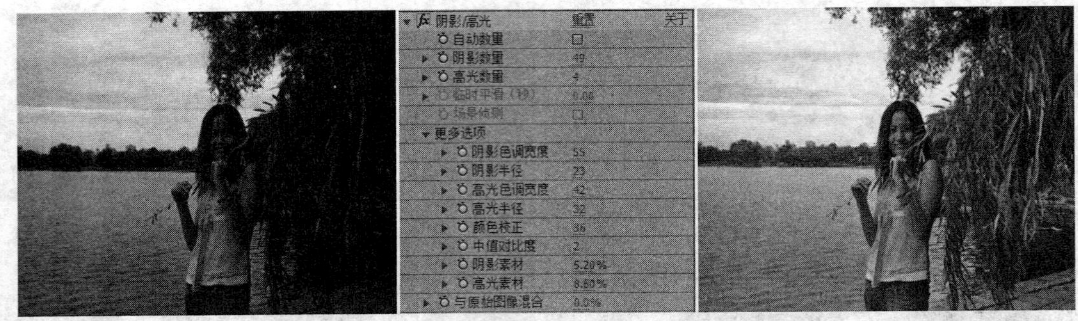

图 5-27 “阴影/高光”特效的参数设置及应用前后效果

28.“浅色调”特效

“浅色调”特效可以通过指定的颜色对图像进行颜色映射处理。该特效的参数设置及应用前后效果如图 5-28 所示。

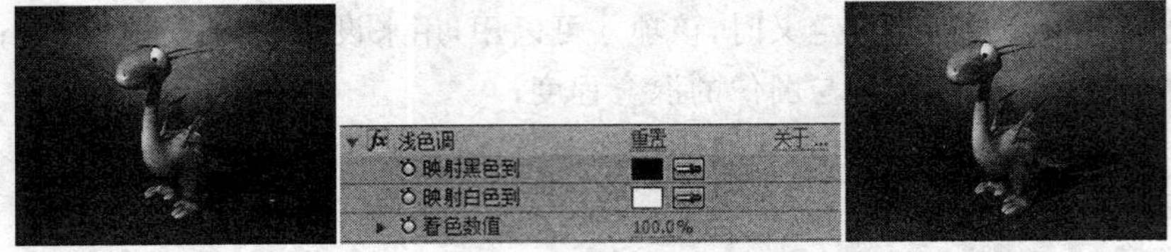

图 5-28 “浅色调”特效的参数设置及应用前后效果

“映射黑色到”:用来设置图像中黑色和灰色颜色映射的颜色;

“映射白色到”:用来设置图像中白色映射的颜色;

“着色数值”:用来设置色调映射的映射百分比程度。

29.“三色调”特效

“三色调”特效与 CC 调色的应用方法相同。该特效的参数设置及应用前后效果如图 5-29 所示。

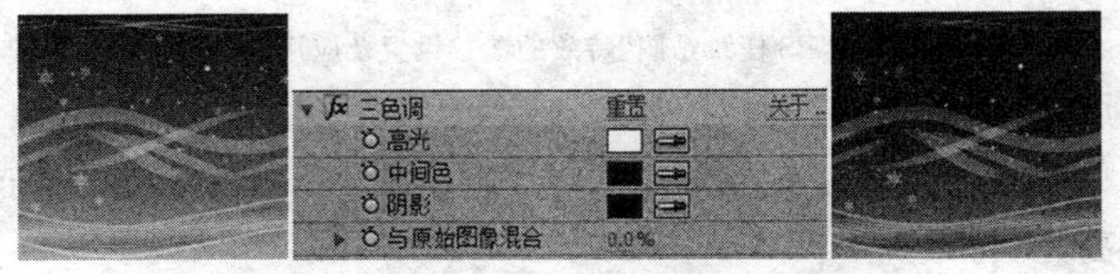

图 5-29 “三色调”特效的参数设置及应用前后效果

“高光”:利用色块或吸管来设置图像的高光颜色;

“中间色”:利用色块或吸管来设置图像的中间色调;

“阴影”:利用色块或吸管来设置图像的阴影颜色;

“与原始图像混合”:用来调整与原图的混合。

30.“自然饱和度”特效

“自然饱和度”特效在调节图像饱和度的时候会保护已经饱和的像素,即在调整时会大幅增加不饱和像素的饱和度,而对已经饱和像素只做很少、很细微的调整,这样不但能够增加图像某一部分的色彩,而且还能使图像饱和度正常。该特效的参数设置及应用前后效果如图 5-30 所示。

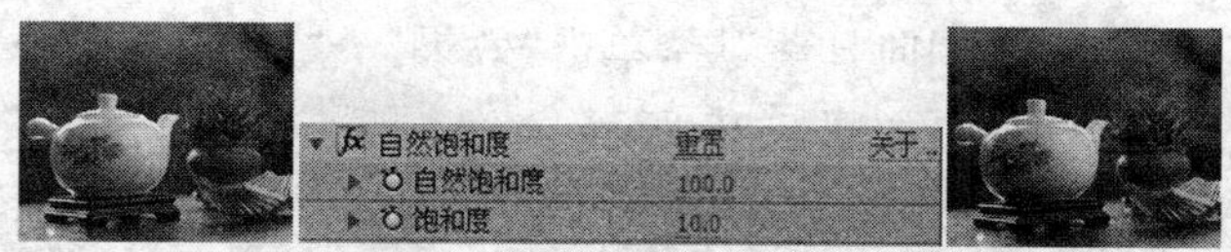

图 5-30　“自然饱和度”特效的参数设置及应用前后效果

5.3　实战训练 1:单色保留

本例主要讲解应用“分色”特效保留指定颜色,来调整其他区域的颜色。像这样为了突出画面中的主体对象,而将主体以外的其他图像处理成灰度显示,是电影或艺术片中常常应用的特效处理方法。单色保留效果预览如图 5-31 所示。

图 5-31　单色保留效果预览

操作步骤:

1. 创建合成。在“项目”面板中,选择“向日葵.jpg”文件,将其拖到“项目”面板下的“新建合成”按钮上,自动创建一个合成。

2. 导入素材。按“Ctrl+I”组合键,打开“导入文件”对话框,导入素材“向日葵.jpg”文件,并将其拖到“时间线”面板中。

3. 在“时间线”面板中,按“Ctrl+K”组合键,打开“图像合成设置”对话框,设置图像合成参数如图 5-32 所示。

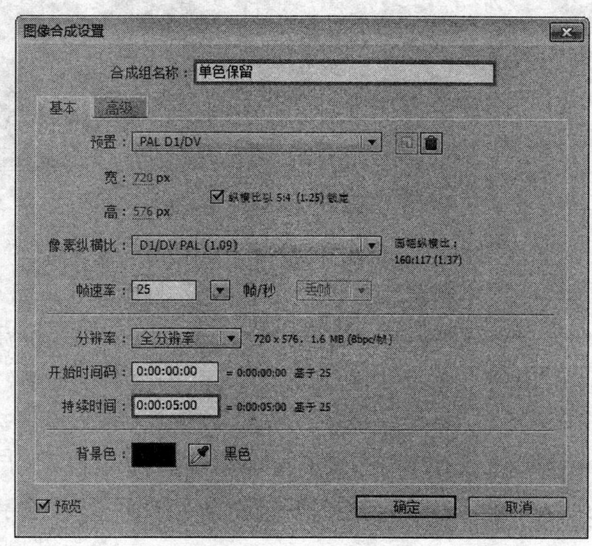

图 5-32　合成设置参数

4.添加“曲线”特效。选择“向日葵”层,单击“效果”→“色彩校正”→“曲线”菜单命令,在特效控制台面板中调整曲线,如图 5-33 所示。

图 5-33 调整曲线及效果

5.添加“分色”特效。选择“向日葵”层,单击“效果”→“色彩校正”→“分色”菜单命令,在特效控制台面板中设置“颜色分离”选项为橙色(255,186,0),其他参数及效果如图5-34所示。

图 5-34 “分色”特效参数及效果

6.添加“色相位/饱和度”特效。选择“向日葵”层,单击“效果”→“色彩校正”→“色相位/饱和度”菜单命令,在特效控制台面板中设置参数及效果如图 5-35 所示。

7.单击工具栏中的“横排文字”按钮 T,在合成窗口中单击,然后输入文字“Canvas Design Sunflower”。在“文字”面板中分别设置文字的字体、大小、颜色等,如图 5-36 所示。

8.单击工具栏中的“横排文字”按钮 T,在合成窗口中单击,然后输入文字“At the Time of sunflower Blossoming”。在“文字”面板中分别设置文字的字体、大小、颜色等,如图 5-37 所示。

9.此时,单色保留制作完成。保存文件。

图 5-35　“色相位/饱和度”特效参数及效果

图 5-36　文字参数设置及文字效果 1

图 5-37　文字参数设置及文字效果 2

5.4　实战训练 2：旧胶片效果

本例讲解了应用旧胶片素材叠加的方法创建旧胶片效果，以及添加羽化遮罩对图层的四周调整亮度。旧胶片效果如图 5-38 所示。

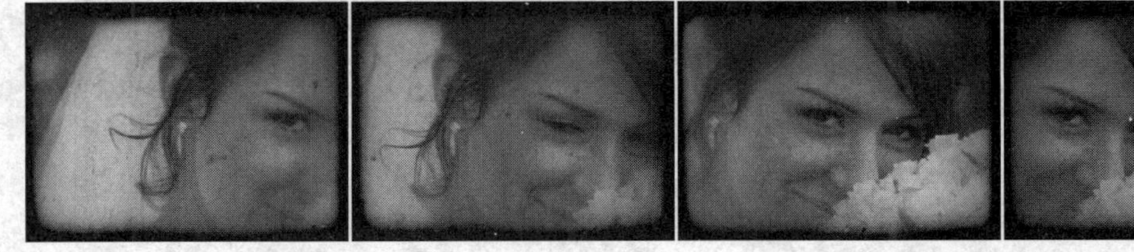

图 5-38　旧胶片效果

操作步骤：

1. 新建合成。打开 After Effects 软件，单击“合成”→“新建合成”菜单命令，打开“图像合成设置”对话框，设置图像合成参数如图 5-39 所示。

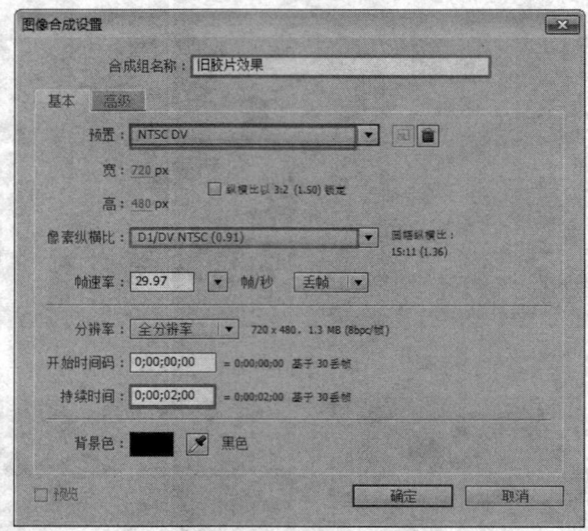

图 5-39　设置图像合成参数

2. 导入素材。导入素材。按“Ctrl＋I”组合键，打开“导入文件”对话框，导入素材“Bride Footage. mov”“Real_8mm_Film. mov”文件。

3. 将素材“Bride Footage. mov”“Real_8mm_Film. mov”文件从“项目”面板拖放到“时间线”面板中，如图 5-40 所示。

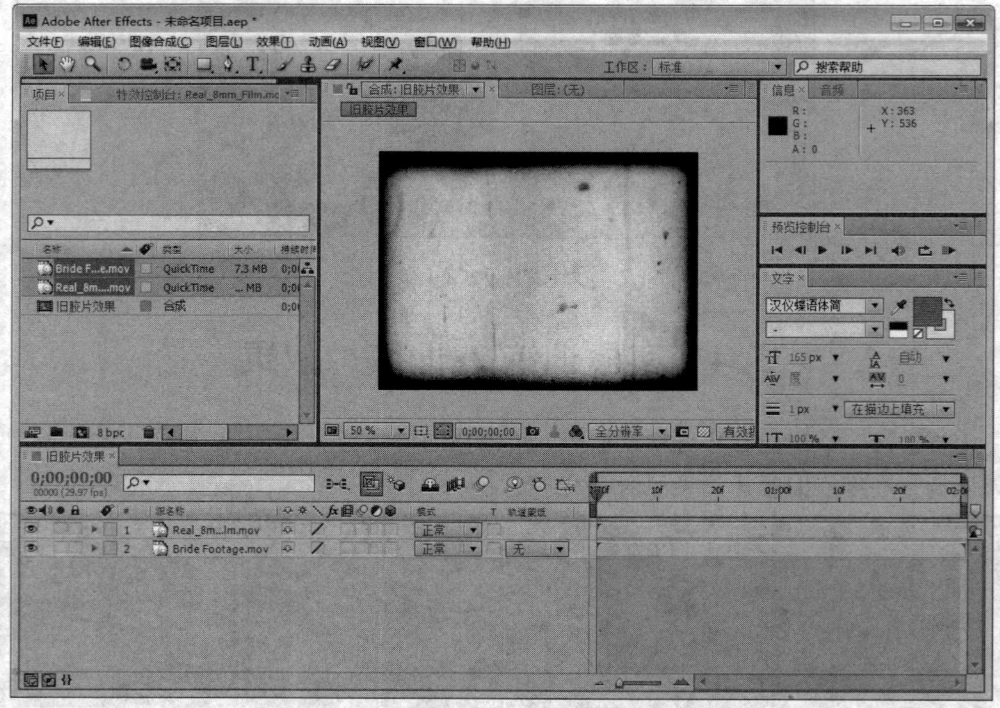

图 5-40　导入素材并拖到“时间线”面板中

4. 设置图层的混合模式。选择“Real_8mm_Film.mov”层，设置层模式为“正片叠底”，如图 5-41 所示，这样就很好地和下面的新娘素材融合起来。

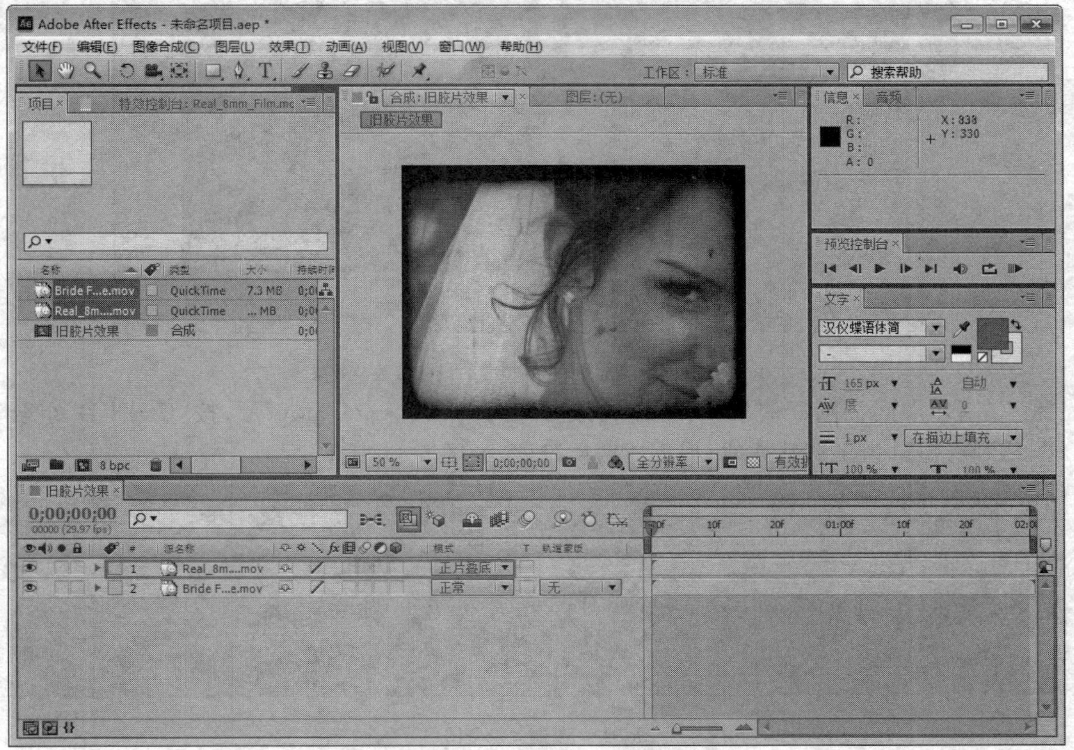

图 5-41　设置层模式为正片叠底

5. 创建调节层。由于我们想调整两个层的色调，所以在两个图层上面创建一个调节层。单击“层”→“新建”→“调节层”菜单命令，在两个图层上面创建一个调节层，如图5-42所示。

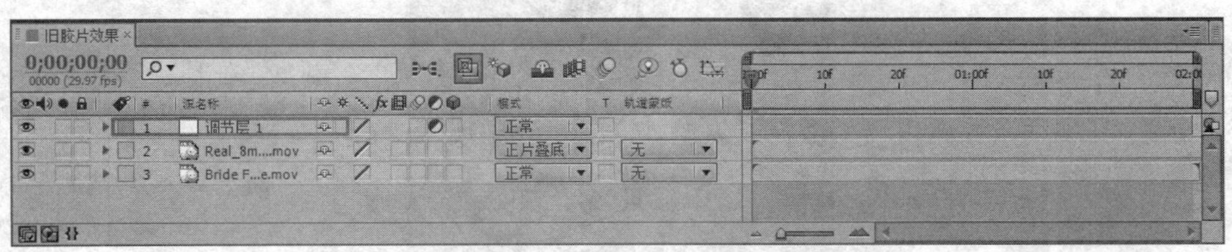

图 5-42　创建调节层

技术点睛

调节层主要辅助场景影片进行色彩和特效的调整，创建调节层后，直接在调节层上应用特效，可以对调节层下方的所有层同时产生该特效，这样就避免了不同层应用相同特效时一个个单独设置的烦琐。

6. 添加“色相位/饱和度”特效。选择调节层，单击“效果”→“色彩校正”→“色相位/饱和度”菜单命令，设置参数及效果如图 5-43 所示。这样，就让整个画面变成单色调。

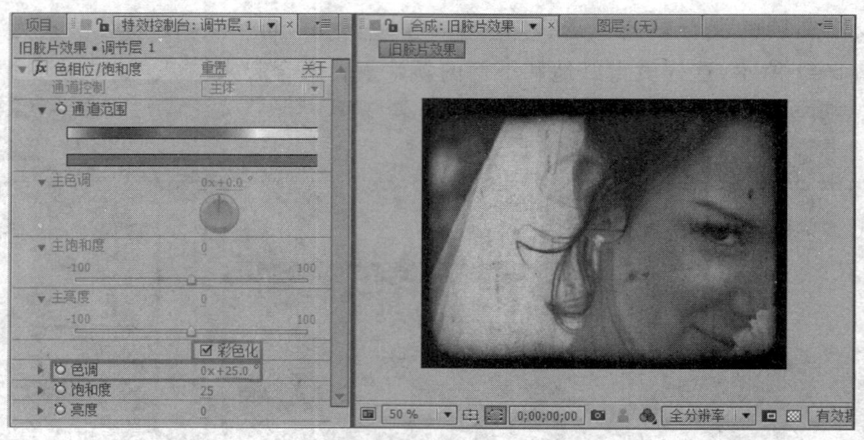

图 5-43 “色相位/饱和度”特效的设置参数及效果

7. 制作中间清晰四周模糊的效果。选择“Bride Footage. mov”层，按“Ctrl+D”组合键，复制一层。为了调整方便，把上方两层隐藏，如图 5-44 所示。

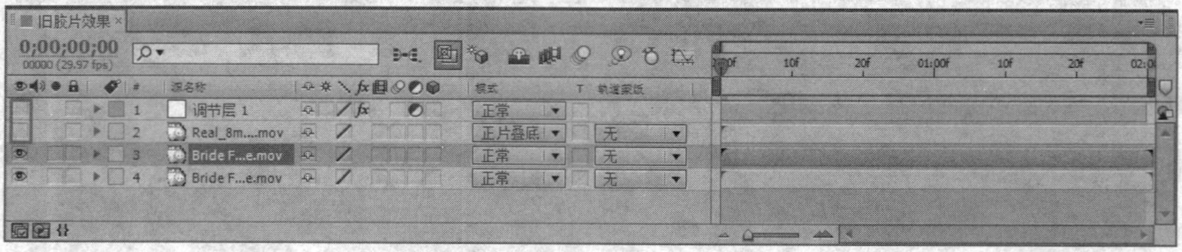

图 5-44 复制并隐藏图层

8. 添加遮罩。选择上面的“Bride Footage. mov”层，双击工具栏中的“椭圆形遮罩工具”按钮，在合成窗口中创建遮罩，如图 5-45 所示。

图 5-45 添加椭圆形遮罩

9. 添加“快速模糊”效果。单击“效果”→“模糊 & 锐化”→“快速模糊”菜单命令，设置模糊量为 50，如图 5-46 所示。此时的效果正好和想要的效果相反。

10. 调整遮罩属性。选择上面的“Bride Footage. mov”层，按两次 M 键，展开遮罩属性，设置遮罩羽化值为(145.0，145.0)，遮罩扩展值为−35.0，如图 5-47 所示。

11. 显示上面的两个图层，至此旧胶片效果制作完成。

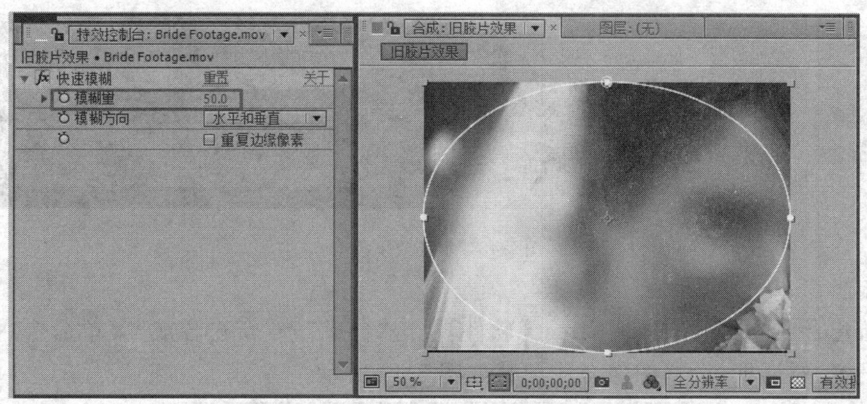

图 5-46　设置模糊效果

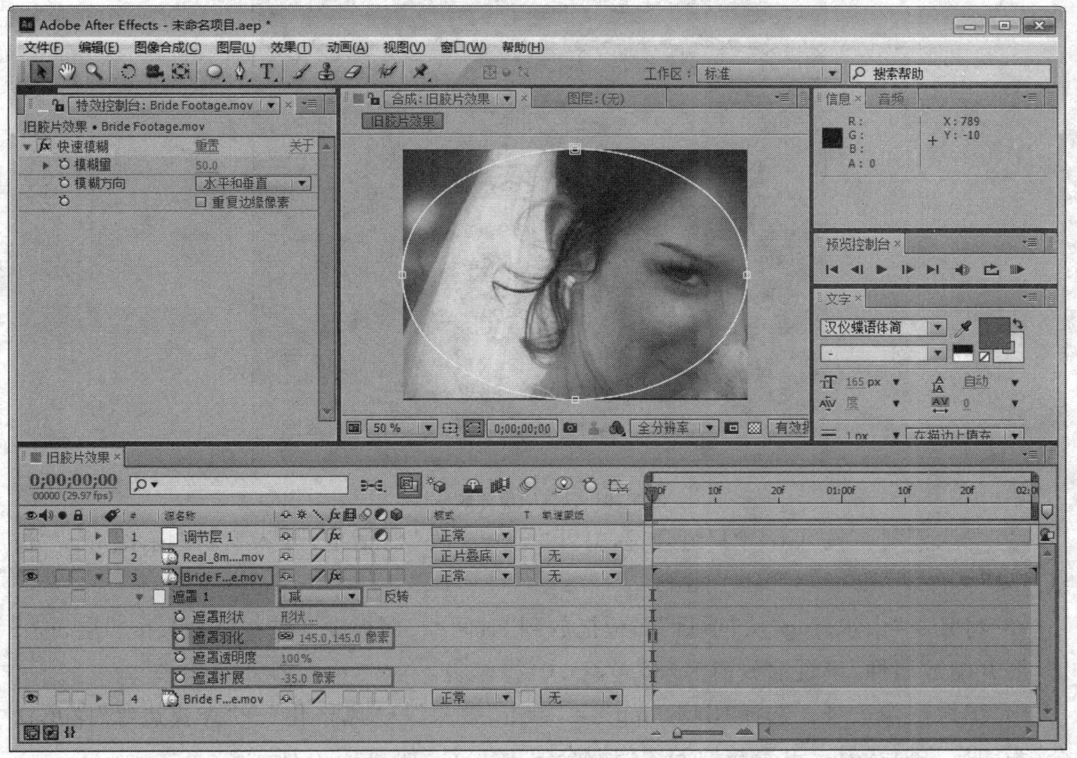

图 5-47　遮罩的属性设置及效果

12. 保存并渲染输出。单击“图像合成”→“制作影片”菜单命令，或按“Ctrl＋M”组合键，打开“渲染队列”对话框，单击 渲染 按钮，输出视频。

5.5　实战训练 3：水墨效果

本例通过水墨效果的制作，学习应用“查找边缘”特效勾勒边缘，应用“色阶”和“高斯模糊”特效消除图像细节，通过消除颜色和图层混合获得水墨效果。水墨效果如图5-48所示。

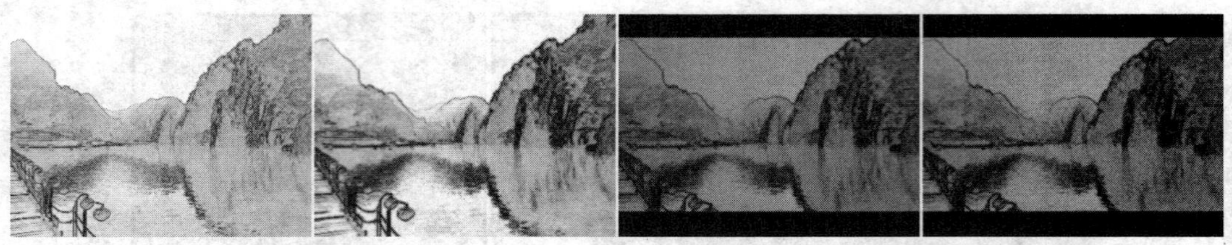

图 5-48 水墨效果预览

操作步骤：

1. 新建合成。打开 After Effects 软件，单击“合成”→“新建合成”菜单命令，打开“图像合成设置”对话框，设置图像合成参数如图 5-49 所示。

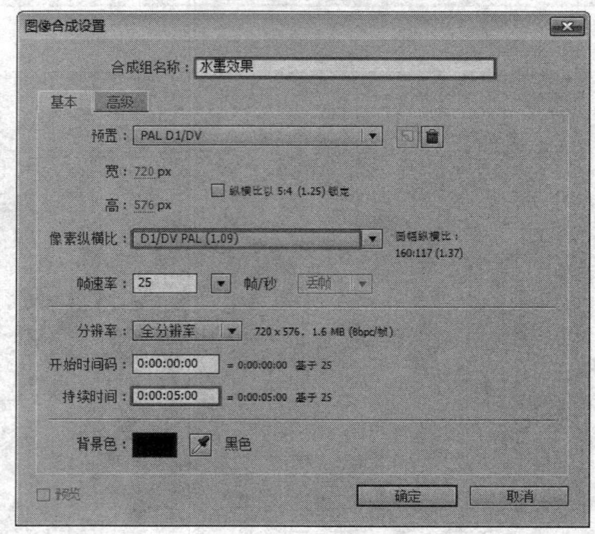

图 5-49 设置图像合成参数

2. 导入素材。按“Ctrl+I”组合键，打开“导入文件”对话框，导入素材“山水.jpg”“渲纸.jpg”文件。

3. 将素材“山水.jpg”从“项目”面板拖放到“时间线”面板中。选择“山水.jpg”层，按 S 键，展开缩放属性，设置缩放值为(35.0，35.0%)。

4. 提取图像边缘。选择“山水.jpg”层，单击“效果”→“风格化”→“查找边缘”菜单命令，为图层添加特效。设置与原始图像混合值为 15%，如图 5-50 所示。

技术点睛

“查找边缘”特效可以对图像的边缘进行勾勒，从而使图像产生类似素描或底片效果。其特效参数功能如下：

“反转”：将当前的颜色转换成它的补色效果；

“与原始图像混合”：设置描边效果与原图像的混合程度，值越大越接近原图。

5. 去掉图像色彩。选择“山水.jpg”层，单击“效果”→“色彩校正”→“色相位/饱和度”菜单命令，为图层添加特效。设置主饱和度值为－100，图像变成黑白色，如图 5-51 所示。

图 5-50　应用“查找边缘”特效

图 5-51　应用“色相位/饱和度”特效

6. 简化线条。单击“效果”→“色彩校正”→“色阶”菜单命令，给图层添加特效。向左拖动白色三角形滑块，同时调整中间色调 Gamma，如图 5-52 所示。

图 5-52　应用“色阶”特效

7. 制作墨迹效果。选中“山水.jpg”层，按“Ctrl＋D”组合键，复制一层，修改下层文件名称为“墨迹渗出”，如图 5-53 所示。

图 5-53 复制图层并修改名称

8. 为墨迹渗出层添加"高斯模糊"特效。选中墨迹渗出层，单击"效果"→"模糊与锐化"→"高斯模糊"菜单命令，设置模糊量为 20.0。将"山水.jpg"层隐藏，可以看到高斯模糊效果，如图 5-54 所示。

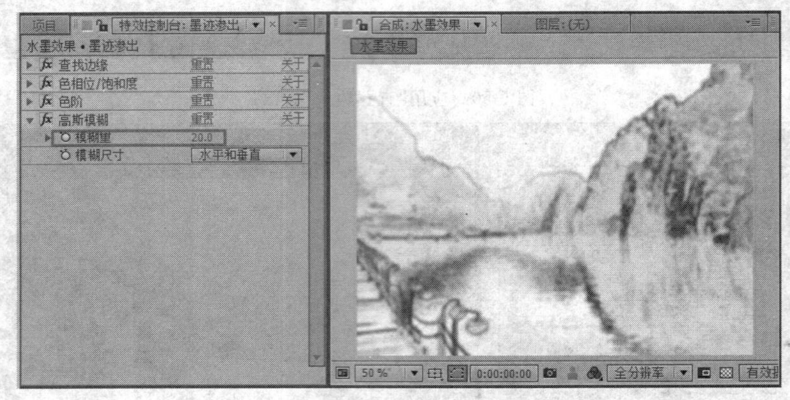

图 5-54 应用"高斯模糊"特效

9. 显示"山水.jpg"层，并选中它，设置"山水.jpg"层的模式为正片叠底，该模式用于模拟一种光线透过纸张叠加的效果，呈现出一种暗暗的效果，如图 5-55 所示。

图 5-55 设置层模式为正片叠底

10. 添加背景。按“Ctrl＋N”组合键，新建一个合成，取名为“合成”。

11. 将“水墨效果”合成和“渲纸.jpg”素材拖到“时间线”面板中，设置上面层的模式为正片叠底。渲纸和之前的山水图片进行融合，就产生了一种类似水墨的奇妙效果，如图 5-56 所示。

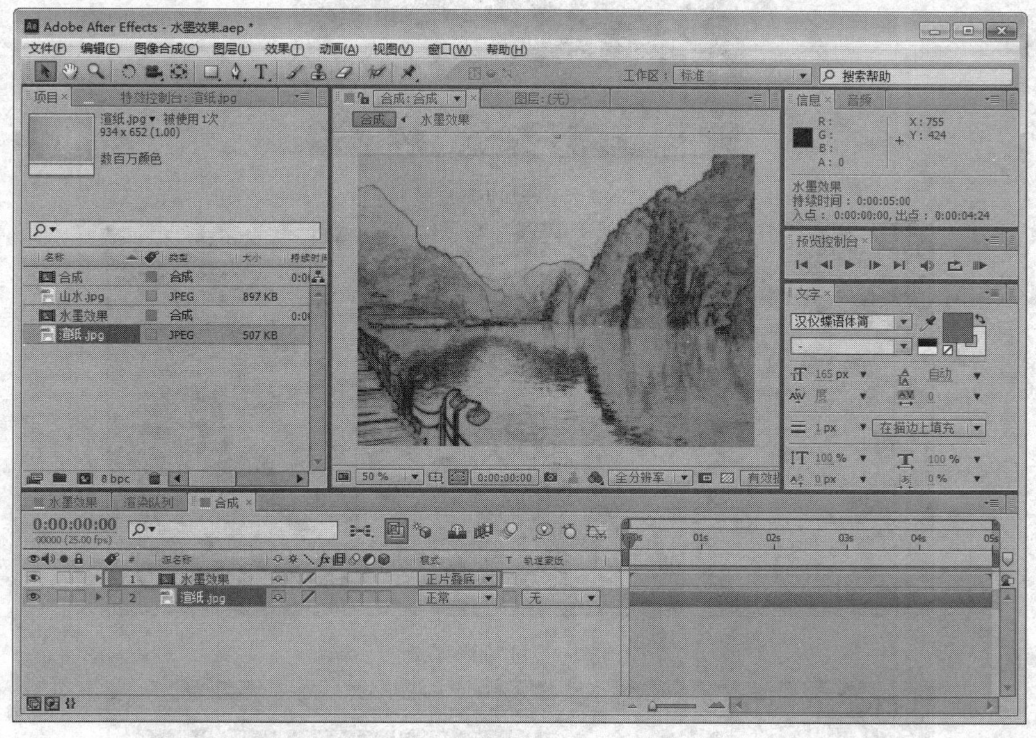

图 5-56　设置层模式为正片叠底

12. 为了调节整体画面效果，添加 Mask。框选这两个图层，按“Ctrl＋Shift＋C”组合键，或者单击“图层”→“预合成”菜单命令，打开“预合成”对话框，单击 确定 按钮，在“时间线”面板中产生了一个新的合成层“预合成 1”，如图 5-57 所示。

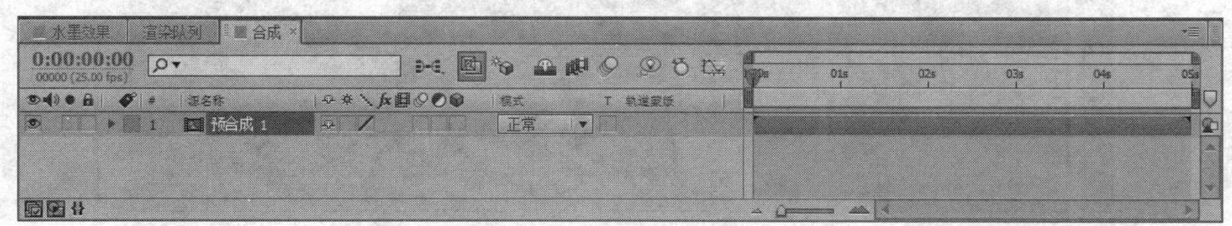

图 5-57　“时间线”面板效果

13. 为了显示更加真实的中国水墨画效果，单击工具栏中的“矩形遮罩工具”按钮，在合成窗口中画一个矩形遮罩，模拟中国水墨画的遮幅，如图 5-58 所示。

14. 为了使得效果更加的真实，可为其添加“曲线”特效，进一步调整水墨画效果。单击“效果”→“色彩校正”→“曲线”菜单命令，给图层添加特效。调节曲线，使得画面更加具有墨迹的感觉，如图 5-59 所示。

15. 为了使画面展现因为年代久远而泛黄老旧的效果，继续添加“色彩平衡”特效。单击“效果”→“色彩校正”→“色彩平衡”菜单命令，设置相应参数如图 5-60 所示。

图 5-58　添加矩形遮罩

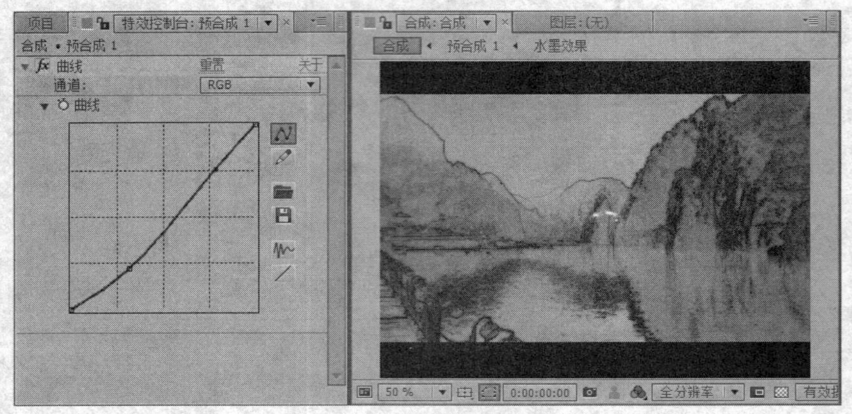

图 5-59　应用“曲线”特效

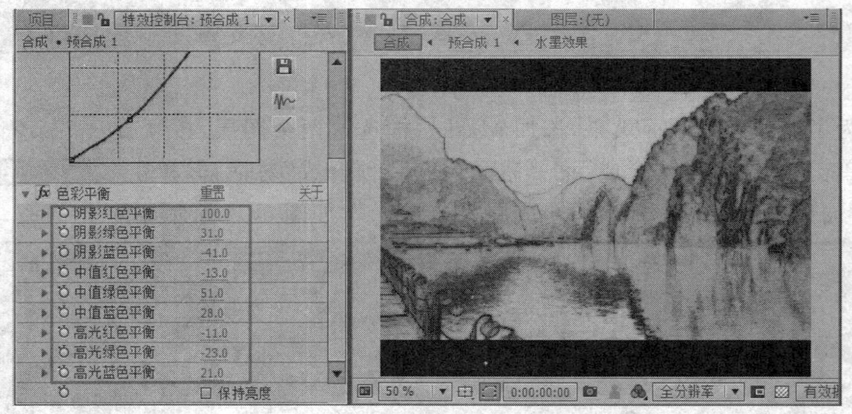

图 5-60　应用“色彩平衡”特效

16. 至此，水墨效果制作完成。单击“文件”→“保存”菜单命令，保存文件。

5.6　本章小结

本章将 After Effects CS6 中色彩校正的所有特效命令进行了详细的讲解，并重点讲解了几个校正色彩的实例，使影片的色调、饱和度和亮度等信息更加理想化，让读者在掌握理论的同时掌握色彩校正及美化的处理技巧。

5.7 习 题

一、填空题

1. 色彩校正中的______特效，用于调整图像中单个颜色分量的主色调、主饱和度和主亮度。

2. 色彩校正中的______特效，用于删除图像中除指定颜色以外的其他颜色。

3. 色彩校正中的______特效，用于修改图像的高亮、暗部及中间色调。

4. 色彩校正中的______特效，可参根据周围的环境改变素材的颜色，以达到整体平衡。

二、不定项选择题

1. 下列色彩校正命令中，(　　)不能用于调整图像画面的明暗灰度。

A. 曝光　　B. 曲线　　C. 自动电平　　D. 色阶

2. 下列色彩校正命令中，(　　)用于为图像模拟在照相机上添加彩色滤镜后的效果。

A. 色彩平衡　　B. 照片滤镜　　C. PS任意贴图　　D. 浅色调

3. 下列色彩校正命令中，(　　)用于将图像中的一种颜色替换为新指定的颜色。

A. 转换颜色　　B. 色彩链接　　C. 更改颜色　　D. 分色

4. 关于调节层，下面说法正确的是(　　)。

A. 它对合成中所有的层都产生影响

B. 它对“时间线”面板中位于它上面的层产生影响

C. 它对“时间线”面板中位于它下面的层产生影响

D. 仅仅对固态层可以做调整层

5. 以下哪些效果为After Effects可以实现的自动调色效果？(　　)

A. 自动颜色　　B. 自动电平　　C. 自动曲线　　D. 自动对比度

第6章 键控应用

本章教学目标

1. 掌握键控的原理;(重点)
2. 掌握各种键控的功能及应用方法;(重点)
3. 掌握素材抠像在动画合成中的应用技巧。(难点)

6.1 键控的概念

"键控"一词是从电视制作中得来的,英文称作"Key",意思是吸取画面中的某一种颜色作为透明色,画面中包含的这种透明色将被清除,从而使位于该画面之下的画面显现出来,这样就形成了两层画面叠加的效果,这就是键控。通过这样的方式,单独拍摄的角色经抠像后可以与各种景物叠加在一起,由此形成丰富而神奇的艺术效果。

6.2 键控的原理

在《阿凡达》《泰坦尼克号》《少年派的奇幻漂流》等很多电影中虚拟和现实结合的奇幻画面,征服了无数的观众,这些画面的形成,正是运用了键控技术。

在使用实拍素材合成时,由于素材自身不带 Alpha 通道,在与其他素材结合时会遇到麻烦。解决方法是在前期拍摄时,让角色在蓝色或绿色的背景前表演,然后将获取的素材采集到电脑中,导入到后期合成软件(如 After Effects)中,生成一个保留前景、背景透明的 Alpha 通道,然后与其他实拍素材或 CG 图像素材进行合成,实现各种令人惊叹的画面效果,如图 6-1 所示。

图 6-1 键控应用举例

从原理上讲,只要背景所用的颜色在前景画面中不存在,用任何颜色做背景都可以。但实际上,最常用的是蓝色或绿色背景。因为在人体的自然颜色中不包含这两种色彩,同时这两种颜色又是 RGB 系统中的原色,在键控操作中比较容易将背景去除干净。

6.3　键控特效组

键控有时也被称为抠像，可以从“效果”菜单或“效果和预置”面板中选择添加。

1. CC 简单金属丝移除

该特效是利用一根线将图像分割，在线的部位产生模糊效果，其参数面板如图 6-2 所示。

CC 简单金属丝移除	重置　关于...
点 A	218.0,399.8
点 B	218.0,133.3
移除风格	置换
厚度	2.00
倾斜	50.0%
镜像混合	25.0%
帧偏移	5

图 6-2　“CC 简单金属丝移除”参数面板

“点 A”：设置控制点 A 在图像中的位置。

“点 B”：设置控制点 B 在图像中的位置。

“移除风格”：设置钢丝的样式，包括衰减、帧偏移、置换和水平置换。

“厚度”：设置钢丝的厚度。

“倾斜”：设置钢丝的倾斜角度。

“镜像混合”：设置线与源图像的混合程度。值越大越模糊，值越小越清晰。

“帧偏移”：当移除风格设置为帧偏移时，此项才可用。

2. 颜色键

该特效指定一种颜色后，系统会将图像中所有与其近似颜色的像素键出，使其透明。“颜色键”是一种比较基础的键控特效，适用于键控的背景比较纯净、颜色比较均匀的画面，如图 6-3 所示。

图 6-3　“颜色键”举例

其参数面板如图 6-4 所示。

颜色键	重置　关于...
键颜色	
色彩宽容度	36
边缘变薄	3
边缘羽化	0.6

图 6-4　“颜色键”参数面板

“键颜色”：设置需要透明的颜色，可以单击右侧的色块设置颜色，也可以单击右侧的“吸管工具”按钮，在素材上单击吸取颜色，以确定透明色。

“色彩宽容度”:设置键出色彩的容差范围。值越大,所包含的颜色范围越大。

“边缘变薄”:对键出区域边缘进行调整。正值扩大透明区域,负值缩小透明区域。

“边缘羽化”:设置键出区域边缘的羽化程度。

技术点睛

“颜色键”特效使用经验分享:

- 如果背景区域的颜色不均匀,应尽量吸取颜色较浅的区域,避免容差过大导致图像中的保留区域也被键出;
- 颜色容差值越大,被键出的区域越多,同时也会减少画面中的微小细节。因此应该配合边缘收缩和边缘羽化参数进行配合调节,以达到最佳的抠像边缘效果和最多的细节保留。

3. 亮度键

该特效能够键出与指定明度相似的区域,使其透明。“亮度键”是一个很特殊的抠像方式,主要依靠亮度的区别来去除背景,适用于对比度比较强烈的图像,如图 6-5 所示。

图 6-5 “亮度键”举例

其参数面板如图 6-6 所示。

亮度键	重置	关于...
键类型	暗部抠出	
阈值	54	
宽容度	15	
边缘变薄	0	
边缘羽化	0.0	

图 6-6 “亮度键”参数面板

“键类型”:用于指定亮度键类型,共有四种。“亮部抠出”会使比指定亮度值亮的像素透明;“暗部抠出”会使比指定亮度值暗的像素透明;“抠出相似区域”会使亮度值宽容度范围内的像素透明;“抠出非相似区域”会使亮度值宽容度范围外的像素透明。

“阈值”:指定键出的亮度值。

“宽容度”:指定键出亮度的容差大小。

“边缘变薄”:键出边缘的控制。正值扩大透明区域,负值缩小透明区域。

“边缘羽化”:控制键出区域边缘的羽化值。

4. 差异蒙版

该特效通过将差异层与特效层进行颜色对比,将相同颜色区域键出,制作出透明效果。在实际拍摄时,可以让演员在背景前表演,表演完成后再对背景单独拍摄,只需一帧即可,将其作为差异层。这样在后期合成时,运用“差异蒙版”特效,可准确地将背景键出,如图 6-7 所示。

图 6-7 “差异蒙版”举例

其参数面板如图 6-8 所示。

差异蒙版	重置	关于...
查看	最终输出	
差异层	2. 素材背景	
如果层大小不同	居中	
匹配宽容度	15.0%	
匹配柔化	0.0%	
差异前模糊	0.0	

图 6-8 “差异蒙版”参数面板

“查看”:设置在“合成”窗口中显示的图像视图,有“最终输出”“只有来源”和“只有蒙版”三种。

“差异层”:指定与特效层进行比较的差异层。

“如果层大小不同”:如果差异层与特效层大小不同,可以选择“居中”或“拉伸进行适配”。

“匹配宽容度”:设置颜色匹配范围的大小。值越大,包含的颜色信息量越多。

“匹配柔化”:设置颜色匹配的柔化程度。

“差异前模糊”:可以在对比前将两个图像进行模糊处理,从而清除合成图像中的杂点。

5. 内部/外部键

该特效需要为键控的对象绘制两个遮罩路径,一个定义键出范围的外边缘,一个定义键出范围的内边缘。系统根据内外遮罩路径进行像素差异比较,完成键出效果。该特效可以对人物头发、动物毛发、绒毛的抠像进行轻松处理,可以将人物的每一根发丝都清晰地表现出来,如图 6-9 所示。

图 6-9 “内部/外部键”举例

其参数面板如图 6-10 所示。

“前景(内侧)”:为特效层指定前景遮罩,即内边缘遮罩,该遮罩定义图像中保留的像素范围。

“添加前景”:为特效层添加更多的前景遮罩。

“背景(外侧)”:为特效层指定背景遮罩,即外边缘遮罩,该遮罩定义图像中键出的像素范围。

内部/外部键	重置 关于...
前景(内侧)	遮罩 2
添加前景	
背景(外侧)	遮罩 1
添加背景	
单个遮罩高光	5
清除前景	
清除背景	
边缘变薄	0.0
边缘羽化	0.0
边缘阈值	0.0
	□ 反转提取
与原始图像混合	0.0%

图 6-10 “内部/外部键”参数面板

“添加背景”:为特效层添加更多的背景遮罩。

“单个遮罩高光”:当使用一个遮罩时,调整该参数可以扩展遮罩的范围。

“清除前景”:该选项组用指定遮罩来清除前景颜色。

“清除背景”:该选项组用指定遮罩来清除背景颜色。

“边缘变薄”:控制键出区域边界。正值将扩大透明区域,负值将缩小透明区域。

“边缘羽化”:控制键出区域边界的羽化程度。

“边缘阈值”:控制键出区域边缘的阈值。

“反转提取”:选中该复选框,可以反转键出区域。

“与原始图像混合”:设置特效图像与原图像间的混合比例,值越大,越接近原图。

6. 色彩范围

该特效通过设置一定范围的色彩变化区域来对图像进行抠像。该特效适合对背景包含多个色彩、背景亮度不均匀或包含相同颜色阴影的图像抠像,可以得到很好的效果,如图 6-11 所示。

图 6-11 “色彩范围”举例

其参数面板如图 6-12 所示。

“预览”:用来显示抠像的遮罩情况。其右侧的“吸管”,用于从图像中吸取要键出的颜色;“加选吸管”,在图像中单击,可以增加键控的颜色范围;“减选吸管”,在图像中单击,可以减少键控的颜色范围。

“模糊性”:控制边缘的柔化程度。

“色彩空间”:设置键控所使用的色彩空间,包括 Lab、YUV 和 RGB 三种方式。

“最小/最大”:精确调整色彩空间中颜色开始范围最小值和颜色结束范围的最大值。

7. 提取(抽出)

该特效通过指定一个亮度范围来产生透明或通过抽取通道对应的颜色来制作透明效果,如图 6-13 所示。

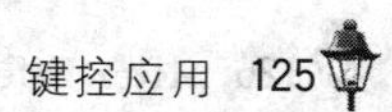

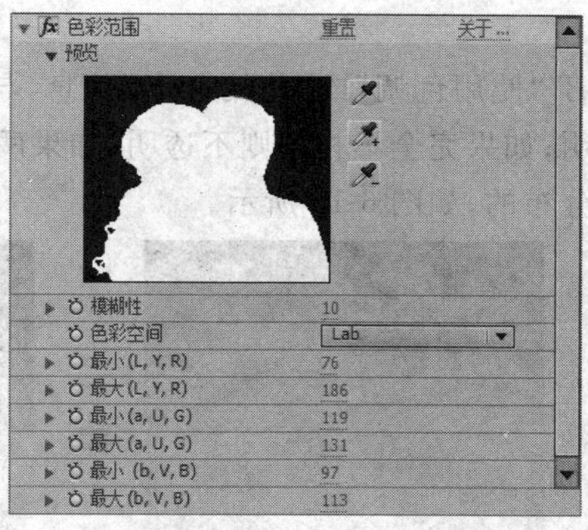

图 6-12　“色彩范围”参数面板

图 6-13　“提取(抽出)”举例

其参数面板如图 6-14 所示。

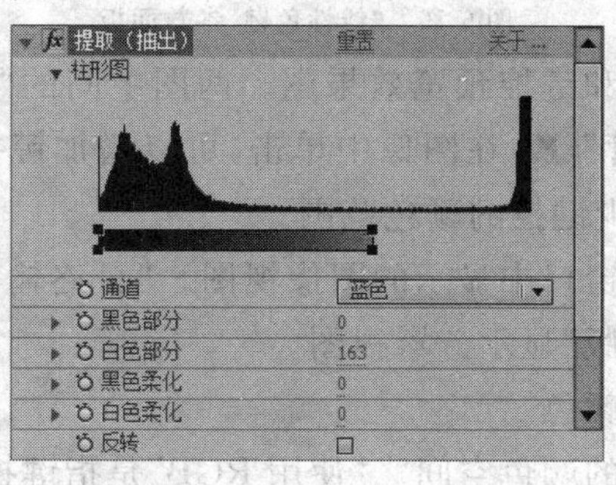

图 6-14　“提取(抽出)”参数面板

“柱形图”:显示图像中亮度分布级别以及在每个级别上的像素量。

“通道”:设置柱形图基于何种通道,包括亮度、红色、绿色、蓝色和 Alpha 五个选项。

“黑色部分”:设置黑点的范围,小于该值的黑色区域将变透明。

“白色部分”:设置白点的范围,大于该值的白色区域将变透明。

“黑色柔化”:设置黑色区域的柔化程度。

“白色柔化”:设置白色区域的柔化程度。

“反转”:选中该复选框,将反转透明区域。

8. 线性色键

该特效根据“使用 RGB”“使用色调”或“使用色度”信息，与指定的键色进行比较，如果两者颜色相同则完全透明；如果完全不相同则不透明；如果两者的颜色相近，则半透明，其产生的透明效果是线性分布的，如图 6-15 所示。

图 6-15 “线性色键”举例

其参数面板如图 6-16 所示。

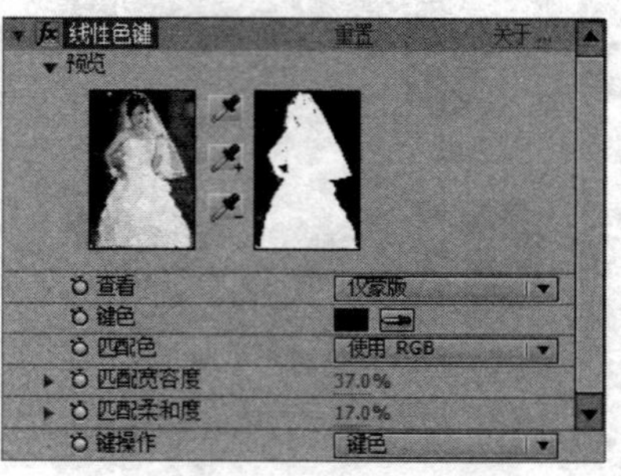

图 6-16 “线性色键”参数面板

“预览”：显示素材视图和键控预览效果图。两图中间的“吸管”，用于从图像中吸取要键出的颜色；“加选吸管”，在图像中单击，可以增加键控的颜色范围；“减选吸管”，在图像中单击，可以减少键控的颜色范围。

“查看”：设置在“合成”窗口中显示的图像视图。“最终输出”显示最终输出效果；“仅素材源”显示源素材；“仅蒙版”显示遮罩视图。

“键色”：设置要键出的颜色。

“匹配色”：指定键控色的颜色空间。“使用 RGB”是指键控色以红、绿、蓝为基准；“使用色调”是指基于对象发射或反射的颜色为键控色，以标准色轮的位置进行计量；“使用色度”是指键控色基于颜色的色调和饱和度。

“匹配宽容度”：设置匹配颜色的范围大小。值越大，包含的颜色信息量越多。

“匹配柔和度”：设置匹配颜色的柔化程度。

“键操作”：设置键操作的方式，包括“键色”和“保持颜色”两种。

9. 颜色差异键

该特效通过吸取两个不同的颜色对图像进行键控，从而使一个图像具有两个透明区域。“蒙版 A”使指定键控色之外的其他颜色区域透明；“蒙版 B”使指定的键控色区域透明；“Alpha 通道”是两个蒙版透明区域组合的最终的透明区域。“颜色差异键”特效适合复杂图像的键控操作，对于透明、半透明物体的键出，以及背景亮度不均匀、有阴影的素材有很好的键效果，如图 6-17 所示。

图 6-17　“颜色差异键”举例

其参数面板如图 6-18 所示。

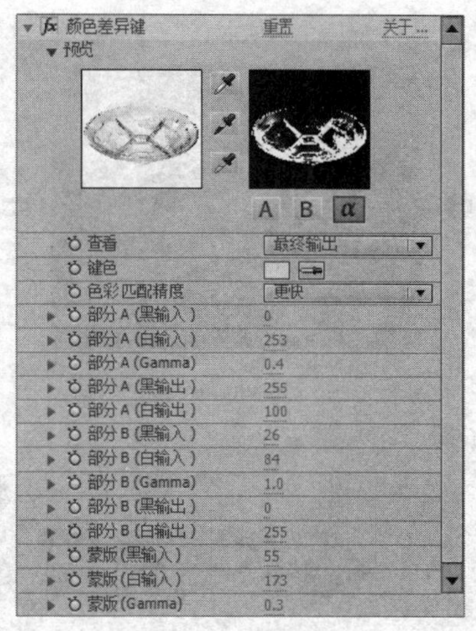

图 6-18　“颜色差异键”参数面板

“预览”：包括素材视图和遮罩视图两部分。素材视图用于显示源素材画面的缩略图。遮罩视图包括“遮罩 A”预览效果，与下面的“部分 A”参数相对应；“遮罩 B”预览效果，与下面的“部分 B”参数相对应；“Alpha 遮罩”预览效果，与下面的“蒙版”参数相对应。三个预览视图可通过其下面的 A 、B 、α 三个按钮进行切换。

“吸管”：用于从图像中吸取要键出的颜色。

“黑场”：用于从图像中吸取透明区域的颜色。

“白场”：用于从图像中吸取保留区域的颜色。

“查看”：设置在“合成”窗口中显示的内容，可显示蒙版或键出效果。

“键色”：设置键出的颜色。

“色彩匹配精度”：设置颜色匹配的精确程度。“更快”选项：匹配精确度低，但显示会更快；“更精确”选项：匹配精确度高，但显示会变慢。

“部分 A”：调整遮罩 A 的参数精确度。

“部分 B”:调整遮罩 B 的参数精确度。

“蒙版”:调整 Alpha 遮罩的参数精确度。

10. 溢出抑制

该特效可以清除图像键出处理后残留的键出色痕迹,它的典型用法是清除图像边上溢出的键控色,这些溢出常常是因为光的反射造成的,其参数面板如图 6-19 所示。

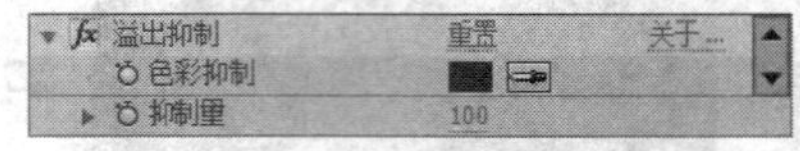

图 6-19 “溢出抑制”参数面板

“色彩抑制”:指定溢出的颜色。

“抑制量”:设置抑制程度。

11. Keylight(1.2)

该特效功能极其强大,对于前面所介绍的各种抠像方法,“Keylight(1.2)”全部都可以胜任,如图 6-20 所示。

图 6-20 “Keylight(1.2)”举例

其参数面板如图 6-21 所示。

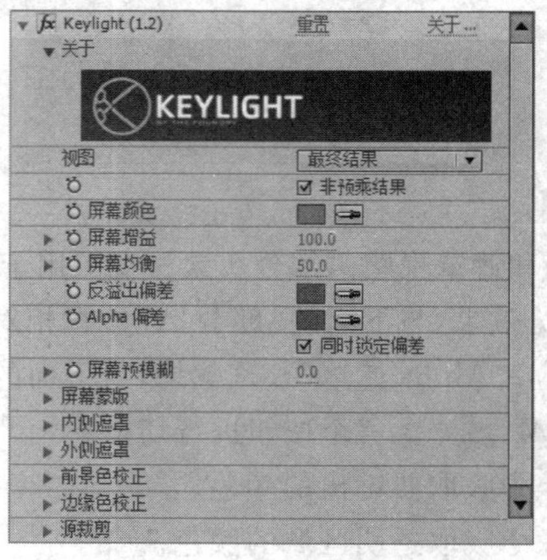

图 6-21 “Keylight(1.2)”参数面板

“视图”:设置不同的图像视图。

“屏幕颜色”:设置键出色。

“屏幕增益”:设置屏幕颜色的饱和度。

“屏幕均衡”:设置屏幕颜色的色彩平衡。

“屏幕蒙版”:调节图像黑白比例,以及图像的柔和程度等。

“内侧遮罩”：对内侧蒙版进行调节。

“外侧遮罩”：对外侧蒙版进行调节。

“前景色校正”：校正特效层的前景色。

“边缘色校正”：校正特效层的边缘色。

“源裁剪”：设置图像的范围。

6.4　实战训练 1：“颜色键”特效应用

本例通过对丝带舞者蓝背景键出操作，讲解键控操作实现方法，效果如图 6-22 所示。

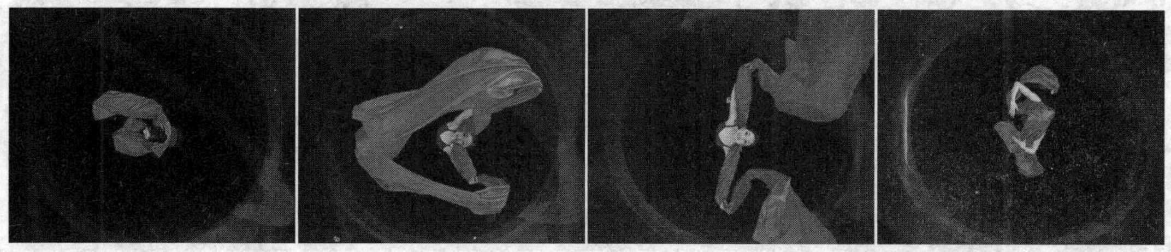

图 6-22　“颜色键”特效应用动画效果

操作步骤：

1. 新建合成。打开 After Effects 软件，执行“图像合成”→“新建合成组”菜单命令，打开“图像合成设置”对话框，设置参数，如图 6-23 所示。

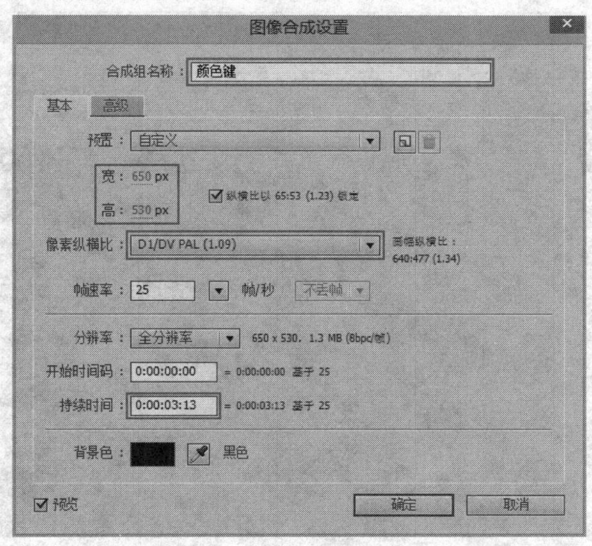

图 6-23　设置图像合成参数

2. 导入素材。按“Ctrl＋I”组合键，打开“导入文件”对话框，将该案例的素材导入到“项目”面板中。在“项目”面板中选择“舞者.avi”素材，将其拖到“时间线”面板中，如图 6-24所示。

3. 为素材添加“颜色键”特效。选择“舞者.avi”层，执行“效果”→“键控”→“颜色键”菜单命令，选择“键颜色”属性右侧的“吸管”工具，在素材层上吸取蓝色，如图 6-25 所示。

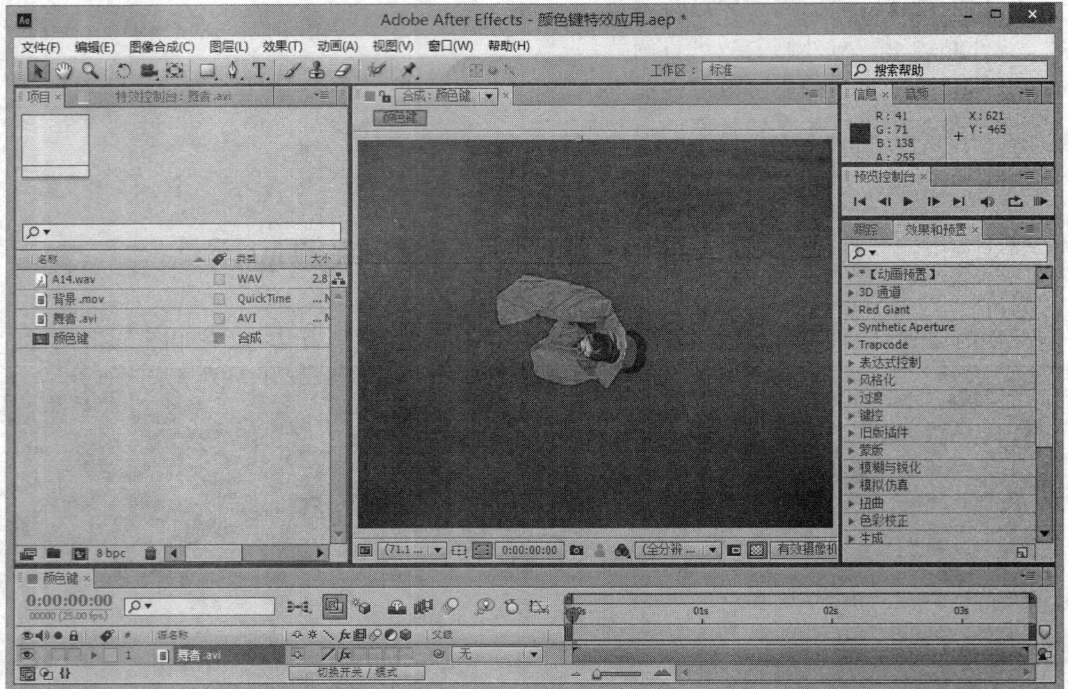

图 6-24　添加素材

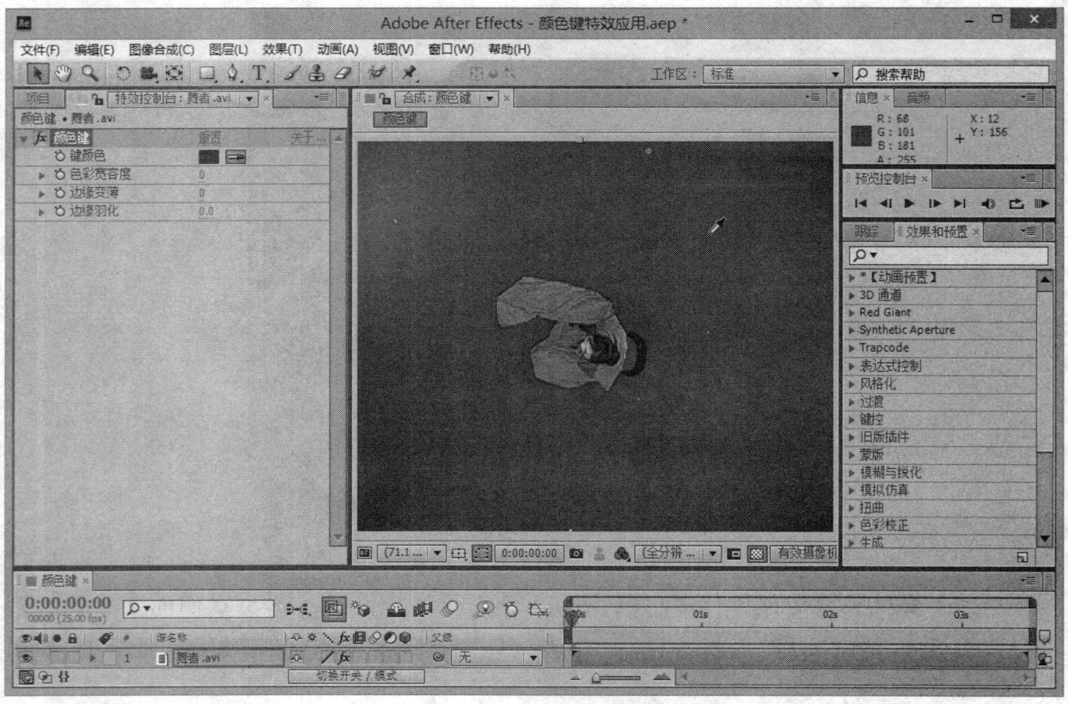

图 6-25　为素材添加“颜色键”特效

4. 调整参数，键出蓝色，如图 6-26 所示。

图 6-26　设置“颜色键”参数

5. 清除人物素材边缘的蓝色。执行“效果”→“蒙版”→“简单抑制”菜单命令，并设置参数，清除人物边缘蓝色，如图 6-27 所示。

图 6-27　设置“简单抑制”参数

6. 清除人物素材中残留的蓝色。执行“效果”→“键控”→“溢出抑制”菜单命令，并设置参数，清除人物素材中残留的蓝色，如图 6-28 所示。

图 6-28　设置“溢出抑制”参数

7. 添加其他素材。在“项目”面板中选择“背景.mov”“A14.wav”素材，将其拖到“时间线”面板中，如图 6-29 所示。

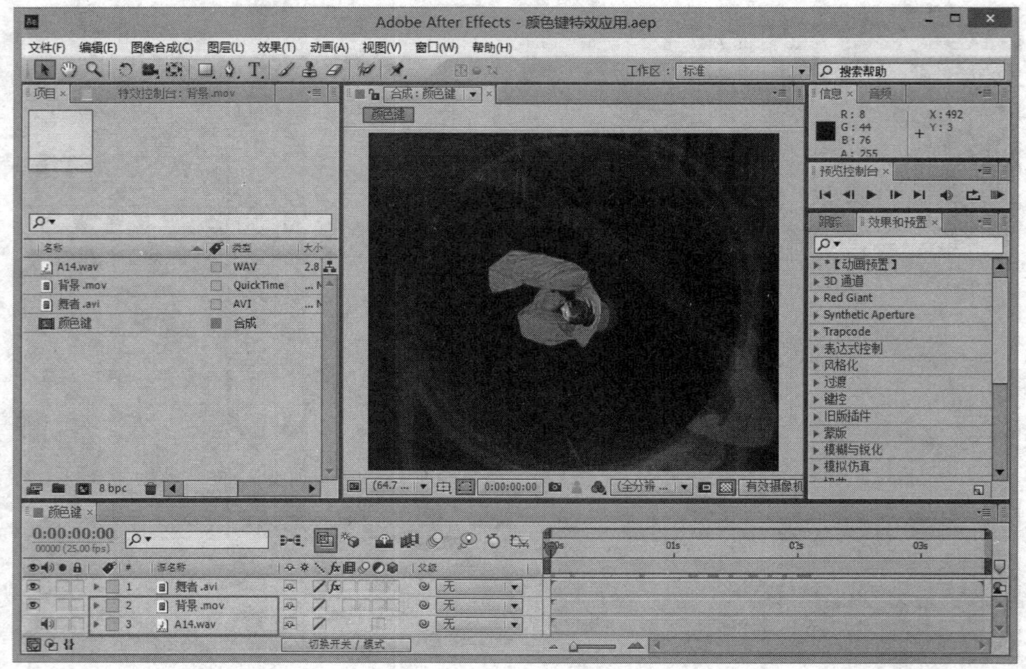

图 6-29　添加其他素材

8. 至此，“颜色键”特效应用动画制作完成，按数字小键盘上的 0 键，可以预览动画效果。

6.5　实战训练 2:“色彩范围”特效应用

本例通过使用“色彩范围”特效，键出女孩绿色背景，使用“改善蒙版”特效，对键出效果进行调整，最后使用“溢出抑制”特效，键出残留绿色，效果如图 6-30 所示。

图 6-30　“色彩范围”特效应用动画效果

操作步骤：

1. 新建合成。打开 After Effects 软件，执行“图像合成”→“新建合成组”菜单命令，打开“图像合成设置”对话框，设置参数，如图 6-31 所示。

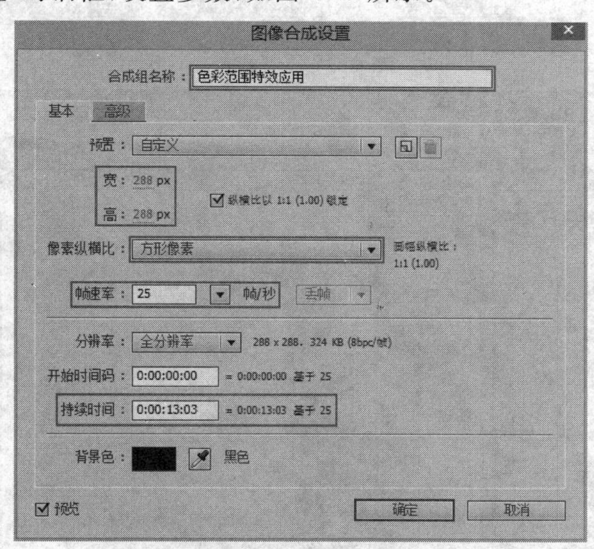

图 6-31　设置图像合成参数

2. 导入素材。按“Ctrl+I”组合键，打开“导入文件”对话框，将该案例的素材导入到“项目”面板中。在“项目”面板中选择“girl. mov”素材，将其拖到“时间线”面板中，如图 6-32所示。

3. 为素材添加“色彩范围”特效。选择“girl. mov”层，执行“效果”→“键控”→“色彩范围”菜单命令，选择“色彩范围”特效中“预览”属性右侧的“吸管”工具，在素材层上吸取绿色，如图 6-33 所示。

图 6-32　添加素材

图 6-33　为素材添加“色彩范围”特效

4. 选择“色彩范围”特效中“预览”属性右侧的“加选吸管”工具，继续在素材层上绿色区域单击，以增加键出范围，并调整参数，效果如图 6-34 所示。

图 6-34　设置“色彩范围”参数

5. 改善人物素材边缘毛刺现象。执行“效果”→“蒙版”→“改善蒙版”菜单命令，并设置参数，如图 6-35 所示。

图 6-35　添加“改善蒙版”特效

6. 清除人物素材中残留的绿色。执行“效果”→“键控”→“溢出抑制”菜单命令，并设置参数，清除人物素材中残留的绿色，如图 6-36 所示。

图 6-36 设置“溢出抑制”参数

7. 添加其他素材。在“项目”面板中选择“bg. mov”“music. wav”素材，将其拖到“时间线”面板中，如图 6-37 所示。

图 6-37 添加其他素材

8. 进一步完善键出效果。按“Ctrl＋Y”组合键，创建一个黑色的固态层。单击工具栏中的“钢笔工具”按钮，在固态层上添加遮罩，补全鞋面因绿色反光而被多键出的区域，如图 6-38 所示。

图 6-38　添加遮罩

9. 至此，“色彩范围”特效应用动画制作完成，按数字小键盘上的 0 键，可以预览动画效果。

6.6　实战训练 3：“颜色差异键”特效应用

本例通过对摄影女孩绿色背景键出操作，熟悉“颜色差异键”特效的功能及使用方法，进一步熟悉 After Effects 抠像方法与技巧，其效果如图 6-39 所示。

图 6-39　“颜色差异键”特效应用动画效果

操作步骤：

1. 新建合成。打开 After Effects 软件，执行“图像合成”→“新建合成组”菜单命令，打开“图像合成设置”对话框，设置参数，如图 6-40 所示。

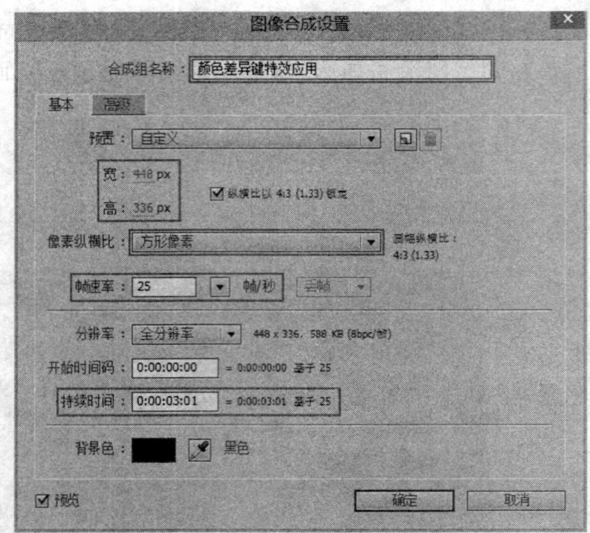

图 6-40　设置图像合成参数

2. 导入素材。按“Ctrl＋I”组合键，打开“导入文件”对话框，将该案例的素材导入到“项目”面板中。在“项目”面板中选择“摄影女孩.mov”素材，将其拖到“时间线”面板中，如图 6-41 所示。

图 6-41　添加素材

3. 为素材添加“颜色差异键”特效。选择“摄影女孩.mov”层，执行“效果”→“键控”→“颜色差异键”菜单命令，选择“键色”属性右侧的“吸管”工具，在素材层上吸取绿色，并设置参数，如图 6-42 所示。

图 6-42　添加“颜色差异键”特效

4. 改善人物素材边缘毛刺现象。执行“效果”→“蒙版”→“改善蒙版”菜单命令，并设置参数，如图 6-43 所示。

图 6-43　添加“改善蒙版”特效

5.清除人物边缘的绿色。执行"效果"→"蒙版"→"简单抑制"菜单命令,并设置参数,清除人物素材中边缘的绿色,如图 6-44 所示。

图 6-44 添加"简单抑制"特效

6.清除人物素材中残留的绿色。执行"效果"→"键控"→"溢出抑制"菜单命令,并设置参数,清除人物素材中残留的绿色,如图 6-45 所示。

图 6-45 添加"溢出抑制"特效

7. 添加其他素材。在“项目”面板中选择“背景. mov”“music. wav”素材，将其拖到“时间线”面板中，如图 6-46 所示。

图 6-46　添加其他素材

8. 至此，“颜色差异键”特效应用动画制作完成，按数字小键盘上的 0 键，可以预览动画效果。

6.7　实战训练 4：“Keylight(1.2)”键控特效应用

本例通过对女孩绿色背景键出操作，熟悉“Keylight(1.2)”键控特效的功能及使用方法，其效果如图 6-47 所示。

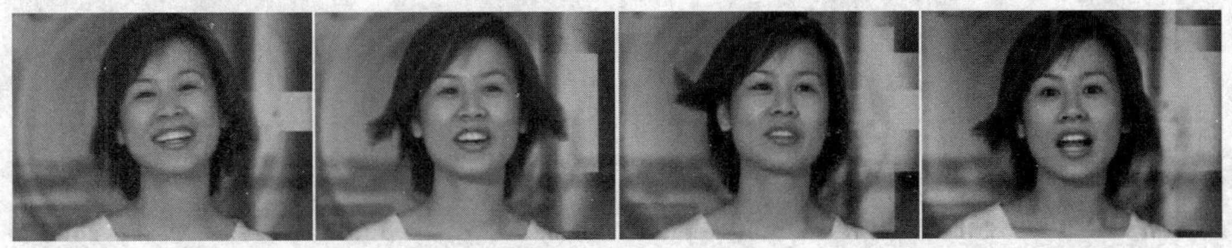

图 6-47　“Keylight(1.2)”键控特效应用动画效果

操作步骤：

1. 新建合成。打开 After Effects 软件，执行“图像合成”→“新建合成组”菜单命令，打开“图像合成设置”对话框，设置参数，如图 6-48 所示。

2. 导入素材。按“Ctrl+I”组合键，打开“导入文件”对话框，将该案例的素材导入到“项目”面板中。在“项目”面板中选择“女孩. mov”素材，将其拖到“时间线”面板中。执行

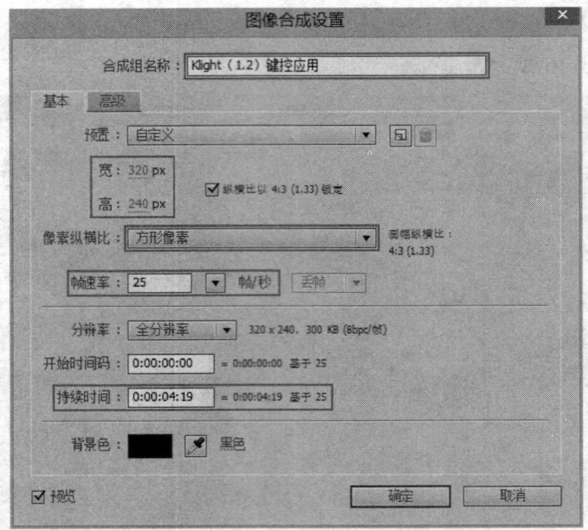

图 6-48 设置图像合成参数

“效果”→“键控”→“Keylight(1.2)”菜单命令，选择“屏幕颜色”属性右侧的“吸管”工具▬，在素材层上吸取绿色，并设置参数，如图 6-49 所示。

图 6-49 为素材添加“Keylight(1.2)”键控特效

3. 添加其他素材。在“项目”面板中选择“背景.avi”“音乐.wav”素材，将其拖到“时间线”面板中，如图 6-50 所示。

4. 至此，“Keylight(1.2)”键控特效应用动画制作完成，按数字小键盘上的 0 键，可以预览动画效果。

图 6-50　添加其他素材

6.8　本章小结

本章主要对键控原理及 CC 简单金属丝移除、颜色键、亮度键、内部/外部键、色彩范围、提取(抽出)、线性色键、颜色差异键、溢出抑制和 Keylight(1.2) 11 种键控特效，从键控功能、使用方法及参数功能三个方面进行了详细讲解。通过四个实战训练，讲解了 After Effects 软件抠像的实现过程，进一步熟悉了 After Effects 软件抠像的方法和技巧。

6.9　习　题

一、填空题

1. 键控从原理上讲，只要背景所用的颜色在前景画面中不存在，用任何颜色做背景都可以。但实际上，最常用的是______或______背景。

2. ______是一种比较基础的键控特效，适用于键控的背景比较纯净、颜色比较均匀的画面。

3. ______主要依靠亮度的区别来去除背景，适用于对比度比较强烈的图像。

4. ______特效需要为键控的对象绘制两个遮罩路径，一个定义键出范围的外边缘，一个定义键出范围的内边缘。

二、不定项选择题

1. 以下不是“线性色键”特效键控色的颜色空间的是（　　）。

A. 使用色调　B. 使用亮度　C. 使用 RGB　D. 使用色度

2. 以下属于“亮度键”特效键类型的是（　　）。

A. 亮部抠出　B. 抠出相似区域　C. 抠出非相似区域　D. 暗部抠出

3. 以下不是“色彩范围”特效色彩空间的是（　　）。

A. YUV　B. RGB　C. CMYK　D. Lab

4. After Effects 对于背景比较复杂的图像，下列哪种键控方式效果较好？（　　）

A. 颜色差异键　B. 差异蒙版　C. 内部/外部键　D. 线性色键

第7章 三维合成

本章教学目标

1. 掌握三维层的应用技巧与方法;(重点)
2. 掌握灯光的创建及使用方法;(重点)
3. 掌握摄像机的创建及使用方法;(重点)
4. 掌握三维合成在动画合成中的应用方法与技巧。(难点)

7.1 初识三维环境

1. 三维空间

三维空间是指有长、宽、高的一个立体环境。Z 坐标是体现三维空间的关键,它呈现的是物体的深度,即人们所说的远和近。三维空间中的对象会与所处的空间相互产生影响,如,产生阴影、遮挡等,而且由于观察视角的关系,还会产生透视、聚焦等影响,也就是平常所说的近大远小、近实远虚等感觉,如图 7-1 所示。

图 7-1 三维空间示例

2. 创建三维层

除了声音层以外,所有素材层都可以转换为三维层。将一个普通的二维层转化为三维层也非常简单,只需要在"时间线"面板中选择一个二维层,然后单击"转换开关"栏中"3D 图层"按钮下的相应位置即可。再次单击又可将三维层转换为二维层。

选择一个三维层,在"合成"窗口中可以看到一个三维坐标,其中红色箭头代表 X 轴,绿色箭头代表 Y 轴,蓝色箭头代表 Z 轴。在"时间线"面板中,展开三维层属性,会发现变换属性中无论是“定位点”属性、“位置”属性、“缩放”属性，还是“旋转”属性都在原有属性基础上都增加了一组 Z 轴参数，并新增了“质感选项”属性，如图 7-2 所示。

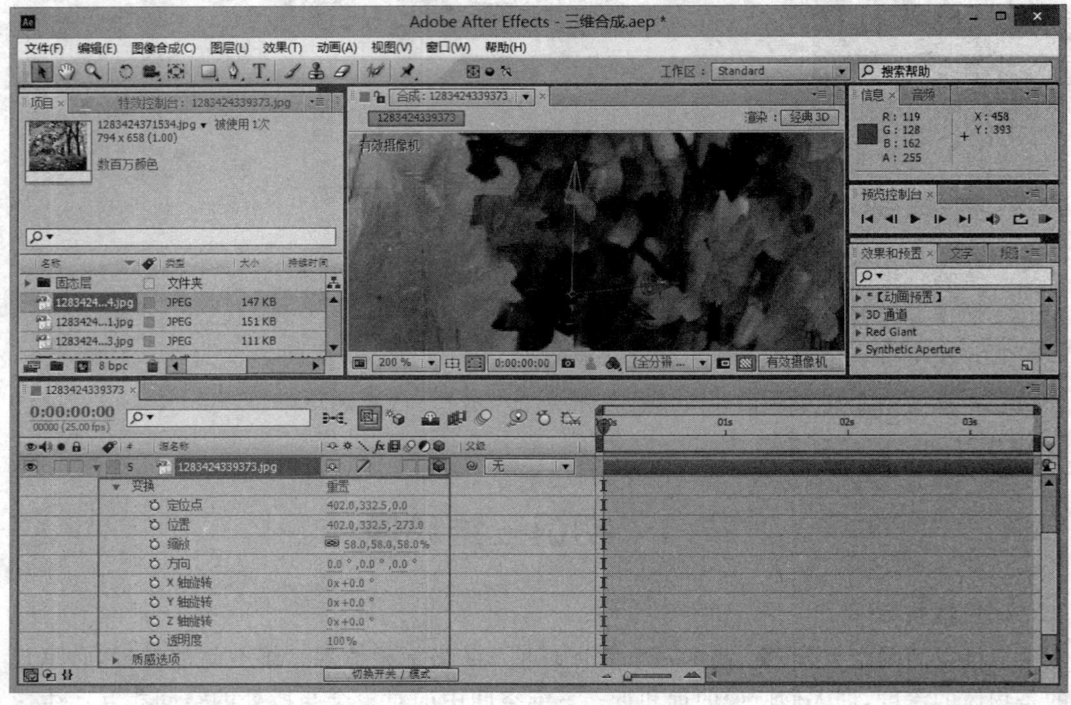

图 7-2　三维层示例

除了在“时间线”面板中，通过调整属性值对三维层进行变换操作外，还可以通过工具栏中的“选择工具”、“旋转工具”，在“合成”窗口中直接对三维层进行变换操作。若需要锁定在某一轴向上进行变换操作，可当光标中包含有该坐标轴的名称时进行操作即可。

需要注意的是，在使用“旋转工具”对三维层进行旋转时，改变的是三维层的“方向”属性，而不是“X 轴旋转”“Y 轴旋转”或“Z 轴旋转”属性。

3. 三维视图

在三维空间中要全面观察到物体，仅靠一个视图是无法实现的，需要借助多个角度的视图对比观察。After Effects 软件为三维层提供了多种角度的视图显示方式。单击“合成”窗口下方的 有效摄像机 ▼ 按钮，在弹出的下拉列表中可以选择不同的视图，如图 7-3 所示。

“有效摄像机”视图：用户可以在该视图方式下对 3D 对象进行操作，它相当于所有摄像机的总控台。

“摄像机”视图：默认情况下，没有摄像机视图。只有在合成中创建了摄像机后，才会出现摄像机视图。在该视图方式下可以对摄像机进行调整，以改变其视角。

“前”“左”“顶”“后”“右”“底”视图：是六个正交视图。

“自定义视图”：用于调整对象的空间位置，它不使用任何透视。在该视图中用户可以直观地看到对象在三维空间中的位置，而不受透视产生的其他影响。

在“合成”窗口中，用户可同时打开多个视图，从不同角度观察素材。单击“合成”窗口下方的 1 视图 ▼ 按钮，在弹出的下拉列表中可以选择视图的布局方式，如图 7-4 所示。

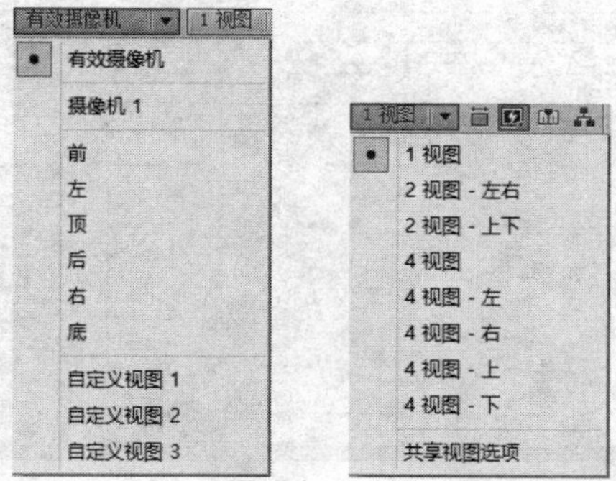

图 7-3　视图列表　　　图 7-4　视图布局列表

如图 7-5 所示为“4 视图”布局。

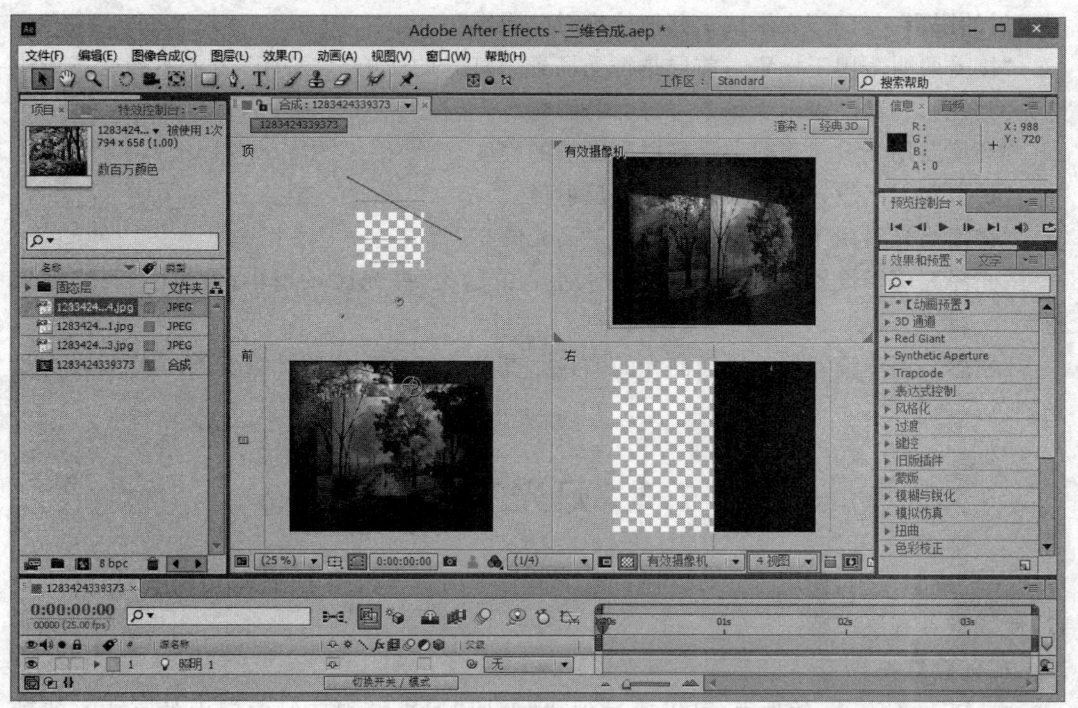

图 7-5　“4 视图”布局

4. “质感选项”属性

“质感选项”是三维层具有的属性，主要用于控制光线与阴影的关系，当场景中设置灯光后，用于调节三维层投射阴影、接受阴影、接受照明等的方式，如图 7-6 所示。

“投射阴影”：用于设置当前层是否产生投影。“关闭”表示不产生投影；“打开”表示产生投影；“只有阴影”表示只显示投影，不显示层。

“照明传输”：用于设置光线穿过层的百分比。增大该值时，光线将穿透层，使投影具有层的颜色。适当设置该值可以增强投影的真实感。

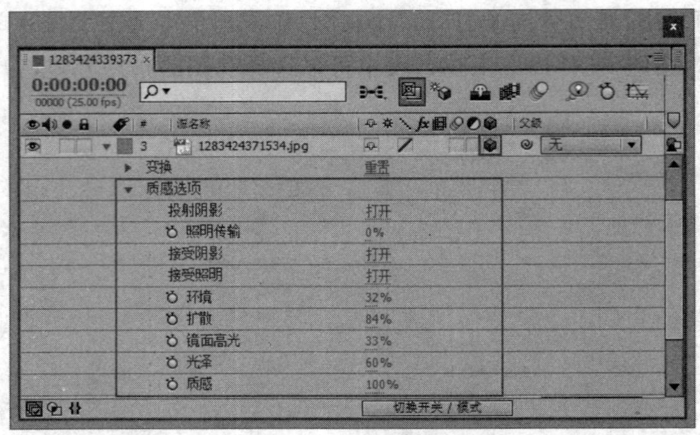

图 7-6 “质感选项”属性

“接受阴影”:用于设置当前层是否接受其他层投射的阴影。“关闭”表示不接受其他层投射的阴影;“打开”表示接受其他层投射的阴影。

“接受照明”:用于设置当前层是否受场景中灯光的影响。“关闭”表示不接受场景中灯光的影响;“打开”表示受场景中灯光的影响。

“环境”:用于设置当前层受环境光影响的程度。

“扩散”:用于设置当前层表面的漫反射值。

“镜面高光”:用于设置层上镜面反射高光的亮度。

“光泽”:用于设置当前层上高光的大小。值越大,高光区域越小;值越小,高光区域越大。

“质感”:用于设置层上镜面高光的颜色。其值为 100%时为层的颜色,为 0%时为灯光颜色。

7.2 灯光的应用

在合成制作中,使用灯光可以模拟显示世界中的真实效果,并能够渲染气氛、突出重点,使场景具有层次感。

1. 创建灯光

在 After Effects 软件中,可以通过创建“照明”层来模拟三维空间中的真实光线效果,并产生阴影。其方法是执行“图层”→“新建”→“照明(L)...”菜单命令,在打开的“照明设置”对话框中,选择“照明类型”,设置照明参数,即可完成灯光的创建,如图 7-7 所示。

2. 照明的类型

在 After Effects 软件中,提供了四种照明类型,如图 7-8 所示。

(1)平行光:常用来模拟太阳光,光线从某点发射照向目标点。光照范围无限远,它可以照亮场景中位于目标位置的每一个物体,可产生投影,“平行光”具有方向性且光照强度无衰减,如图 7-9 所示。

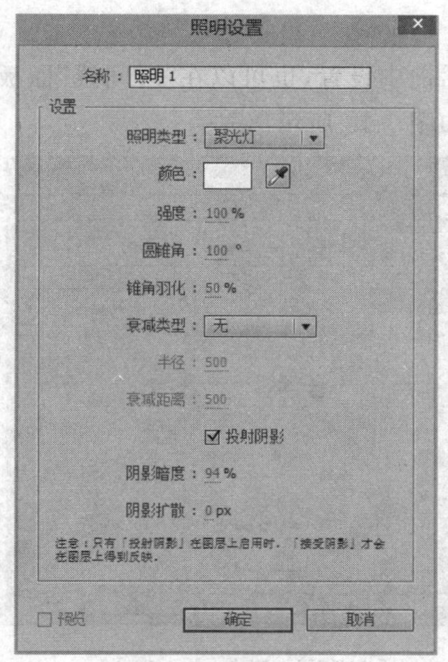

图 7-7　“照明设置”对话框

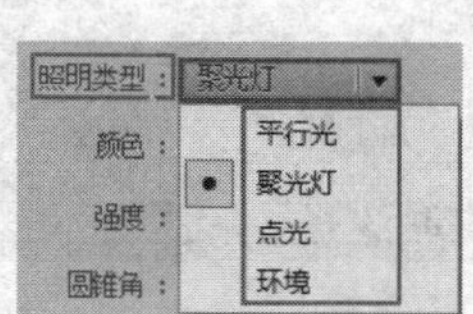

图 7-8　“照明类型”列表

(2)聚光灯：常用来模拟舞台的投影灯，光线从某个点以圆锥形向目标位置发射光线，并形成圆形的光照范围。可通过调整“圆锥角”来控制照射范围，如图 7-10 所示。

图 7-9　平行光

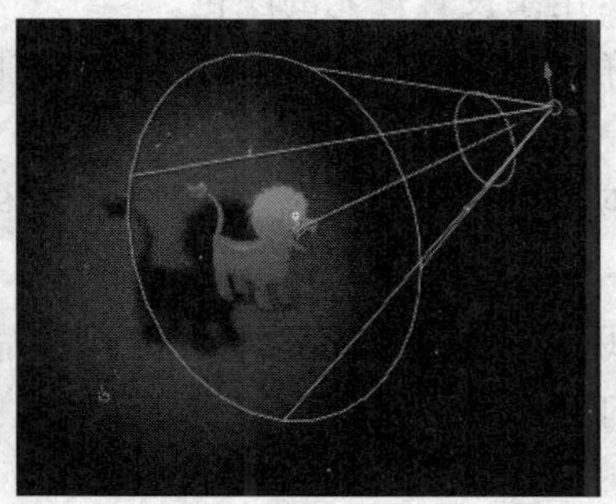

图 7-10　聚光灯

(3)点光：类似于灯泡，光线从某个点向四周发射。随着光源与对象的距离不同，受光程度也会不同。距离近，光照强；距离远，光照弱，如图 7-11 所示。

(4)环境：光线没有发射源，可以照亮场景中的所有物体，但不能产生投影，如图7-12所示。

图 7-11　点光

图 7-12　环境

3. 照明的属性

照明的属性可以在“照明设置”对话框中设置，也可以在“时间线”面板“照明”层的“照明选项”属性中修改。以聚光灯为例，如图 7-13 所示。

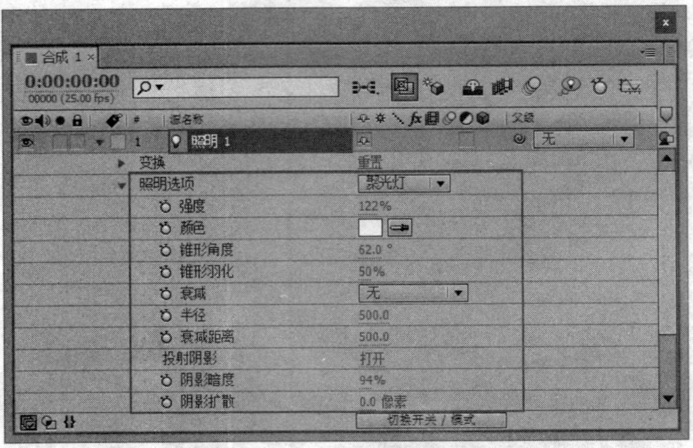

图 7-13 “照明选项”属性列表

“强度”：用于控制光照强度，值越大，光越强。当其值为 0 时，场景变黑；值为负值时，可以起到吸光的作用；当场景中有其他灯光时，负值的灯光可减弱场景中的光照强度。

“颜色”：用于设置灯光的颜色。

“锥形角度”：用于设置灯光的照射范围，值越大，光照范围越大；值越小，光照范围越小。

“锥形羽化”：用于设置光照范围的羽化值，使聚光灯的照射范围产生一个柔和的边缘。

“投射阴影”：值为打开时，灯光会在场景中产生投影。（注意：当灯光的“投射阴影”属性设置为“打开”后，还需要将接受灯光照射的层的“投射阴影”属性也设置为打开，这样才能看到阴影。）

“阴影暗度”：用于设置阴影颜色的深度。

“阴影扩散”：用于设置阴影漫射扩散的大小。

7.3 摄像机的应用

在 After Effects 中，我们常常需要运用一个或多个摄像机来创造空间场景、观看合成空间，摄像机工具不仅可以模拟真实摄像机的光学特性，更能超越真实摄像机在三脚架、重力等条件的制约，在空间中任意移动。为摄像机设置动画，更可以得到很多精彩的动画效果。

1. 创建摄像机

在 After Effects 软件中，可以通过执行“图层”→“新建”→“摄像机(C)...”菜单命令，在打开的“摄像机设置”对话框中，设置摄像机参数，完成摄像机的创建，如图 7-14 所示。

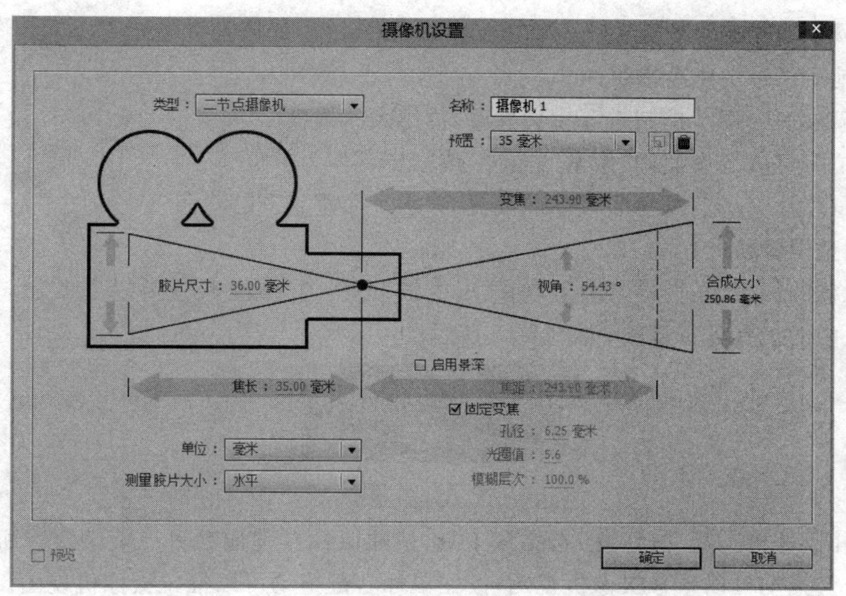

图 7-14　“摄像机设置”对话框

2. 摄像机参数设置

图 7-14 中摄像机各项参数功能如下：

“名称”：用于设置摄像机的名称。

“预置”：在这个下拉菜单里提供了九种常见的摄像机镜头，包括标准的“35 毫米”镜头、“15 毫米”广角镜头、“200 毫米”长焦镜头和“自定义”镜头。“35 毫米”标准镜头的视角类似于人眼；“15 毫米”广角镜头有极大的视野范围，类似于鹰眼观察空间，由于视野范围极大，看到的空间很广阔，但是会产生空间透视变形。“200 毫米”长镜头可以将远处的对象拉近，视野范围也随之减少，只能观察到较小的空间，但几乎没有变形。

“变焦”：用于设置摄像机到图像之间的距离。值越大，通过摄像机显示的图层大小就越大，视野范围也越小。

“胶片尺寸”：是指通过镜头看到的图像实际的大小，值越大，视野越大，值越小，视野越小。

“视角”：视图角度的大小由焦距、胶片尺寸和缩放所决定，也可以自定义设置，使用宽视角或窄视角。

“合成大小”：用于显示合成的高度、宽度或对角线的参数，以“测量胶片尺寸”中的设置为准。

“启用景深”：用于建立真实的摄像机调焦效果。选中该复选框可对景深进一步设置。

“焦长”：用于设置摄像机焦点范围的大小。

“焦距”：用于设置焦点距离，确定从摄像机开始，到图像最清晰位置的距离。

“固定变焦”：选中该复选框，可使焦距和缩放值的大小匹配。

“孔径”：用于设置焦距到光圈的比例，模拟摄像机使用 F 制光圈。

“光圈值”:用于设置光圈大小,在 After Effects 里,光圈与曝光没关系,仅影响景深,值越大,前后图像清晰范围就越小。

“模糊层次”:用于控制景深模糊程度,值越大越模糊。

“单位”:可以选择使用“像素”“英寸”或“毫米”作为单位。

“测量胶片大小”:可将测量标准设置为“水平”“垂直”或“对角”。

3. 调整摄像机

摄像机的位置、角度等参数可以在“时间线”面板的“摄像机”层中进行设置,也可以使用工具栏中的工具进行调整,如图 7-15 所示。

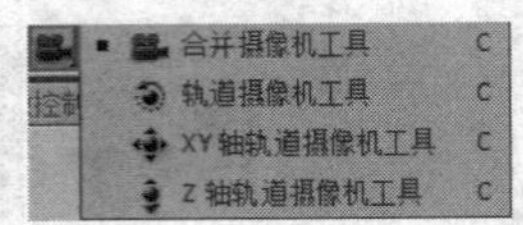

图 7-15 摄像机调整工具

“合并摄像机工具”按钮:选择该工具,按住鼠标左键拖动可以旋转摄像机视图;按住鼠标中键拖动可以平移摄像机视图;按住鼠标右键拖动可以推拉摄像机视图。

“轨道摄像机工具”按钮:该工具用于旋转摄像机视图。

“XY 轴轨道摄像机工具”按钮:该工具可在 X、Y 方向上平移摄像机视图。

“Z 轴轨道摄像机工具”按钮:该工具可沿 Z 轴推拉摄像机视图。

注:灯光和摄像机只能在三维层中使用。

7.4 实战训练 1:立体扫光动画

本例通过摄像机实现对三维层的变换动画,利用灯光层增强场景的层次感,配合“Shine”特效,实现立体扫光动画,效果如图 7-16 所示。

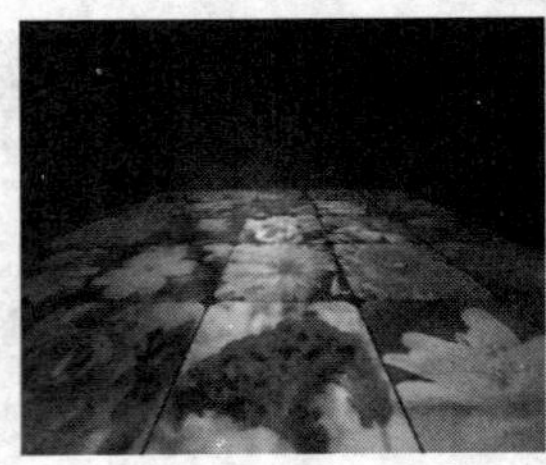
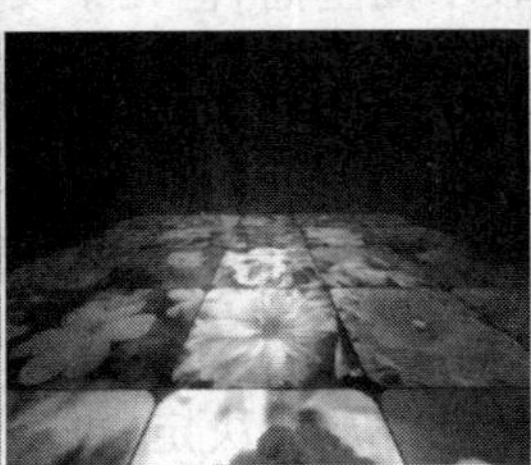
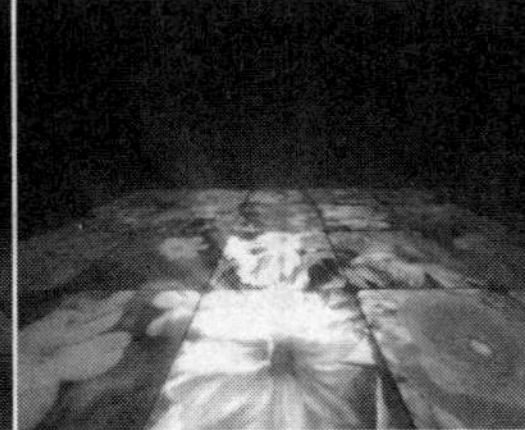
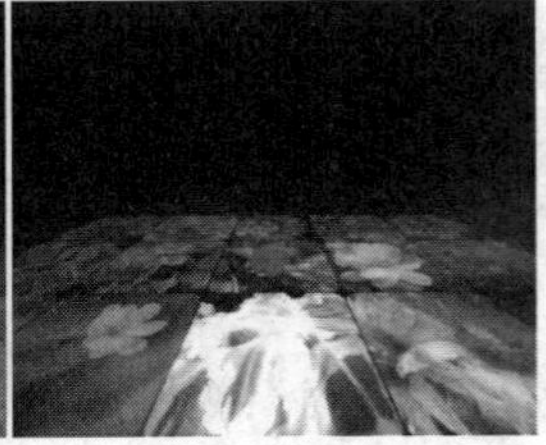

图 7-16 立体扫光动画效果

操作步骤:

1. 新建合成。按“Ctrl+N”组合键,新建一个合成,如图 7-17 所示。

2. 导入素材。按“Ctrl+I”组合键,打开“导入文件”对话框,将该案例的素材导入到“项目”面板中。在“项目”面板中选择“百花图.jpg”素材,将其拖到“时间线”面板中,并打开“3D 图层”属性开关,如图 7-18 所示。

3. 创建摄像机。执行“图层”→“新建”→“摄像机”菜单命令,在弹出的“摄像机设置”对话框中,在“预置”下拉列表中选择“15 毫米”;勾选“启用景深”复选框。

4. 制作摄像机动画。在“时间线”面板中,将当前时间指示器移动到 0:00:00:00 帧,

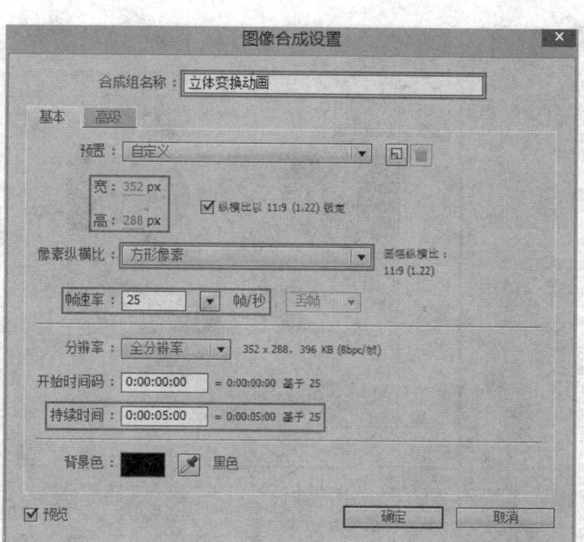

图 7-17　设置图像合成参数

图 7-18　添加素材

展开“摄像机 1”层的变换属性，设置“目标兴趣点”的值为(176.0,177.0,0.0)，“位置”值为(176.0,502.0,－146.0)，并激活该属性前面的“时间秒表”按钮，记录动画，如图 7-19 所示。

5. 按 End 键将当前时间指示器移动到 0:00:04:24 帧，设置“目标兴趣点”的值为(176.0,－189.0,0.0)，位置值为(176.0,250.0,－146.0)，如图 7-20 所示。

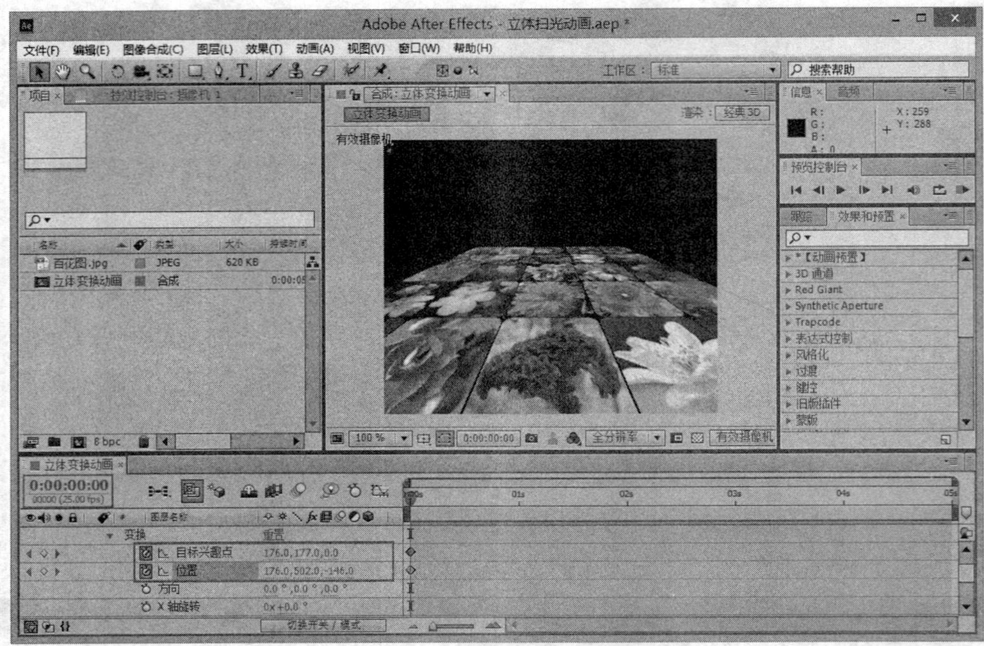

图 7-19 制作摄像机动画

图 7-20 设置动画

6. 增加画面层次感。执行"图层"→"新建"→"照明"菜单命令，打开"照明设置"对话框，设置"照明类型"为"点光"；"强度"值为 120%。

7. 设置"照明"层位置。在"时间线"面板中，按 P 键，展开"照明 1"层的"位置"属性，设置其值为(180.0,58.0,−242.0)，如图 7-21 所示。此时在合成窗口中可以看到添加灯光后的图像效果已经产生了很好的层次感。

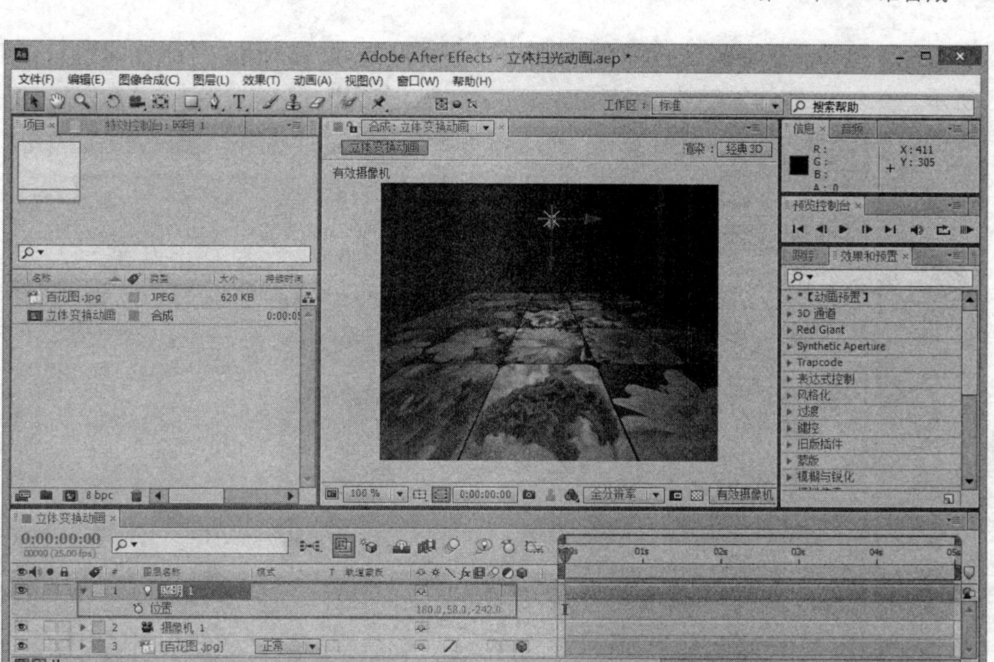

图 7-21　设置“照明”层位置

8. 添加“Shine”特效。按“Ctrl＋N”组合键，新建一个合成，设置合成组名称为“立体扫光动画”，其他参数设置同前。在“项目”面板中选择“立体变换动画”合成，将其拖动到“时间线”面板中。执行“效果”→“Trapcode”→“Shine”菜单命令，此时从合成窗口中可以看到很强的光线效果，如图 7-22 所示。

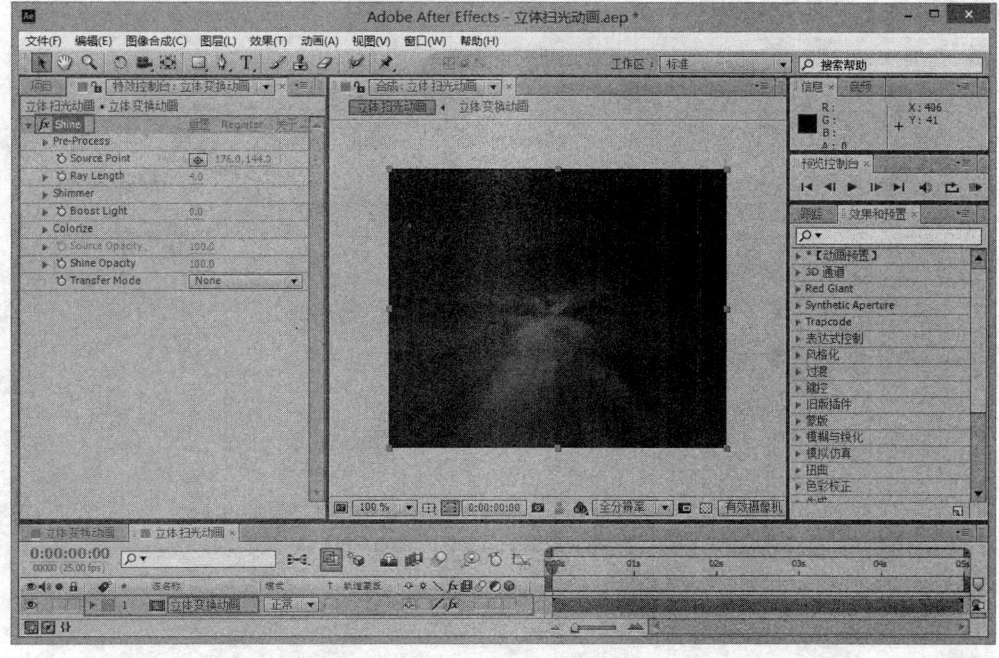

图 7-22　添加“Shine”特效

9. 设置"Shine"特效参数。在"特效控制台"面板中，设置"Shine"特效的参数，如图7-23所示。

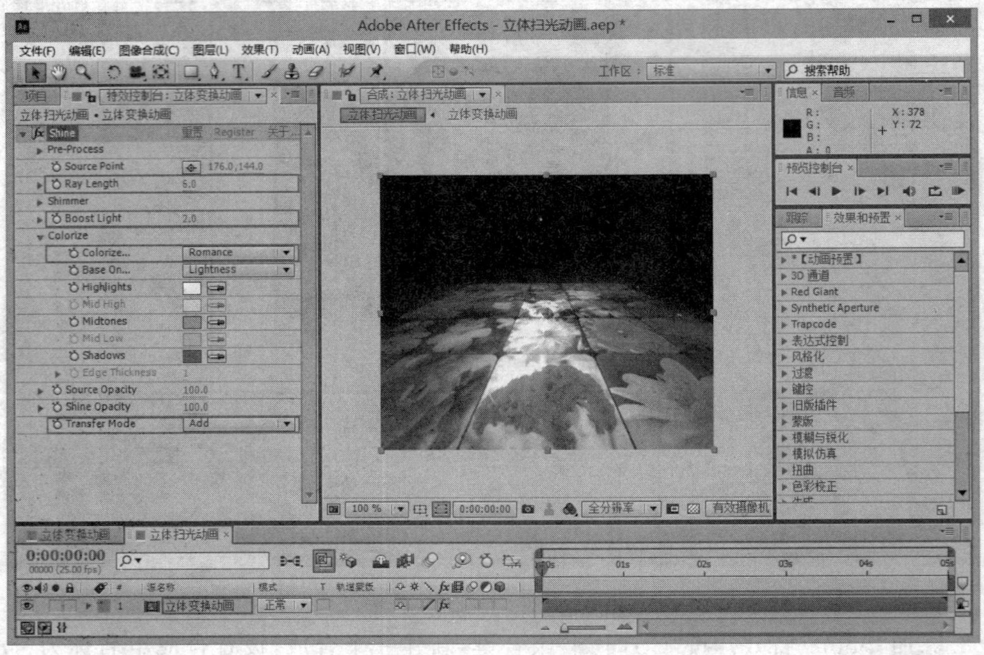

图 7-23 设置"Shine"特效的参数

10. 制作光特效动画。将当前时间指示器移到 0:00:00:00 帧，在"特效控制台"面板中，设置"Source Point(原点)"值为(176.0,265.0)，并激活该参数前面的"时间秒表"按钮，记录动画。如图 7-24 所示。

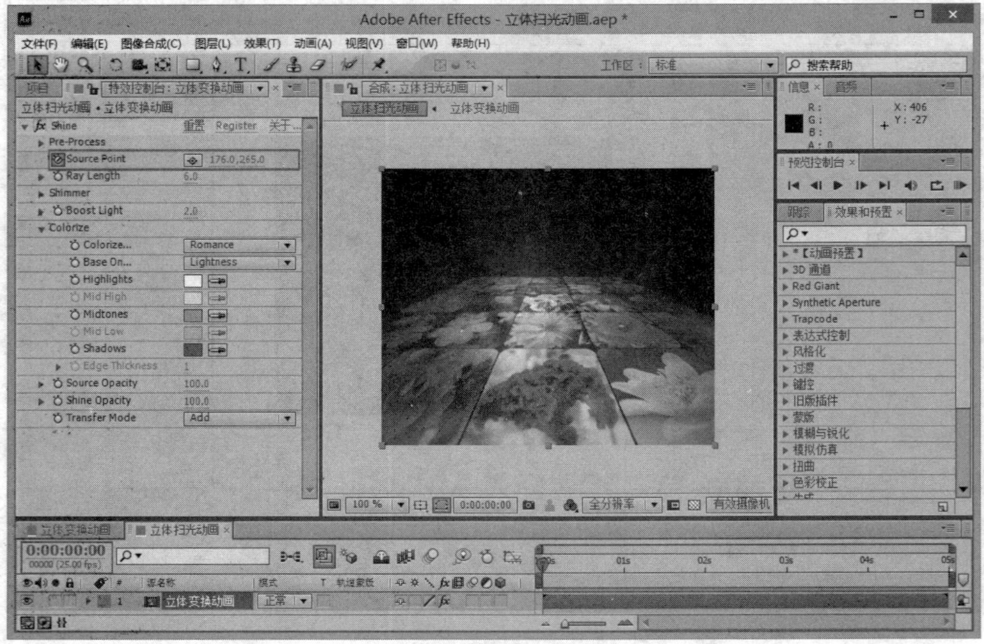

图 7-24 制作光特效动画

11. 按 End 键将当前时间指示器移动到 0:00:04:24 帧，设置“Source Point(原点)”值为(176.0,179.0)，如图 7-25 所示。

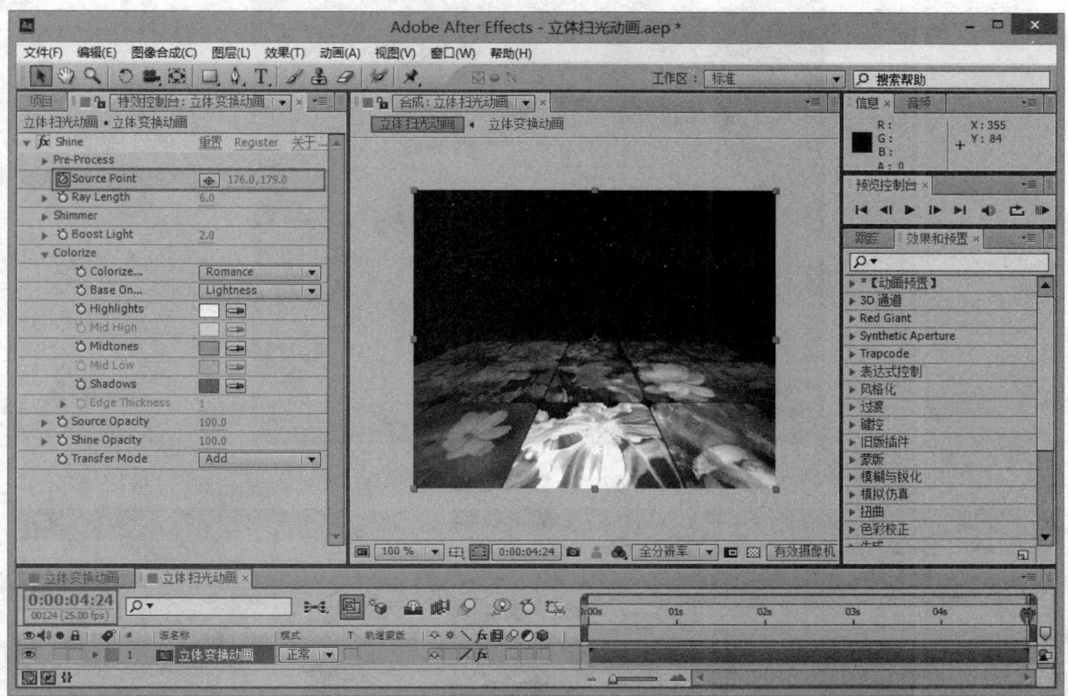

图 7-25　添加关键帧

12. 至此，立体扫光动画制作完成，按数字小键盘上的 0 键，可以预览动画效果。

7.5　实战训练 2:百变立方体

本例利用三维层完成三维立方体的搭建，通过摄像机和虚拟物体配合完成立方体的变形动画，效果如图 7-26 所示。

图 7-26　百变立方体动画效果

操作步骤：

1. 新建合成。按“Ctrl＋N”组合键，新建一个合成，如图 7-27 所示。

2. 导入素材。按“Ctrl＋I”组合键，打开“导入文件”对话框，将该案例的素材导入到“项目”面板中。在“项目”面板中选择导入的素材，将其拖到“时间线”面板中，并打开“3D 图层”属性开关，如图 7-28 所示。

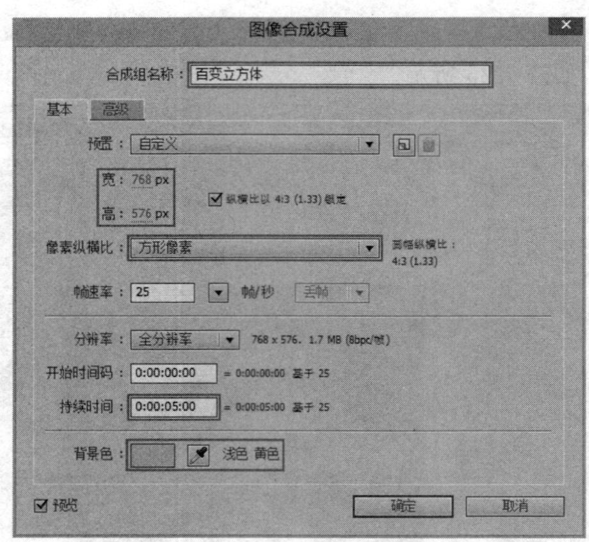

图 7-27 设置图像合成参数

图 7-28 添加素材

3. 创建摄像机。执行“图层”→“新建”→“摄像机”菜单命令，在弹出的“摄像机设置”对话框的“预置”下拉列表中选择“50 毫米”。

4. 变换视角。单击“合成”窗口下方的 有效摄像机 ▼ 按钮，在弹出的下拉列表中选择“自定义视图 1”，如图 7-29 所示。

5. 制作立方体。调整素材图片“001. jpg”和“002. jpg”的“位置”和“旋转”属性，如图 7-30 所示。

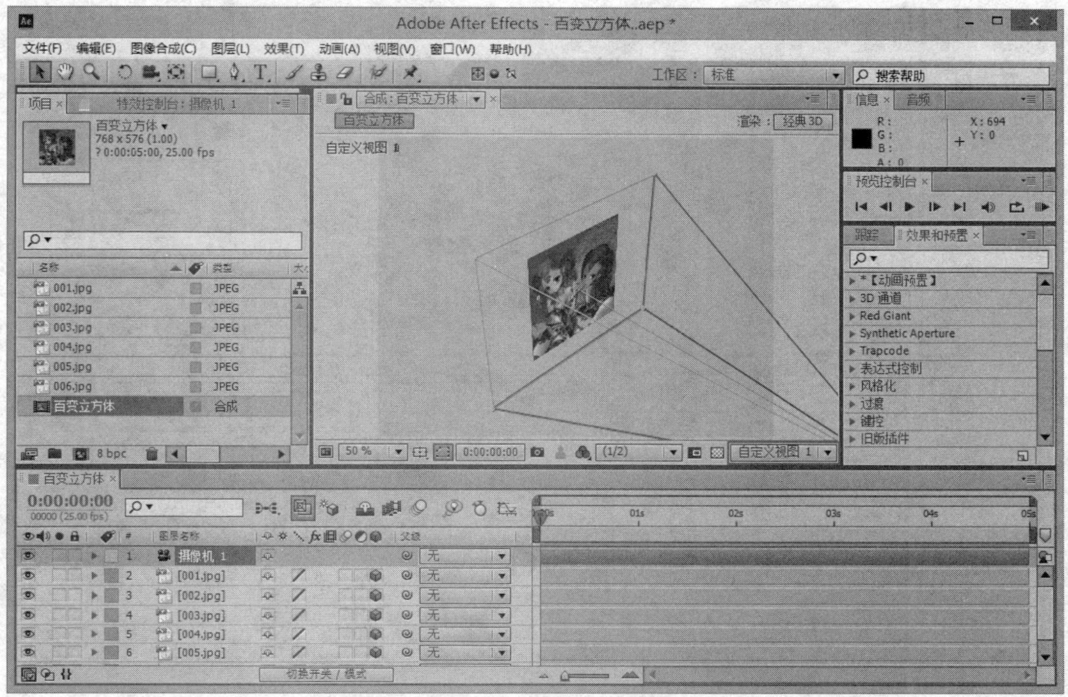

图 7-29 变换视角

图 7-30 调整图片“001.jpg”和“002.jpg”的位置

6. 调整素材图片“003.jpg”和“004.jpg”的位置，如图 7-31 所示。

7. 调整素材图片“005.jpg”和“006.jpg”的位置，如图 7-32 所示。

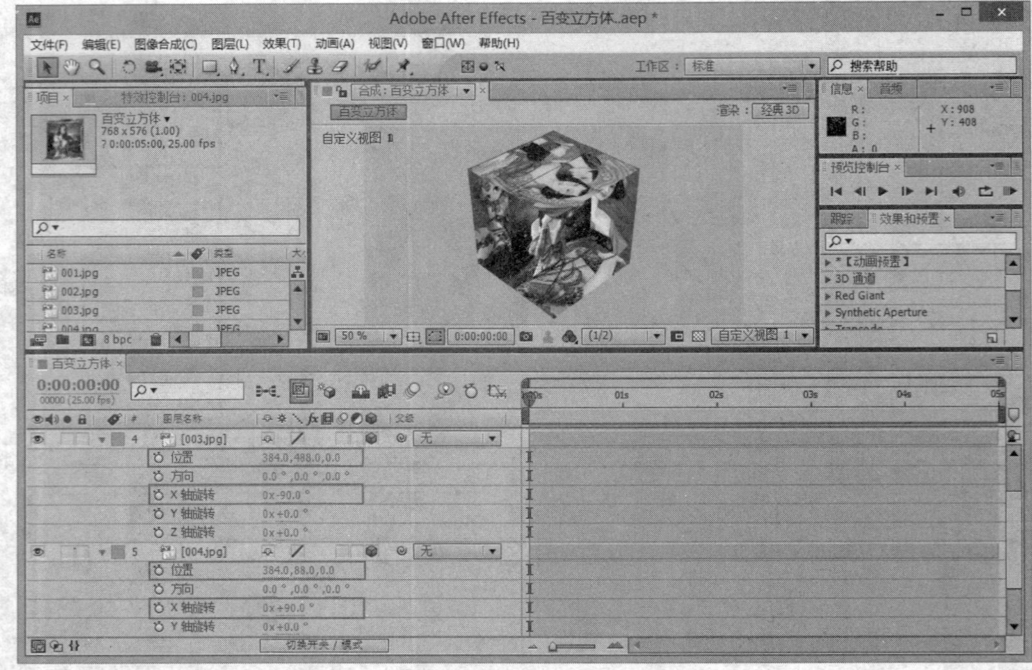

图 7-31　调整图片“003.jpg”和“004.jpg”的位置

图 7-32　调整图片“005.jpg”和“006.jpg”的位置

8. 变换摄像机角度。单击“合成”窗口下方的 自定义视图 1 ▼ 按钮，在弹出的下拉列表中选择“有效摄像机”视图，并使用工具栏中的“合并摄像机工具”按钮，调整摄像机角度，如图 7-33 所示。

图 7-33　变换摄像机角度

9. 制作立方体位置动画。在“时间线”面板中选择六个素材图片层，按 P 键，打开其“位置”属性。将当前时间指示器移动到 0:00:02:18 帧，激活其属性前面的“时间秒表”按钮，记录动画；将当前时间指示器移到 0:00:00:00 帧，将六个素材图片移到合成窗口之外，如图 7-34 所示。

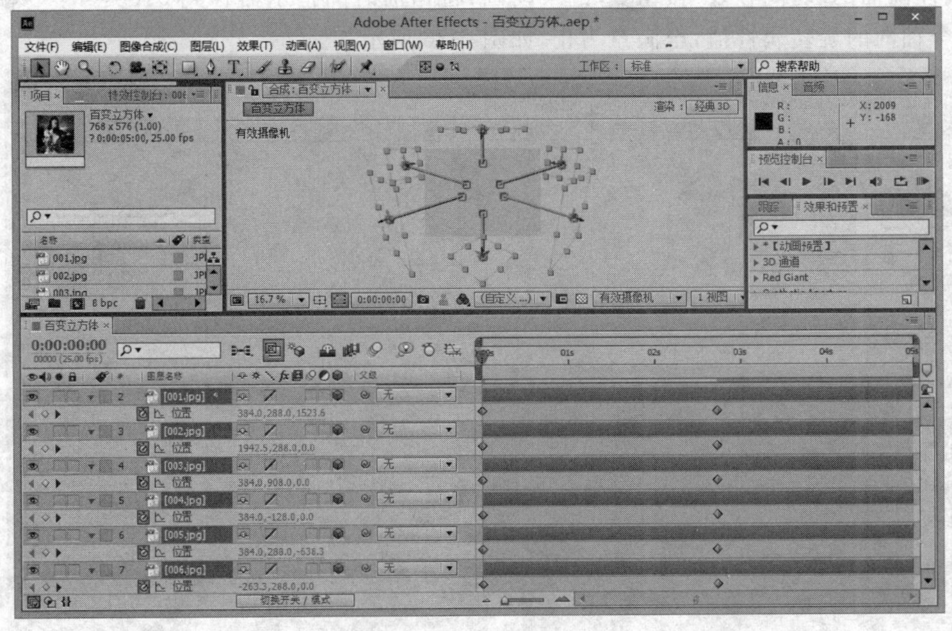

图 7-34　制作立方体位置动画

10. 创建空白对象层。执行“图层”→“新建”→“空白对象”菜单命令，创建“空白 1”层，打开其“3D 图层”属性开关，并将其设置为六个素材图片层的父级图层，如图 7-35

所示。

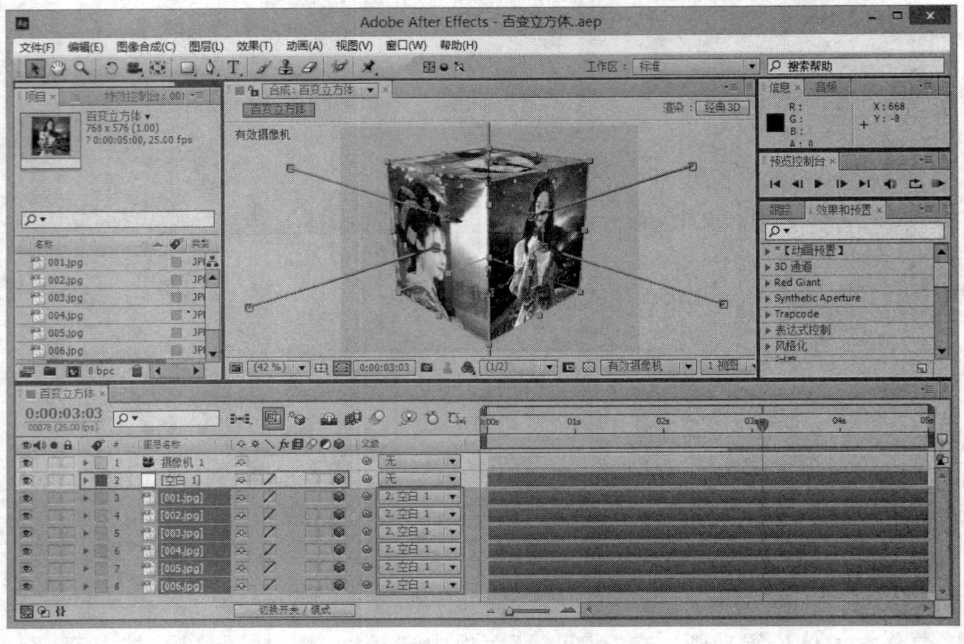

图 7-35 创建空白对象层

11. 制作空白对象旋转动画。选择“空白 1”层，按 R 键，打开其“旋转”属性，分别将当前时间指示器移动到 0:00:02:00 和 0:00:02:18 帧，激活“X 轴旋转”“Y 轴旋转”“Z 轴旋转”属性前面的“时间秒表”按钮，记录动画；将当前时间指示器移到 0:00:00:00 帧，调整三个轴向的旋转属性值，至满意为止，如图 7-36 所示。

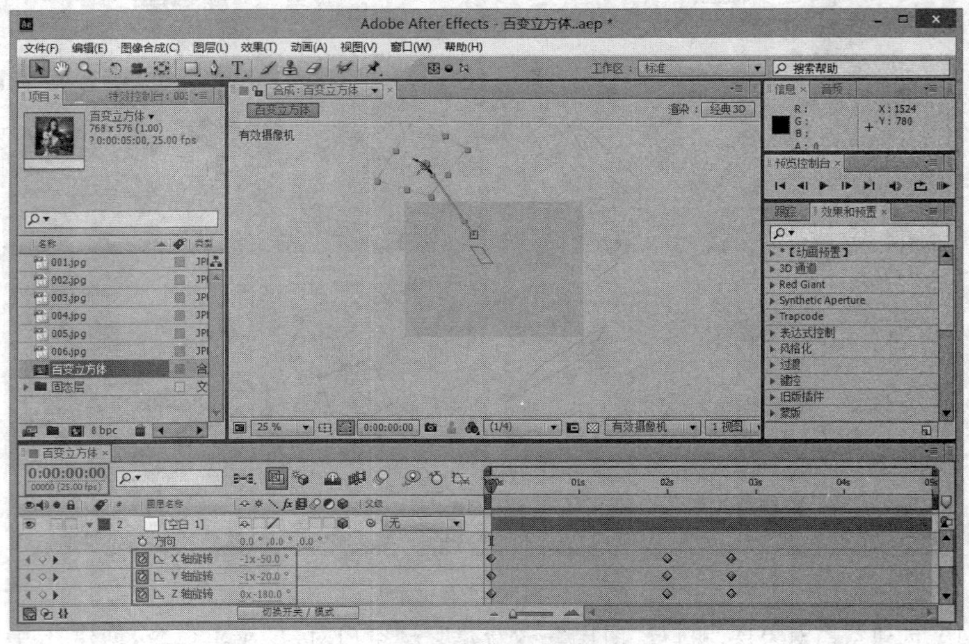

图 7-36 设置空白对象“旋转”属性

12. 将当前时间指示器移动到 0:00:03:20 帧，再次调整“X 轴旋转”“Y 轴旋转”“Z 轴旋转”属性值，制作空白对象旋转动画，如图 7-37 所示。

图 7-37　0:00:03:20 帧“旋转”属性值

13. 制作摄像机动画。选择“摄像机 1”层，按 P 键，打开其“位置”属性，将当前时间指示器移动到 0:00:00:00 帧，激活其属性前面的“时间秒表”按钮，记录动画；将当前时间指示器移动到 0:00:03:20 帧，调整“位置”属性值，制作拉镜动画，如图 7-38 所示。

图 7-38　制作摄像机动画

14. 制作摄像机推镜动画。将当前时间指示器移动到 0:00:04:10 帧,调整"位置"属性值,制作推镜动画,如图 7-39 所示。

图 7-39 0:00:04:10 帧"位置"属性值

15. 至此,百变立方体动画制作完成,按数字小键盘上的 0 键,可以预览动画效果。

7.6 实战训练 3:动画世界片头

本例利用分形噪波、块溶解、卡片擦除等特效,制作立体交叉光线、转场、分屏等效果,通过摄像机调节实现三维空间变化动画,效果如图 7-40 所示。

图 7-40 动画世界片头动画效果

操作步骤:

1. 新建合成。按"Ctrl+N"组合键,新建一个合成,如图 7-41 所示。

2. 制作线框。按"Ctrl+Y"组合键,新建一个与合成一样大小的黑色固态层。执行"效果"→"杂波与颗粒"→"分形噪波"菜单命令,展开其"变换"参数组,取消"统一比例"的勾选;设置"缩放宽度"值为 10000.0;"缩放高度"值为 5.0,如图 7-42 所示。将当前时间

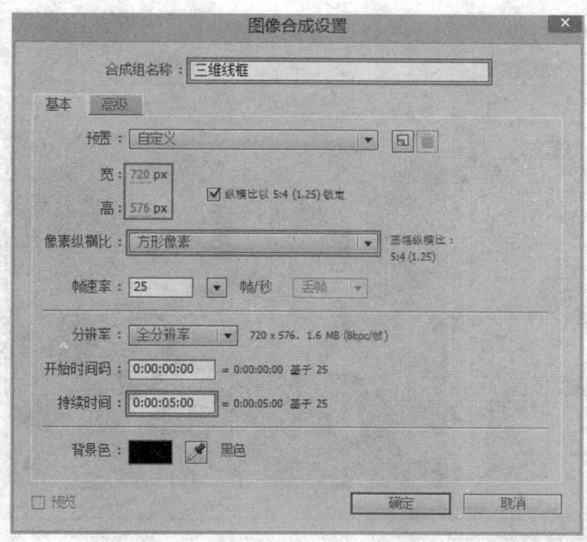

图 7-41　设置图像合成参数

指示器移动到 0:00:00:00 帧，激活“演变”属性前面的“时间秒表”按钮，记录动画。

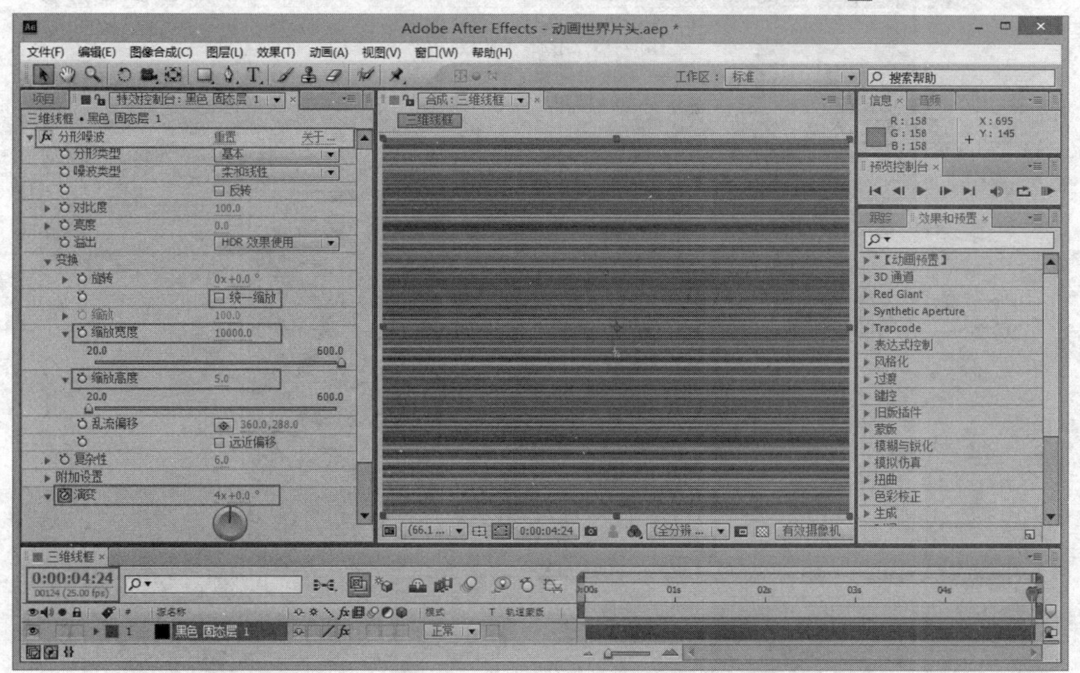

图 7-42　添加“分形噪波”特效

3. 加强对比度。执行“效果”→“色彩校正”→“色阶”菜单命令，设置“输入黑色”值为 190.0，把图像调暗，如图 7-43 所示。

4. 添加辉光。执行“效果”→“风格化”→“辉光”菜单命令，设置“辉光阈值”为 9.0%；“辉光强度”值为 3.0；“辉光色”为 A 和 B 颜色；“颜色 A”的值为 RGB(0,255,255)；“颜色 B”的值为 RGB(0,12,255)，如图 7-44 所示。

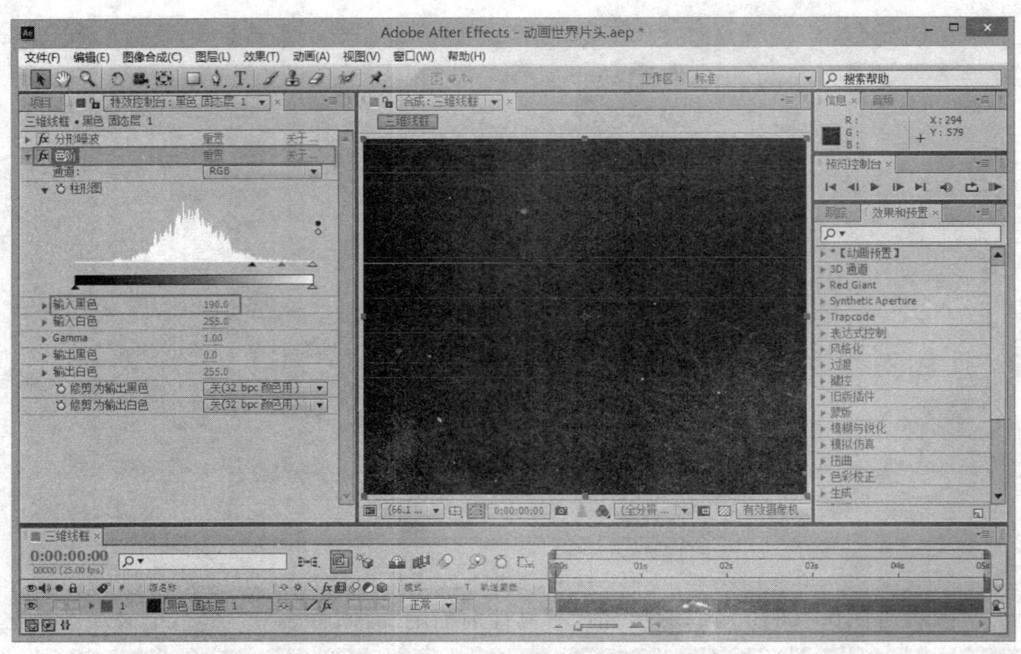

图 7-43 添加“色阶”特效

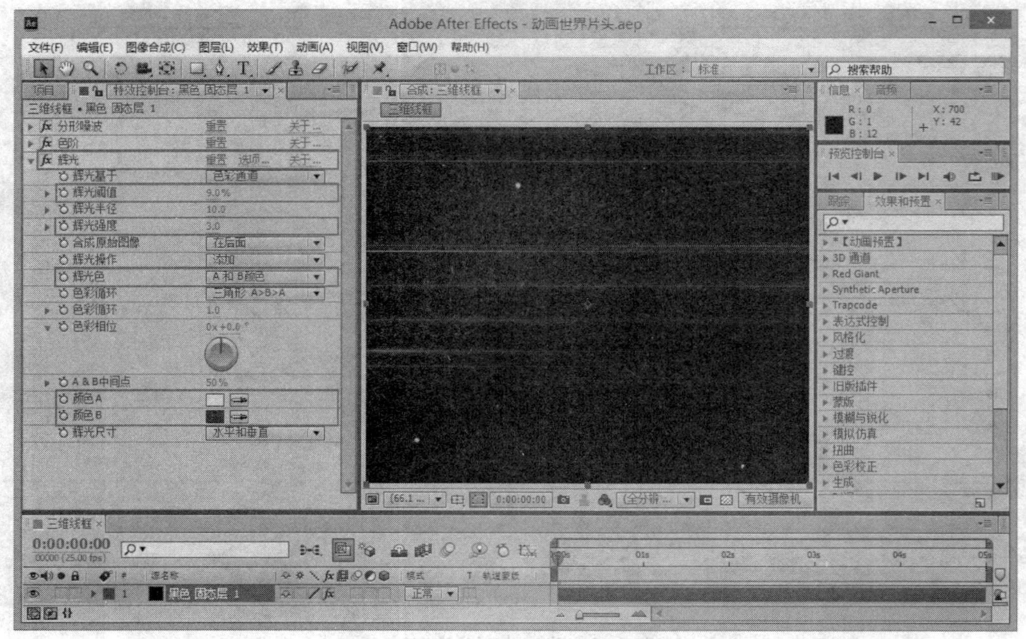

图 7-44 添加“辉光”特效

5. 复制图层。选择“黑色 固态层 1”，打开其“3D 图层”属性开关，按“Ctrl＋D”组合键，复制出五个图层，依次命名为“线框 01”—“线框 06”，设置六个图层的“模式”为“添加”，如图 7-45 所示。

6. 搭建三维网格。调整“线框 01”和“线框 02”的“位置”和“旋转”属性，如图 7-46 所示。

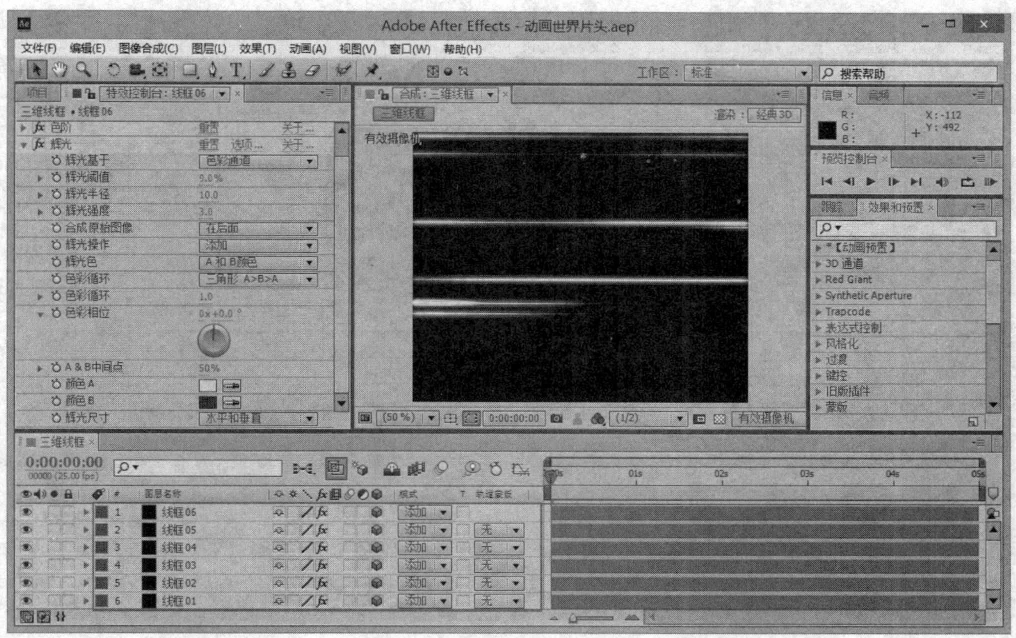

图 7-45　复制图层

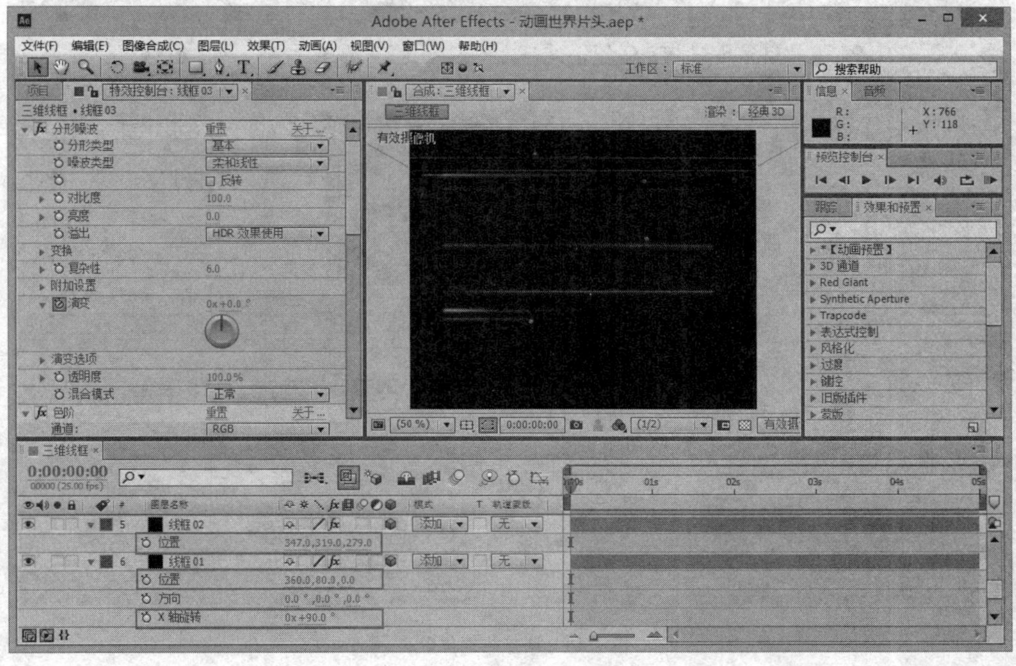

图 7-46　调整线框位置 1

7. 调整“线框 03”和“线框 04”的“位置”和“旋转”属性，如图 7-47 所示。

8. 调整“线框 05”和“线框 06”的“位置”和“旋转”属性，如图 7-48 所示。

9. 创建摄像机。执行“图层”→“新建”→“摄像机”菜单命令，在弹出的“摄像机设置”对话框中，设置“焦长”值为 41.67 毫米。

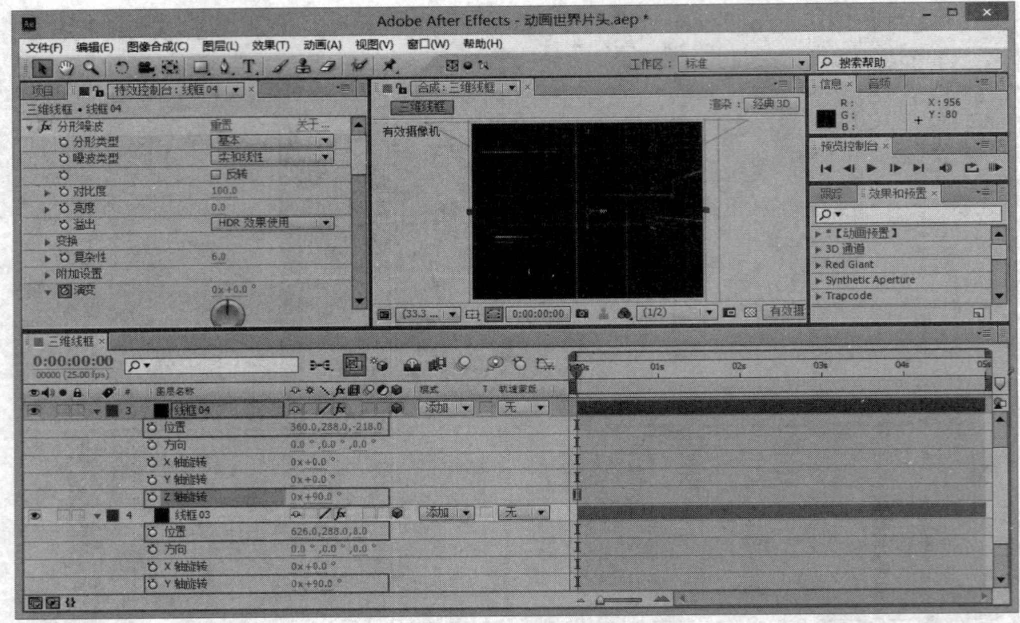

图 7-47 调整线框位置 2

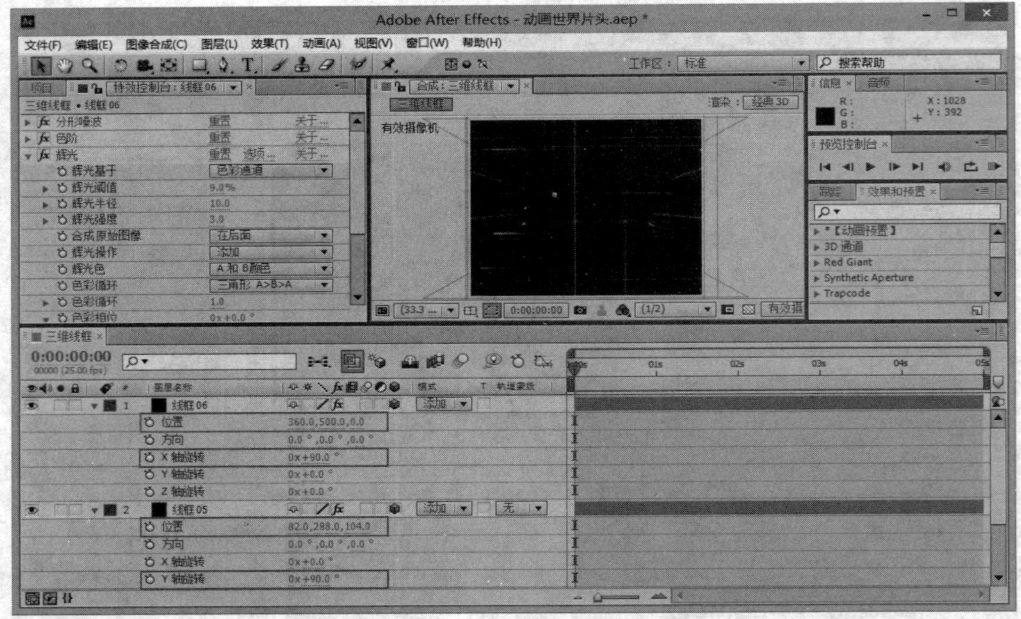

图 7-48 调整线框位置 3

10. 制作摄像机动画。将当前时间指示器移动到 0:00:03:00 帧，激活摄像机“位置”属性前面的“时间秒表”按钮⏱，记录动画，设置其值为(360.0,288.0,－833.0)；将当前时间指示器移动到 0:00:00:00 帧，设置其值为(1120.0,288.0,0.0)，使摄像机产生一个从右边转动拍摄至正面的运动。如图 7-49 所示。

11. 新建合成。按“Ctrl＋N”组合键，新建一个合成，设置合成组名称为“蒙版”，其他参数设置同前。

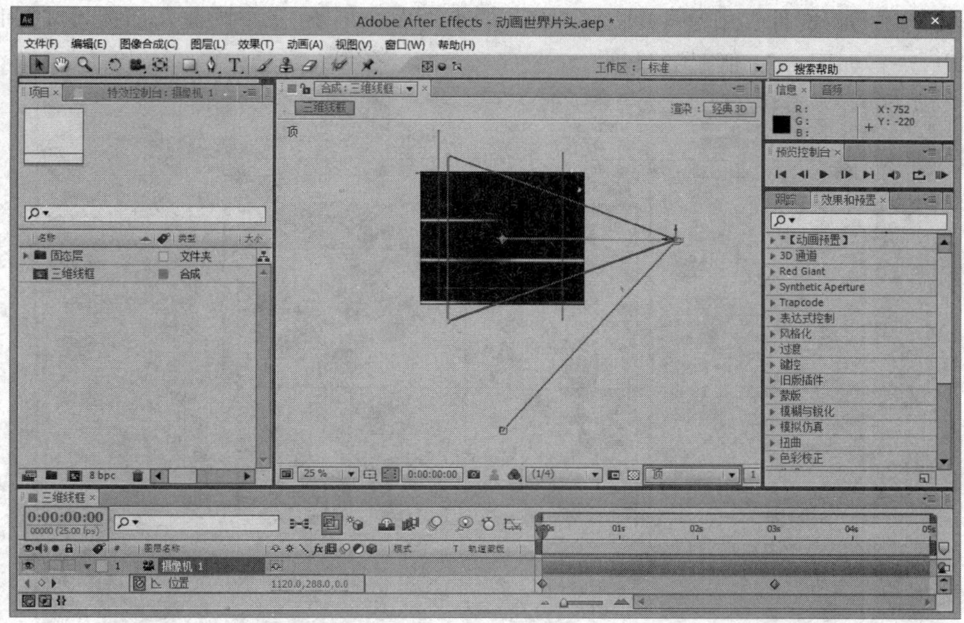

图 7-49　制作摄像机动画

12. 制作蒙版网格。按“Ctrl＋Y”组合键，新建一个与合成一样大小的白色固态层。执行“效果”→“生成”→“网格”菜单命令，设置“大小来自”属性值为“宽度与高度滑块”；“宽”值为 102.0；“高”值为 82.0；“边缘”值为 5.0；“定位点”值为(308.0，328.0)；勾选“反转栅格”复选框，如图 7-50 所示。

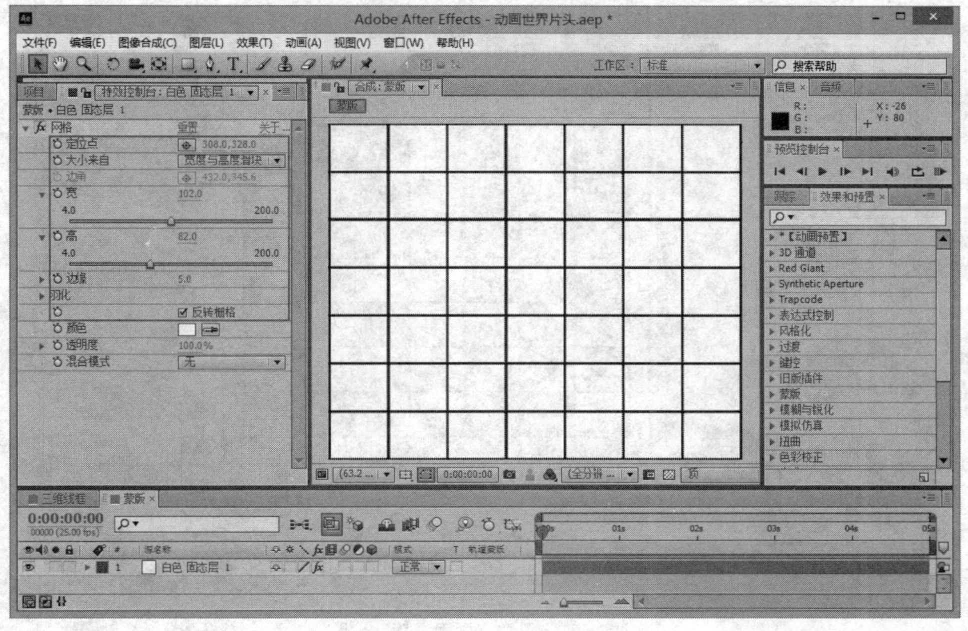

图 7-50　制作蒙版网格

13. 新建合成。按“Ctrl＋N”组合键，新建一个“小画面”合成，其他设置同前。双击“项目”面板空白位置，导入“大画面.jpg”“bg.wav”文件，以及整个“小画面”文件夹中的图片。“小画面”文件夹中是 49 张 100×80 的小画面。将 49 张小画面全部拖入“时间线”面板中，进行如图 7-51 所示的排列。

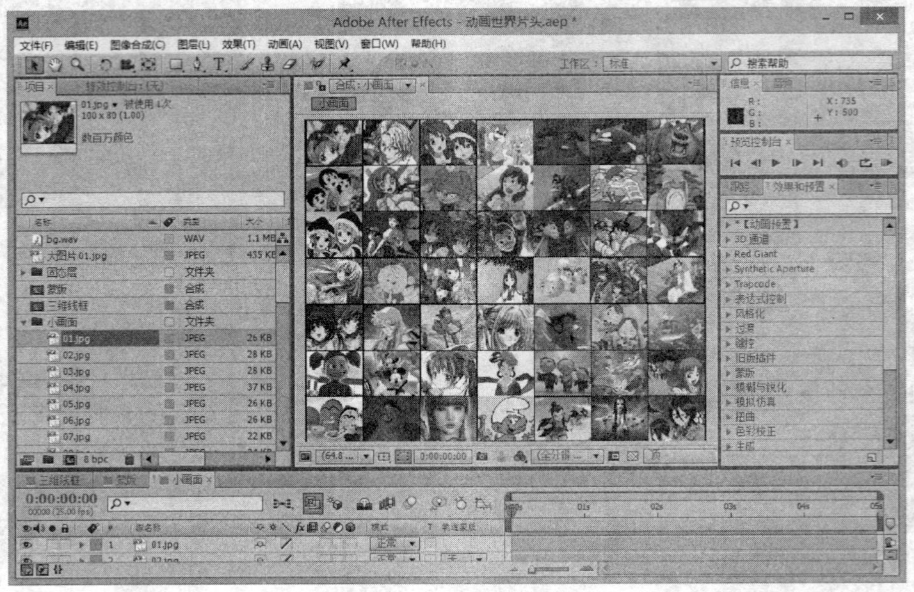

图 7-51 制作小画面合成

14. 新建“小画面蒙版”合成。按“Ctrl＋N”组合键，新建“小画面蒙版”合成，其他设置同前。将“蒙版”和“小画面”合成全部拖入当前“时间线”面板中，设置“小画面”层的“轨道蒙版”属性值为“亮度”，这样高亮区域将保留图像，暗部区域将变得透明，如图 7-52 所示。

图 7-52 新建“小画面蒙版”合成

15. 新建“大画面蒙版”合成。按“Ctrl＋N”组合键，新建“大画面蒙版”合成，其他设置同前。将“大画面.jpg”文件和“蒙版”合成拖入“时间线”面板中，设置“大画面.jpg”层的

“轨道蒙版”属性值为“亮度”，如图 7-53 所示。

图 7-53　新建“大画面蒙版”合成

16. 制作小画面到大画面的过渡动画。将“小画面蒙版”合成拖入到“大画面蒙版”合成的“时间线”面板中，执行“效果”→“过渡”→“块溶解”菜单命令，设置“块宽度”值为 102.0；“块高度”值为 82.0；取消“柔化边缘”复选框的勾选；将当前时间指示器移动到 0:00:02:00 帧，激活“变换完成度”属性前面的“时间秒表”按钮，记录动画，设置其值为 0%；将当前时间指示器移动到 0:00:03:00 帧，设置其值为 100%，如图 7-54 所示。

图 7-54　添加“块溶解”特效

17. 添加“卡片擦除”特效。回到“三维线框”合成，将“大画面蒙版”合成拖入“时间线”

面板中。执行“效果”→“过渡”→“卡片擦除”菜单命令，设置“变换完成度”值为 100%；“变换宽度”值为 100%；“背面图层”为“大画面蒙版”；“行”值为 7；“列”值为 7，“摄像机系统”为“合成摄像机”，如图 7-55 所示。

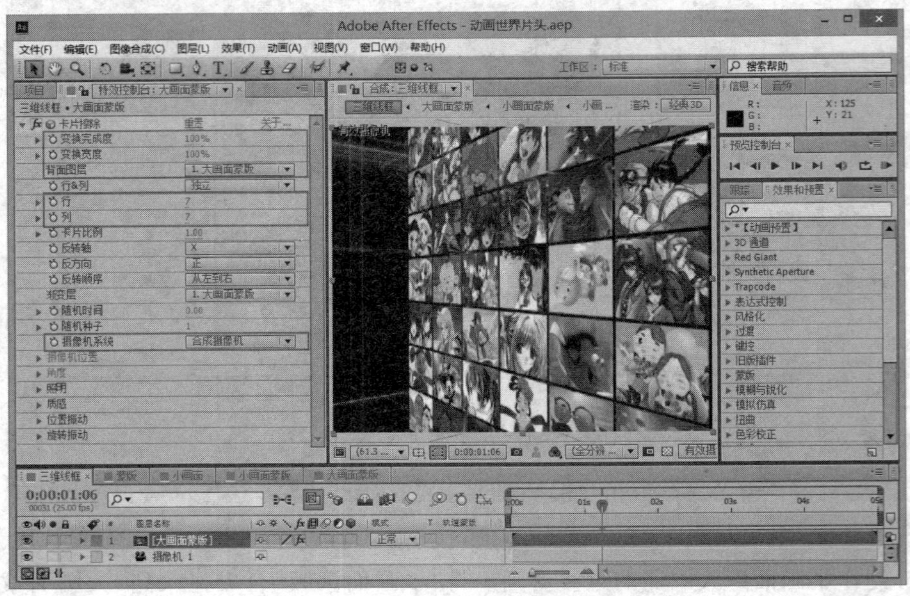

图 7-55　添加“卡片擦除”特效

18. 制作画面抖动动画。将当前时间指示器移动到 0:00:00:00 帧，展开“位置振动”参数组，激活“Z 振动量”属性前面的“时间秒表”按钮，记录动画，设置其值为 20；将当前时间指示器移动到 0:00:03:00 帧，设置其值为 0；设置“Z 振动速度”值为 0.00，如图 7-56 所示。

图 7-56　制作画面抖动动画

19. 从“项目”面板中将“bg. wav”文件拖入到“三维线框”合成的“时间线”面板中，完成动画世界片头制作，按数字小键盘上的0键，可以预览动画效果。

7.7 本章小结

本章主要对After Effects中三维环境的基础知识、灯光与摄像机的创建及使用方法进行了详细讲解。通过三个案例对三维层、灯光及摄像机在三维合成中的应用方法与技巧进行了巩固与提高。

7.8 习　题

一、填空题

1. 在After Effects软件中，提供了四种照明类型，它们是______、______、______和______。

2. 灯光的“照明选项”属性组中，“投射阴影”属性的作用是______。

3. 在After Effects软件的合成窗口中，最多可以同时打开______个视图。

4. 在After Effects软件中，正交视图有______个，它们分别是______。

二、不定项选择题

1. 下列不是After Effects软件三维层的“质感选项”属性的是(　　)。

A. 投射阴影　　B. 接受阴影　　C. 接受照明　　D. 自发光

2. 下列不是After Effects软件中照明类型的是(　　)。

A. 聚光灯　　B. 平行光　　C. 天光　　D. 环境光

3. 下列摄像机镜头中，属于广角摄像机的是(　　)。

A. 15毫米　　B. 35毫米　　C. 50毫米　　D. 200毫米

4. 下列镜头中，属于长镜头摄像机的是(　　)。

A. 15毫米　　B. 35毫米　　C. 50毫米　　D. 200毫米

第8章 特效应用

本章教学目标

1. 掌握运动跟踪技术在动画合成中的应用方法与技巧；(重点)
2. 掌握"音频波形"与"音频频谱"特效的功能及使用方法；(重点)
3. 掌握模拟仿真特效的功能及使用方法；(难点)
4. 掌握第三方插件的安装与使用方法。(难点)

8.1 运动跟踪与运动稳定

运动跟踪与运动稳定在影视后期处理中应用广泛，可以实现真实拍摄无法实现的很多效果，如表现运动的燃烧的角色，手托火球运动等。

1. 运动跟踪与运动稳定概述

运动跟踪能根据对指定对象的运动，进行跟踪分析，自动创建关键帧，将跟踪的结果应用到其他层或效果上，从而制作出跟随目标对象一起运动的动画效果，如图 8-1 所示。

图 8-1　运动跟踪示例

需要注意的是，运动跟踪只能对有镜头运动的影片进行跟踪，不能对单帧静止的图像进行跟踪。

运动稳定是对前期拍摄的影片进行画面稳定的处理，用来消减前期拍摄过程中出现的画面抖动问题，使画面变平稳。

2. 设置运动跟踪的方法

在设置运动跟踪时，合成中至少要有两个层，一个为"动态资源"层，即源跟踪层，另一个为"目标"层，即运动追踪应用层。运动跟踪的设置可通过以下四步实现。

(1)选择并设置好"动态资源"层，为其添加"动画"→"运动跟踪"菜单命令，或在"跟踪"面板中，如图 8-2 所示，单击"追踪运动"按钮 追踪运动 ，创建跟踪点。

(2)放置好跟踪点，按需要设置参数后，开始分析。

(3)调节跟踪关键点,应用到目标层。

(4)加工修改关键点,进行最后的合成。

"追踪运动":单击"追踪运动"按钮 追踪运动 ,为选定层运用运动追踪效果。

"稳定运动":单击"稳定运动"按钮 稳定运动 ,为选定层运用运动稳定效果。

"动态资源":可以从右侧下拉列表中选择要设置跟踪的层。

"当前追踪":当有多个跟踪时,可以从右侧下拉列表中选择当前的跟踪。

"追踪类型":可以从右侧下拉列表中设置追踪类型。包括"稳定""变换""并行拐点""透视拐点"和"RAW"五种。

"位置":选中该复选项,表示进行位置变换跟踪。

"旋转":选中该复选项,表示进行旋转变换跟踪。

"缩放":选中该复选项,表示进行缩放变换跟踪。

"设置目标":单击"设置目标..."按钮 设置目标... ,在弹出的"目标"对话框中,指定跟踪目标。

"选项":单击"选项..."按钮 选项... ,在弹出的"动态跟踪选项"对话框中,对跟踪进行详细设置,如图 8-3 所示。

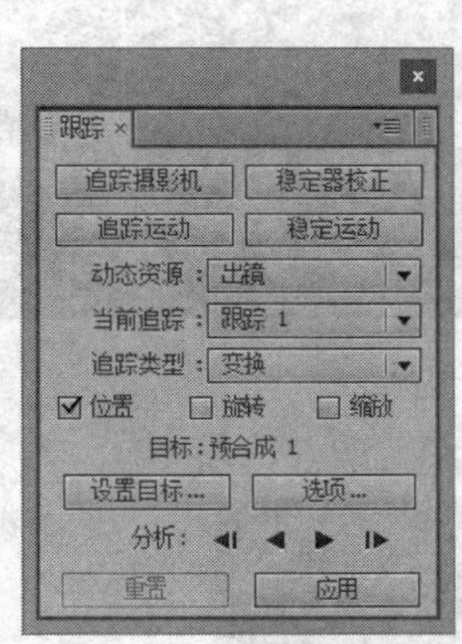

图 8-2　"跟踪"面板

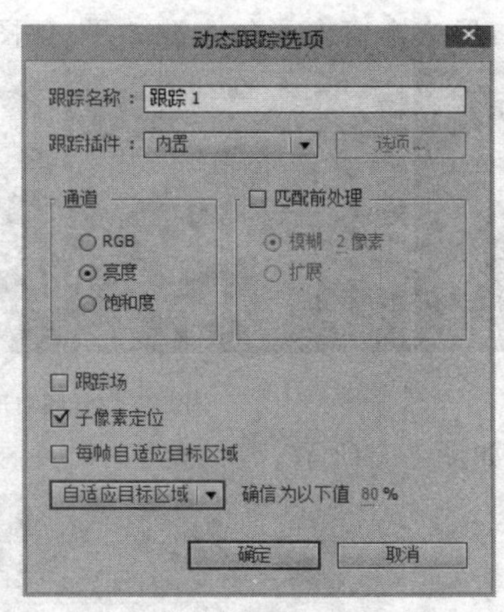

图 8-3　"动态跟踪选项"对话框

"分析":对跟踪进行分析。包括"向后分析 1 帧"、"向后分析"、"向前分析"和"向前分析 1 帧"。

"重置":单击"重置"按钮 重置 ,可将跟踪还原为初始状态。

"应用":单击"应用"按钮 应用 ,应用跟踪结果。

3. 跟踪范围框

跟踪范围框由两个方框和一个十字线组成,如图 8-4 所示。

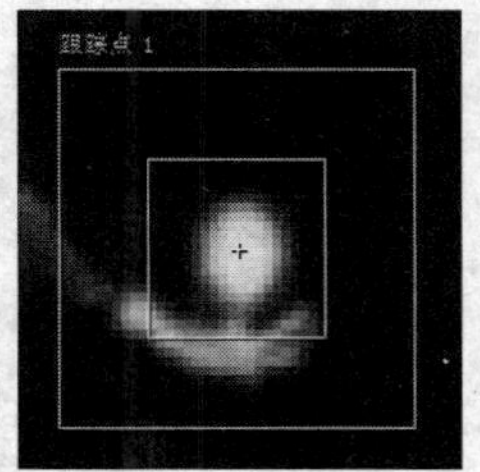

图 8-4　跟踪范围框

(1)跟踪点:十字线为跟踪点。跟踪点与其他层的轴心点或效果点相连。当跟踪完成后,结果将以关键帧的方式记录到图层的相关属性。跟踪点在整个跟踪过程中不起任何作用,它只是用来确定其他层在跟踪完成后的位置情况。跟踪点不一定要在特征区域内,可以拖动它到任何地方。

(2)特征区域:里面的方框为特征区域,它用于定义跟踪目标的范围。系统记录当前特征区域内的对象的明度和形状特征,然后在后续帧中以这个特征进行匹配跟踪。对影像进行运动跟踪,要确保特征区域有较强的颜色或亮度特征,与其他区域有高对比度反差。在一般情况下,前期拍摄过程中,要准备好跟踪特征物体,以使后期可以达到最佳的合成效果。

(3)搜索区域:外面的方框为搜索区域,较小的搜索区域可以提高跟踪的精度和速度。但是搜索区域一般最少需要包括两帧跟踪物体位移的范围。因为被跟踪素材的运动速度越快,两帧之间的位移越大,所以搜索区域的大小也要相应地增大。

8.2 "音频波形"与"音频频谱"特效

利用"音频波形"特效、"音频频谱"特效可以实现随音乐节奏快慢、声音轻重、缓急变化丰富的动画效果,在影视合成中应用广泛。

1."音频波形"特效

该特效可以利用声音文件,以波形振幅方式显示在图像上,并可通过自定义路径修改声波的显示方式,形成丰富多彩的声波效果,如图 8-5 所示。

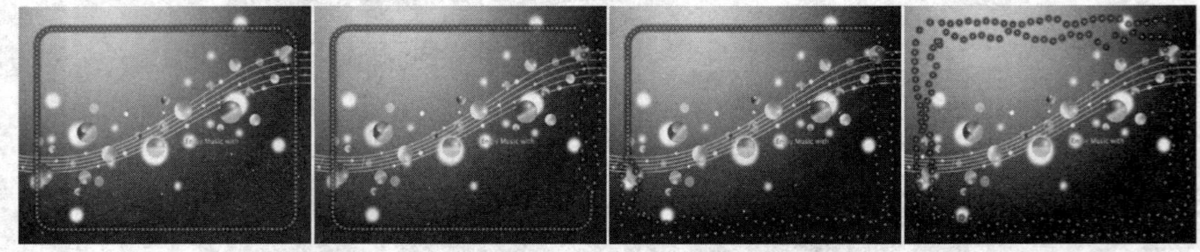

图 8-5 "音频波形"举例

其参数面板如图 8-6 所示。

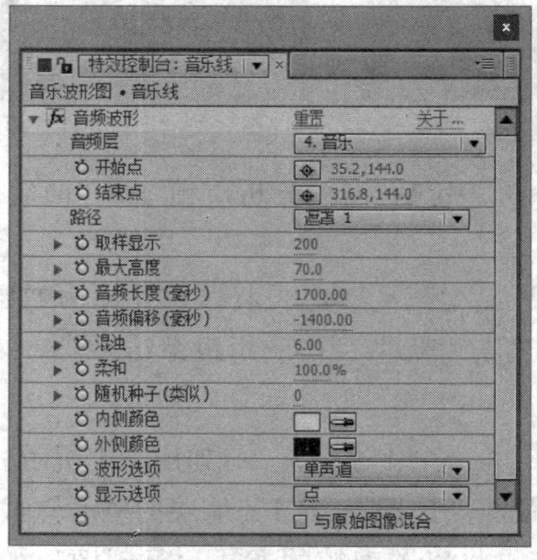

图 8-6 "音频波形"参数面板

"音频层":从右侧的下拉列表中可以选择一个合成中的声波参考层。声波参考层要首先添加到时间线中才可以应用。

“开始点”:在没有应用路径的情况下,指定声波图像的起点位置。

“结束点”:在没有应用路径的情况下,指定声波图像的终点位置。

“路径”:选择一条路径,让波形沿路径变化;在应用前可以用蒙版工具在当前图像上绘制一个路径,然后选择这个路径,便可产生沿路径变化效果。

“取样显示”:设置声波频率的采样数。值越大,显示的波形越复杂。

“最大高度”:以像素为单位,指定声波显示的最大振幅。值越大,振幅就越大,声波的显示也就越高。

“音频长度(毫秒)”:指定声波保持的时间,以毫秒为单位。

“音频偏移(毫秒)”:指定显示声波的偏移量,以毫秒为单位。

“混浊”:设置声波线的粗细程度。

“柔和”:设置声波线的柔和程度。值越大,声波线边缘越柔和。

“随机种子(类似)”:设置声波线的随机数量值。

“内侧颜色”:设置声波线的内部颜色,类似图像填充颜色。

“外侧颜色”:设置声波线的外部颜色,类似图像描边颜色。

“波形选项”:指定波形的显示方式。

“显示选项”:可以从右侧下拉列表中设置声波线的显示方式。

“与原始图像混合”:勾选该复选框,将声波线显示在源图像上,以避免声波线将源图像覆盖。

2.“音频频谱”特效

该特效可以利用声音文件,以频谱显示在图像上,可以通过频谱的变化了解声音频率,可将声音作为科幻与数位的专业效果表示出来,提高音乐的感染力,如图 8-7 所示。

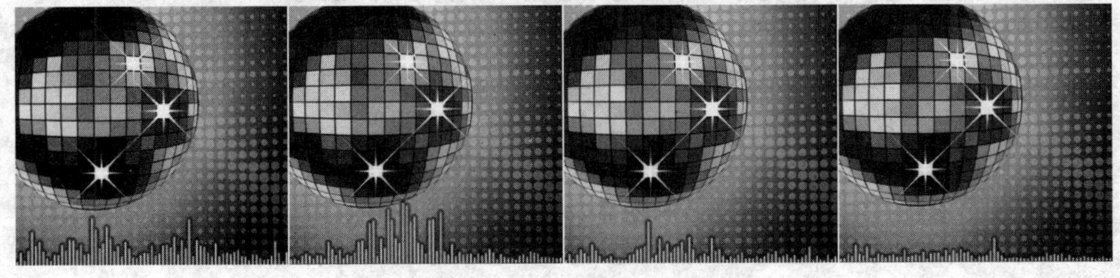

图 8-7　“音频频谱”举例

其参数面板如图 8-8 所示。

“音频层”:从右侧的下拉列表中可以选择一个合成中的音频参考层。音频参考层要首先添加到时间线中才可以应用。

“开始点”:在没有应用路径的情况下,指定音频图像的起点位置。

“结束点”:在没有应用路径的情况下,指定音频图像的终点位置。

“路径”:选择一条路径,让波形沿路径变化。在应用前可以用蒙版工具在当前图像上绘制一条路径,然后选择这个路径,便可产生沿路径变化效果。

“使用两极路径”:勾选该复选框,频谱线将从一点出发以发射状显示。

“开始频率”:设置参考的最低音频频率,以 Hz 为单位。

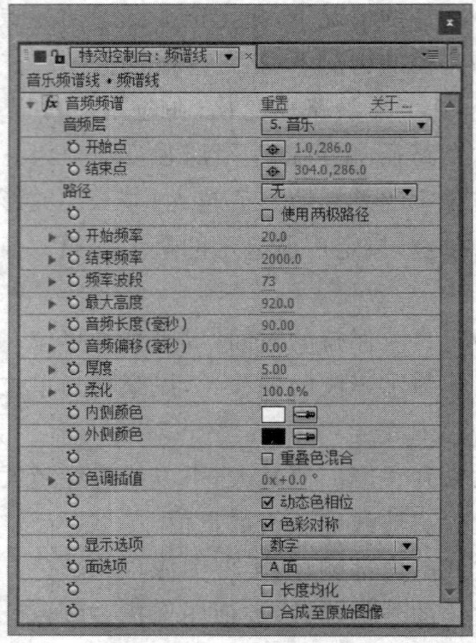

图 8-8 “音频频谱”参数面板

“结束频率”：设置参考的最高音频频率，以 Hz 为单位。

“频率波段”：设置音频频谱显示的数量。值越大，显示的音频频谱越多。

“最大高度”：指定频谱显示的最大振幅。值越大，振幅就越大，频谱的显示也就越高，以像素为单位。

“音频长度(毫秒)”：指定频谱保持的时长，以毫秒为单位。

“音频偏移(毫秒)”：指定显示频谱的偏移量，以毫秒为单位。

“厚度”：设置频谱线的粗细程度。

“柔化”：设置频谱线的软边程度。值越大，频谱线边缘越柔和。

“内侧颜色”：设置频谱线的内部颜色，类似图像填充颜色。

“外侧颜色”：设置频谱线的外部颜色，类似图像描边颜色。

“重叠色混合”：勾选该复选框，在频谱线产生相互重叠时，设置其产生混合效果。

“色调插值”：设置频谱线的插值颜色，能够产生多彩的频谱线效果。

“动态色相位”：勾选该复选框，应用颜色插值时，开始颜色将偏移到显示频率范围中最大的频率。

“色彩对称”：勾选该复选框，应用颜色插值时，频谱线的颜色将以对称的形式显示。

“显示选项”：可以从右侧下拉列表中设置频谱线的显示方式。

“面选项”：设置频谱线的显示位置，可以选择半边或整个波形显示。

“长度均化”：设置频谱线显示的平均化效果，可以产生整齐的频谱变化，而减小随机状态。

“合成至原始图像”：勾选该复选框，将频谱线显示在源图像上，以避免频谱线将源图像覆盖。

8.3　模拟仿真特效

模拟仿真特效功能强大，可用来表现破碎、爆炸、液态等特殊效果，也可以用来表现下雨、下雪、水波等自然现象。After Effects CS6 中提供了 20 种模拟仿真特效，可以从“效果”菜单或“效果和预置”面板中选择添加。其中“CC 吹泡泡”“CC 滚珠操作”“CC 降雪”“CC 降雨”“CC 粒子仿真世界”“CC 粒子仿真系统Ⅱ”“CC 毛发”“CC 散射”“CC 水银滴落”“CC 细雨滴”“CC 下雪”“CC 下雨”“CC 像素多边形”“CC 星爆”14 种特效，效果美观、功能强大，易于上手，在此不做详细介绍。下面重点介绍一下“焦散”“卡片舞蹈”“粒子运动”“泡沫”“水波世界”“碎片”六种特效。

1. 焦散

该特效可以模拟水中反射和折射的自然现象，如图 8-9 所示。

图 8-9　“焦散”举例

其参数面板如图 8-10 所示。

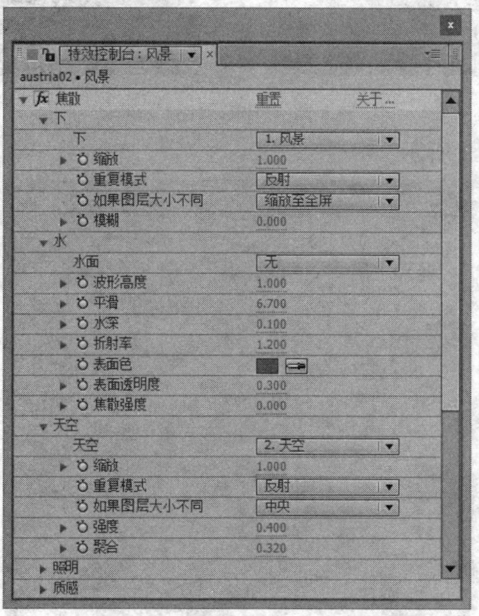

图 8-10　“焦散”参数面板

(1)“下”参数组：该参数组用于设置“焦散”特效的底层。

“下”：在右侧下拉列表中选择作为底层的层，默认情况下底层为当前图层。

“缩放”：对底层进行缩放设置，当值为负值时，将反转图像。

“重复模式”：缩小底层后，可以在右侧的下拉列表中选择重复方式来填充底层中的空白区域，包括“一次”“平铺”和“反射”三种。

“如果图层大小不同”：当在“底层”下拉列表中指定的底层与当前层不同时，可以在本属性右侧下拉列表中选择处理方式。“缩放至全屏”会使底层与当前层尺寸相同；“中心聚拢”会使底层尺寸不变，且与当前层居中对齐。

“模糊”：用于设置图像的模糊程度。

(2)“水”参数组：用于指定一个层，以该层的明度区域为参考产生水波效果，并对水波效果进行设置。

“水面”：在右侧的下拉列表中选择合成中的一个层作为水波纹理。

(3)“天空”参数组：为水波指定一个天空反射层，并对天空效果进行设置。

(4)“照明”参数组：用于设置特效中灯光的各项参数。

(5)“质感”参数组：用于设置特效中素材的材质属性。

2. 卡片舞蹈

该特效可以根据指定层的特征分割画面，产生卡片翻转的效果，如图 8-11 所示。

图 8-11 “卡片舞蹈”举例

其参数面板如图 8-12 所示。

特效控制台：音乐背景图
8879-12010122163724 • 音乐背景图
卡片舞蹈 重置 关于...
行与列 独立
行 20
列 20
背面层 1. 音乐背景图
倾斜图层1 无
倾斜图层2 无
旋转顺序 XYZ
顺序变换 旋转，缩放，位置
X 轴位置
Y 轴位置
Z 轴位置
X 轴旋转
Y 轴旋转
Z 轴旋转
X 轴比例
Y 轴比例
摄像机系统 摄像机位置
摄像机位置
角度
照明
质感

图 8-12 “卡片舞蹈”参数面板

“行与列”:可以在右侧下拉列表中选择设置行和列的方式。“独立”行和列参数是相互独立的,可分别设置;“列跟随行”列参数由行参数控制。

“背面层”:在右侧下拉列表中可以选择合成中的一个层作为卡片背面图。

“倾斜图层 1/2”:在右侧下拉列表中可以选择合成中的一个层作为卡片的渐变层。

“旋转顺序”:在右侧下拉列表中可以选择卡片的旋转顺序。

“顺序变换”:在右侧下拉列表中可以选择卡片的变化顺序。

“X/Y/Z 轴位置”三个参数组:用于控制卡片在 X、Y、Z 轴上的位置变化。

“X/Y/Z 轴旋转”三个参数组:用于控制卡片在 X、Y、Z 轴上的旋转变化。

“X/Y 轴比例”两个参数组:用于控制卡片在 X、Y 轴上的比例变化。

“摄像机系统”:在右侧的下拉列表中可以选择用于控制特效的摄像机系统。

“摄像机位置”参数组:当“摄像机系统”设置为“摄像机位置”时被激活,用于设置摄像机的位置参数。

“角度”参数组:当“摄像机系统”设置为“角度”时被激活,用于设置摄像机的角度参数。

“照明”参数组:用于设置特效中的灯光。

“质感”参数组:用于设置特效中素材的材质属性。

3. 粒子运动

该特效可以制作大量相似物体独立运动的效果,如喷泉、下雪等,如图 8-13 所示。

图 8-13　“粒子运动”举例

其参数面板如图 8-14 所示。

(1)“发射”参数组:用于设置粒子发射参数。

“位置”:设置粒子发生器的位置。

“圆筒半径”:设置“发射”的柱体半径大小。

“粒子/秒”:设置每秒产生粒子的数量。

“方向”:设置粒子发射的方向。

“随机扩散方向”:设置每个粒子随机偏离发射方向的偏离量。

“速度”:设置粒子发射的初始速度。

“随机扩散速度”:设置粒子速度的随机量。

“颜色”:设置粒子的颜色。

“粒子半径”:设置粒子的半径大小。

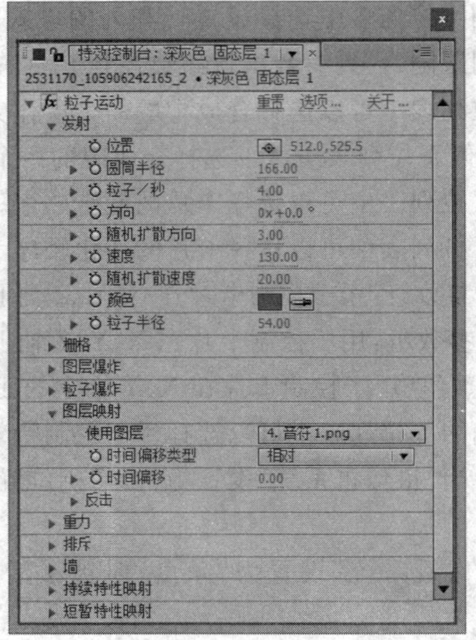

图 8-14 “粒子运动”参数面板

(2)“栅格”参数组：用于设置网格粒子发生器。

(3)“图层爆炸”参数组：设置可将目标层分裂为粒子。

(4)“粒子爆炸”参数组：设置将一个粒子分裂为许多新的粒子。可以用来模拟爆炸、烟花等效果。

(5)“图层映射”参数组：指定合成中的任意层作为粒子贴图来替换默认的圆形粒子。

(6)“重力”参数组：在指定的方向上影响粒子的运动状态，模拟真实世界中的重力现象。

(7)“排斥”参数组：设置相邻粒子相互排斥或吸引，使粒子如同有了正负磁力。

(8)“墙”参数组：用于设置一个约束粒子移动的区域。使用遮罩工具绘制一个遮罩，即产生一个墙，可以使粒子停留在一个指定的区域。当一个粒子碰到墙时，它将以碰墙的力度所产生的速度弹回。

(9)“持续特性映射”参数组：设置粒子属性。

(10)“短暂特性映射”参数组：在每一帧后将粒子属性恢复为初始值。

4. 泡沫

该特效用于模拟气泡、水珠等流体效果，如图 8-15 所示。

其参数面板如图 8-16 所示。

(1)“查看”：用于设置泡沫的显示方式。

(2)“生成”参数组：用于设置泡沫的粒子发射器。

(3)“泡沫”参数组：用于对泡沫的大小、寿命、增长速度、强度等进行设置。

(4)“物理”参数组：用于对泡沫的速度、方向、弹跳、黏性等物理特性进行设置。

(5)“缩放”：对泡沫粒子整体进行缩放。

(6)“总体范围大小”：设置粒子效果的综合尺寸。

图 8-15　“泡沫”举例

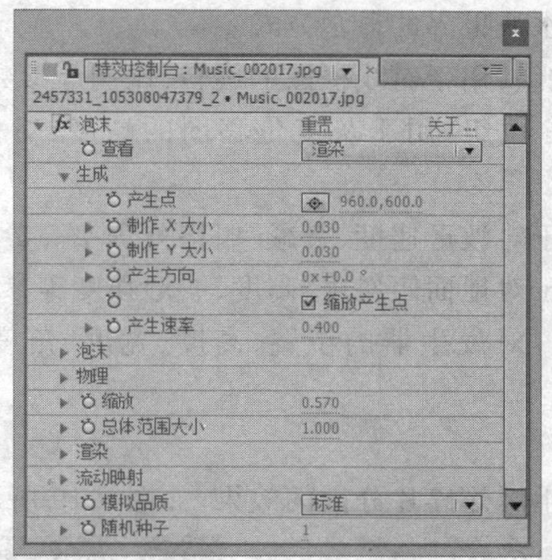

图 8-16　“泡沫”参数面板

(7)“渲染”参数组:用于设置粒子的渲染属性。

(8)“流动映射”参数组:用于对流动贴图进行设置。

(9)“模拟品质”:设置泡沫的仿真程度。

(10)“随机种子”:设置泡沫的随机种子数。

5. 水波世界

该特效用于创造液体波纹效果。应用该特效会产生一个灰度位移图,可以为其应用“焦散”或“色彩校正”特效,产生更加真实的水波效果,如图 8-17 所示。

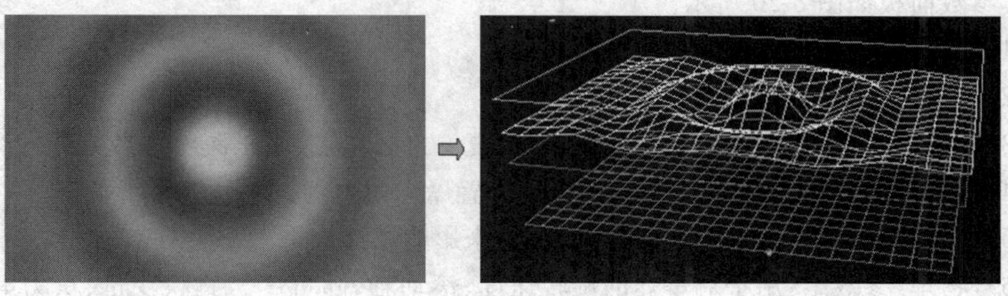

图 8-17　“水波世界”的两种显示方式

其参数面板如图 8-18 所示。

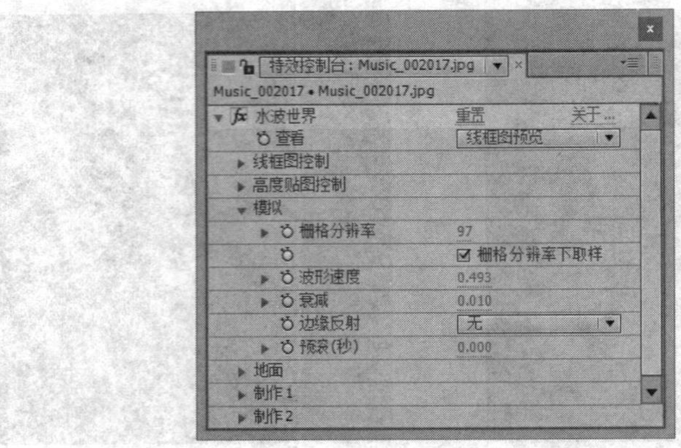

图 8-18 “水波世界”参数面板

(1)“查看”:用于设置水波世界的显示方式。

(2)“线框图控制”参数组:用于对线框图的旋转、比例等参数进行设置。

(3)“高度贴图控制”参数组:用于灰度位移图的亮度、对比度、透明度等参数进行设置。

(4)“模拟”参数组:用于对波形速度、衰减、栅格分辨率等参数进行设置。

(5)“地面”参数组:用于对地面倾斜度、高度、波形强度等参数进行设置。

(6)“制作 1/2”参数组:对发生器的位置、高度、宽度、角度、振幅、频率等参数进行设置。

6. 碎片

该特效可以使图像产生爆炸碎片分散的效果,如图 8-19 所示。

图 8-19 “碎片”举例

其参数面板如图 8-20 所示。

(1)“查看”:用于设置爆炸效果的显示方式。

(2)“渲染”:用于选择显示的目标对象。

(3)“外形”参数组:用于对碎片的图案、反复、方向、焦点、挤压深度等参数进行设置。

(4)“焦点 1/2”参数组:用于为目标图层设置爆炸的力场。

(5)“倾斜”参数组:用于指定一个渐变层,来影响爆炸效果。

(6)“物理”参数组:用于对爆炸的旋转速度、滚动轴、随机度、黏性、变量、重力等参数进行设置。

(7)“质感”参数组:对碎片的颜色、纹理贴图等参数进行设置。

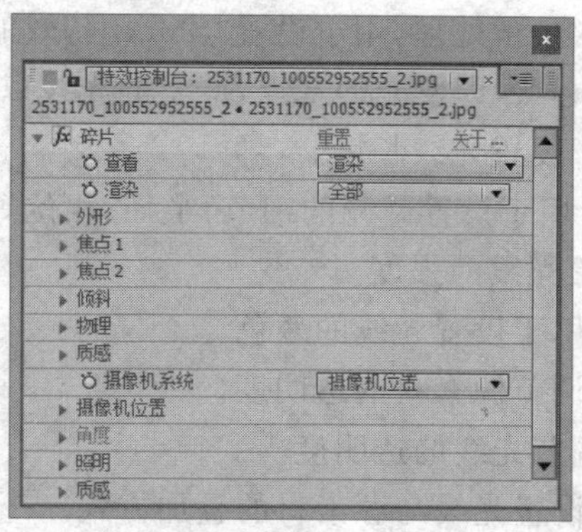

图 8-20　“碎片”参数面板

其他选项组与“卡片舞蹈”特效相应选项组功能基本相同，在此不再赘述。

8.4　第三方插件应用

After Effects 的第三方插件的安装通常有两种方式。第一种方式是，插件自带安装程序，运行安装程序即可安装；第二种方式是，插件是扩展名为“.aex”的文件，将其直接复制到 After Effects 安装目录下的“Support Files”→“Plug-ins”文件夹下即可。

下面介绍两款由 TrapCode 公司推出的特效插件。

1. Shine

Shine 是 TrapCode 公司推出的一款光特效插件，如图 8-21 所示。

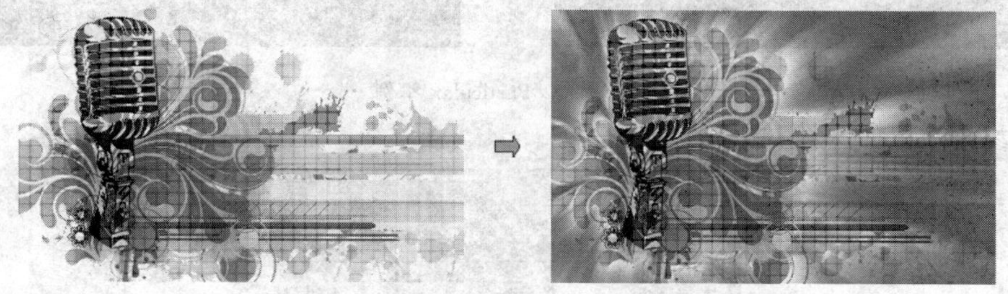

图 8-21　“Shine”举例

其参数面板如图 8-22 所示。

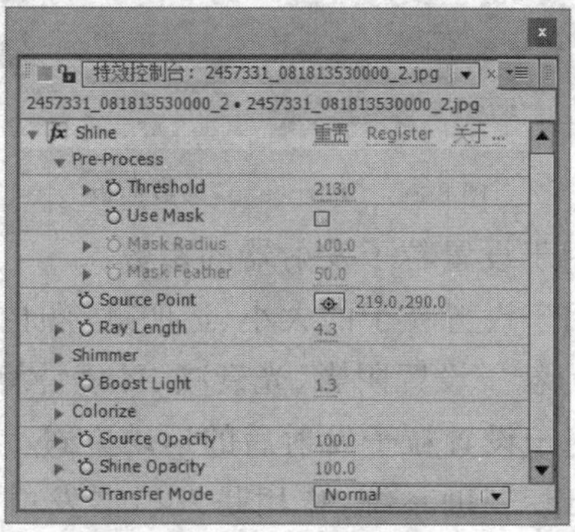

图 8-22　“Shine”参数面板

(1)"Pre-Process"参数组:预处理,用于设置"Shine"特效的作用区域、遮罩等参数。

(2)"Source Point":中心点,即发光的基点,产生的光线以此为中心向四周发射。

(3)"Ray Length":用于设置光线长度。

(4)"Shimmer"参数组:用于设置微光的细节、半径、相位等参数。

(5)"Boost Light":设置光线的强度。

(6)"Colorize"参数组:用于设置光线的颜色。

(7)"Source Opacity":调节源素材的透明度。

(8)"Shine Opacity":调节光线的透明度。

(9)"Transfer Mode":设置光线与源素材的叠加方式。

2. Particular

Particular 是 TrapCode 公司推出的一款粒子特效插件,如图 8-23 所示。

图 8-23 "Particular"举例

其参数面板如图 8-24 所示。

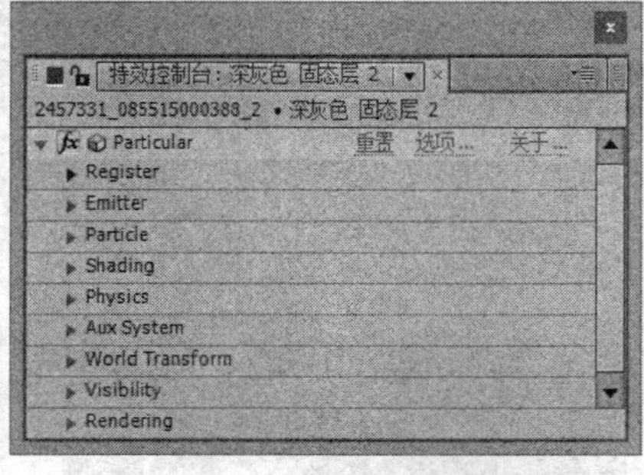

图 8-24 "Particular"参数面板

(1)"Emitter"参数组:用于设置粒子发射器的参数。

(2)"Particle"参数组:用于设置粒子的大小、透明度、颜色、透明度等参数。

(3)"Shading"参数组:为粒子设置阴影、光衰减、环境、漫反射等参数。

(4)"Physics"参数组:用于设置粒子发射后的运动方式,设置重力、大气等参数。

(5)"Aux System"参数组:辅助系统,作用是发射器发射出的粒子又产生新的粒子,如制作烟花的拖尾效果等。

(6)"World Transform"参数组:用于设置 X、Y、Z 三个轴向的旋转、偏移参数。

(7)"Visibility"参数组:该组参数与摄像机相关,用于设置粒子的可见方式,如在远处消失、远距离淡出、近距离淡出、在近距离消失等。

(8)"Rendering"参数组:用于设置粒子的渲染方式。

8.5　实战训练 1:电影特效合成

本例通过运动跟踪技术,实现火焰与实拍素材的同步运动,效果如图 8-25 所示。

图 8-25　电影特效合成效果

操作步骤:

1. 导入素材。打开 After Effects 软件,按"Ctrl+I"组合键,打开"导入文件"对话框,将该案例的素材导入到"项目"面板中。

2. 新建合成。在"项目"面板中选择"ENVIRONMENT[0000-0309]. jpg"素材,将其拖到"时间线"面板中创建一个合成。用同样的方法,将"FIRE[0000-0100]. jpg"素材拖到"时间线"面板中,按"Ctrl+D"组合键两次,复制两层,并使这三层"FIRE[0000-0100]. jpg"素材首尾相接,如图 8-26 所示。

图 8-26　新建合成

3. 合并层。同时选择"FIRE[0000-0100]. jpg"三层,按"Ctrl+Shift+C"组合键,得到"预合成 1"。

4. 调整火素材。在“时间线”面板中，选择“预合成 1”层，选择工具栏中的“定位点工具”按钮，将定位点移动到火球底部的中心；并将“预合成 1”层的“模式”设为“添加”，缩小火球并移动到人物手托灯泡位置，如图 8-27 所示。

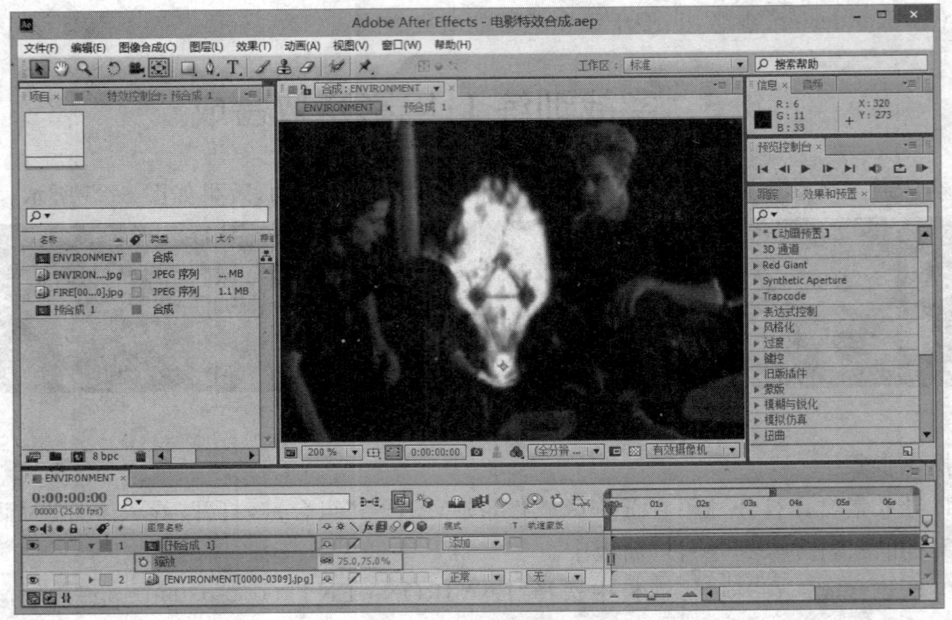

图 8-27 调整火素材

5. 添加运动跟踪。选择“ENVIRONMENT[0000-0309].jpg”层，执行“动画”→“运动跟踪”菜单命令，由于 ENVIRONMENT 素材中仅有人物位置的变化，没有旋转和缩放变化，所以在“跟踪”面板中，只勾选“位置”属性即可，如图 8-28 所示。

图 8-28 添加运动跟踪

6. 调整范围框位置。在 0:00:00:00 帧位置，将"图层：ENVIRONMENT[0000-0309].jpg"窗口中的跟踪范围框移到人物手托灯泡位置，使跟踪点与灯泡中心对正，如图 8-29 所示。

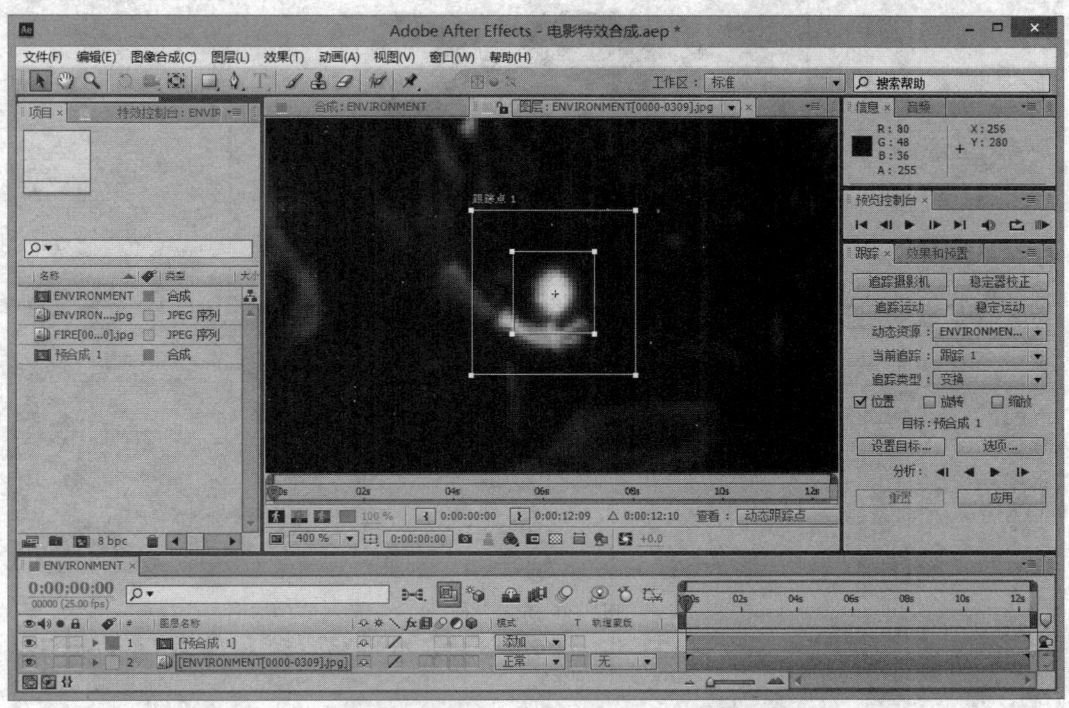

图 8-29　调整范围框位置

7. 设置跟踪选项。单击"跟踪"面板中的 选项... 按钮，在弹出的"动态跟踪选项"对话框中，设置"通道"为"亮度"。

8. 跟踪分析。单击"跟踪"面板中的"向前分析"按钮▶开始跟踪分析。到 0:00:08:15 帧左右人物出屏后即可停止跟踪。跟踪完毕后，可以看到"图层：ENVIRONMENT[0000-0309].jpg"窗口中出现跟踪轨迹的关键帧，并且在跟踪对应属性上产生一系列的跟踪关键帧，如图 8-30 所示。

9. 将跟踪结果应用到"预合成 1"层。在"跟踪"面板中，单击"设置目标"按钮 设置目标... ，在弹出的"目标"对话框中，设置"应用运动"到"预合成 1"图层；在"跟踪"面板中，单击"应用"按钮 应用 ，在"动态跟踪应用选项"对话框中，设置"应用坐标"为"X 轴和 Y 轴"，将跟踪结果应用到"预合成 1"层。应用跟踪后，窗口自动切换回"合成"窗口，可以看到，"预合成 1"层的"位置"属性自动被应用关键帧，如图 8-31 所示。

10. 手动调节。到 0:00:08:12 帧人物手部移出画面后，需要手动调节，使火球保持与手的相对位置不变，直到火球完全移出画面后，删除后面多余的关键帧，完成跟踪过程，如图 8-32 所示。

11. 至此，电影特效合成制作完成，按数字小键盘上的 0 键，可以预览动画效果。

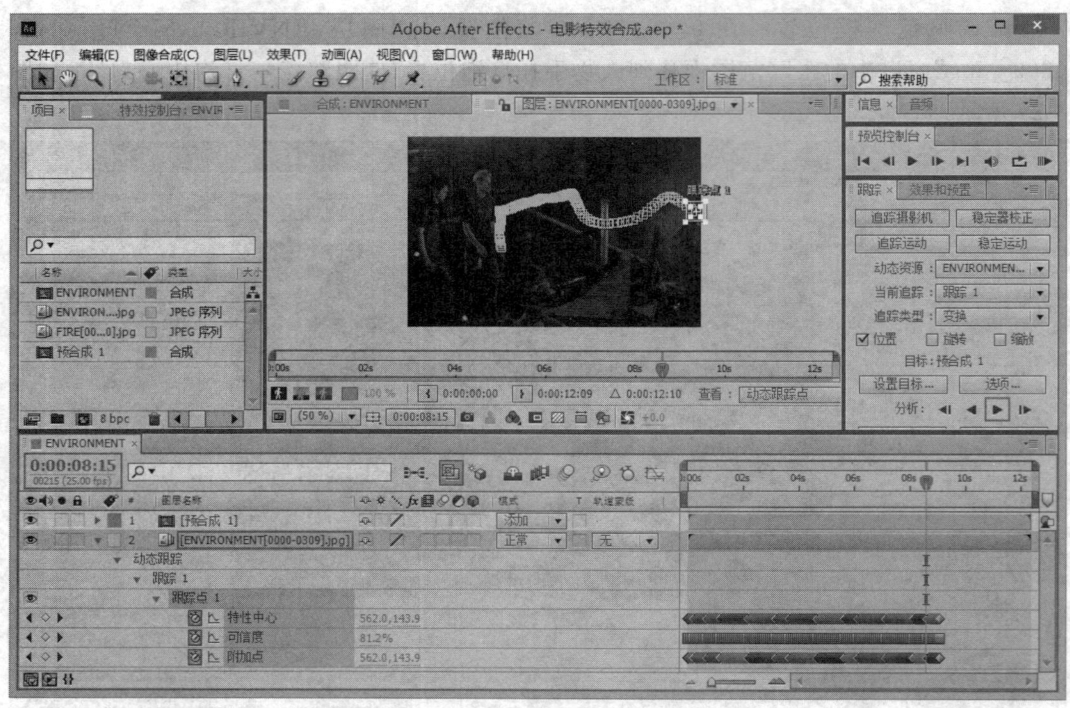

图 8-30 跟踪分析

图 8-31 应用跟踪结果

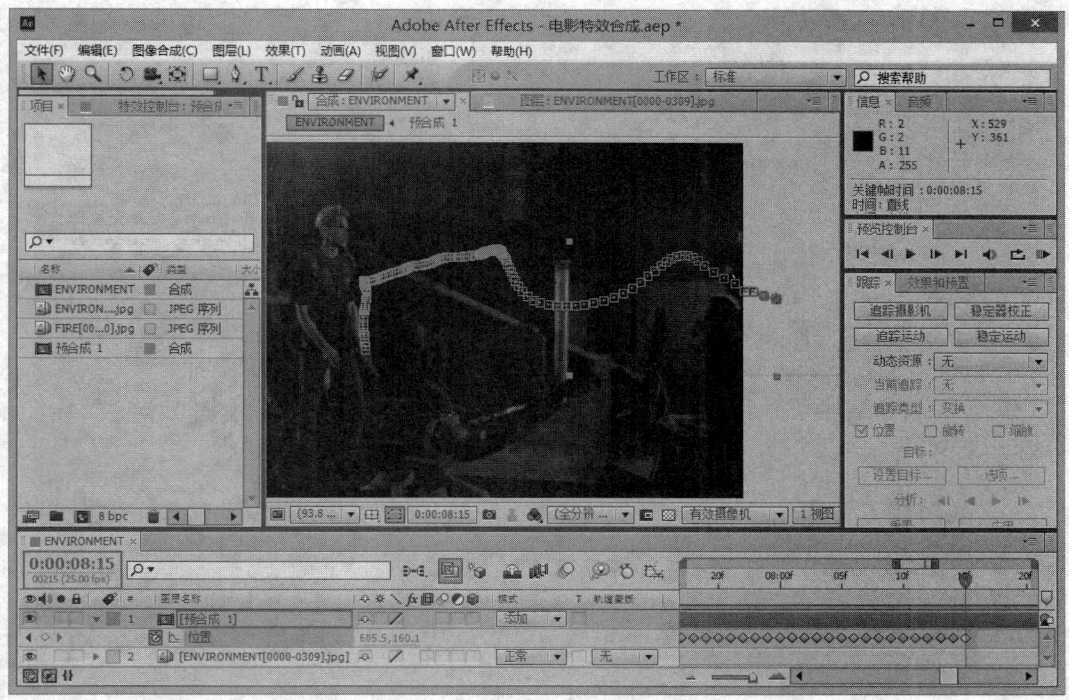

图 8-32　手动调节

8.6　实战训练 2:画面稳定跟踪

本例讲解利用稳定跟踪技术改善前期拍摄画面抖动现象的方法与技巧,效果如图 8-33所示。

图 8-33　画面稳定跟踪效果

操作步骤:

1. 导入素材。打开 After Effects 软件,按“Ctrl+I”组合键,打开“导入文件”对话框,将该案例的素材导入到“项目”面板中。

2. 新建合成。在“项目”面板中选择“震动. mov”素材,将其拖到“时间线”面板中创建一个合成,如图 8-34 所示。

3. 添加稳定跟踪。选择“震动. mov”层,在“跟踪”面板中单击“稳定跟踪”按钮 稳定运动 ,添加稳定跟踪,如图 8-35 所示。

图 8-34　新建合成

图 8-35　添加稳定跟踪

4. 调整范围框位置。在 0:00:00:00 帧位置，将“图层:震动. mov”窗口中的跟踪范围框移到草尖位置，并与跟踪点对正，如图 8-36 所示。

5. 设置跟踪选项。单击“跟踪”面板中的按钮，在弹出的“动态跟踪选项”对话框中，设置“通道”为“亮度”。

图 8-36　调整范围框位置

6. 分析并应用跟踪。单击“跟踪”面板中的“向前分析”按钮开始跟踪分析，单击“设置目标”按钮 设置目标... ，设置跟踪目标为“震动. mov”；单击“应用”按钮 应用 ，应用跟踪后，窗口自动切换回“合成”窗口，如图 8-37 所示。

图 8-37　应用跟踪结果

7. 比例调整。在“时间线”面板中，选择“震动.mov”层，按 S 键，设置“缩放”值为(110.0,110.0%)，如图 8-38 所示。

图 8-38 比例调整

8. 至此，画面稳定跟踪制作完成，按数字小键盘上的 0 键，可以预览动画效果。

8.7 实战训练 3：雪花飘飘

本例通过使用粒子运动模拟仿真特效，实现雪花飘飘动画，效果如图 8-39 所示。

图 8-39 雪花飘飘效果

操作步骤：

1. 新建合成。按“Ctrl+N”组合键，新建一个合成，设置参数如图 8-40 所示。

2. 导入素材。按“Ctrl+I”组合键，打开“导入文件”对话框，将该案例的素材导入到“项目”面板中。在“项目”面板中选择“下雪背景.jpg”素材，将其拖到“时间线”面板中，如图 8-41 所示。

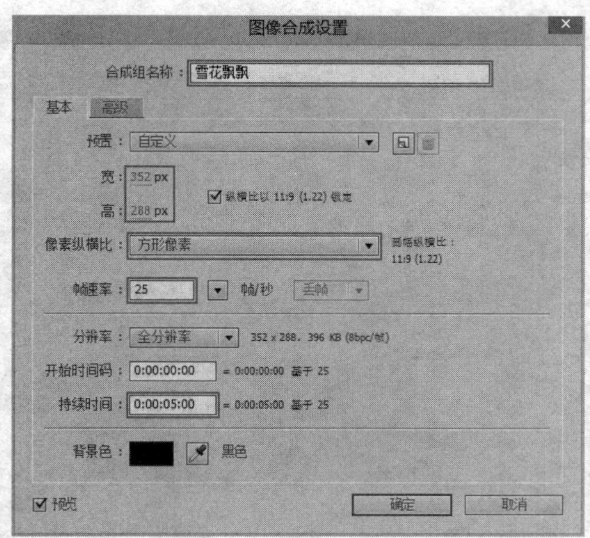

图 8-40　设置图像合成参数

图 8-41　添加素材

3. 制作下雪效果。按“Ctrl＋Y”组合键，新建一个白色固态层，命名为“雪花”。执行“效果”→“模拟仿真”→“粒子运动”菜单命令，如图 8-42 所示。

4. 设置参数。在“时间线”面板中选择“雪花”层，在“特效控制台”面板中设置粒子“发射”和“重力”参数，如图 8-43 所示。

图 8-42 添加特效

图 8-43 设置参数

5. 完善雪花效果。执行“效果”→“模糊与锐化”→“高斯模糊”菜单命令，设置“模糊量”值为 3.0，如图 8-44 所示。

图 8-44　添加“高斯模糊”特效

6. 至此，雪花飘飘动画制作完成，按数字小键盘上的 0 键，可以预览动画效果。

8.8　实战训练 4：七彩快乐音符

本例通过使用“粒子运动”特效与“色彩平衡”特效，实现七彩快乐音符动画，效果如图 8-45 所示。

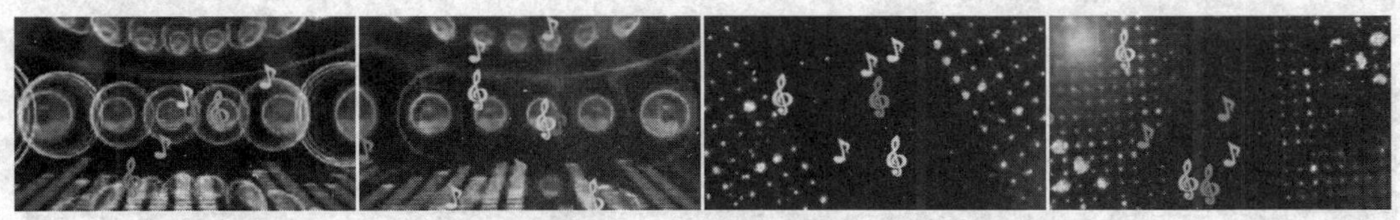

图 8-45　七彩快乐音符效果

操作步骤：

1. 导入素材。打开 After Effects 软件，按“Ctrl＋I”组合键，打开“导入文件”对话框，将该案例的素材导入到“项目”面板中。

2. 新建“音符 1. png”合成。在“项目”面板中选择“音符 1. png”素材，将其拖到“时间线”面板中创建一个合成，按“Ctrl＋K”组合键，打开“图像合成设置”对话框，设置“持续时间”为 25 秒 10 帧，如图 8-46 所示。

3. 添加特效。执行“效果”→“色彩校正”→“色彩平衡（HLS）”菜单命令，将当前时间指示器移动到 0：00：00：00 帧，激活“色相”属性前面的“时间秒表”按钮，记录动画；按 End 键将时间指示器移动到末帧，设置“色相”值为 8x＋0. 0°，如图 8-47 所示。

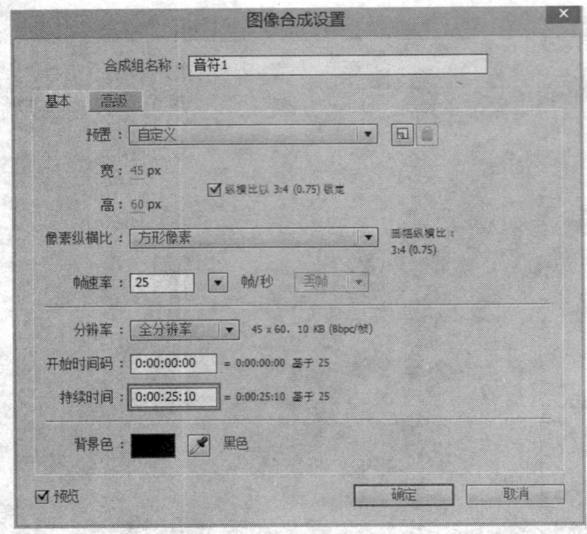

图 8-46 新建合成

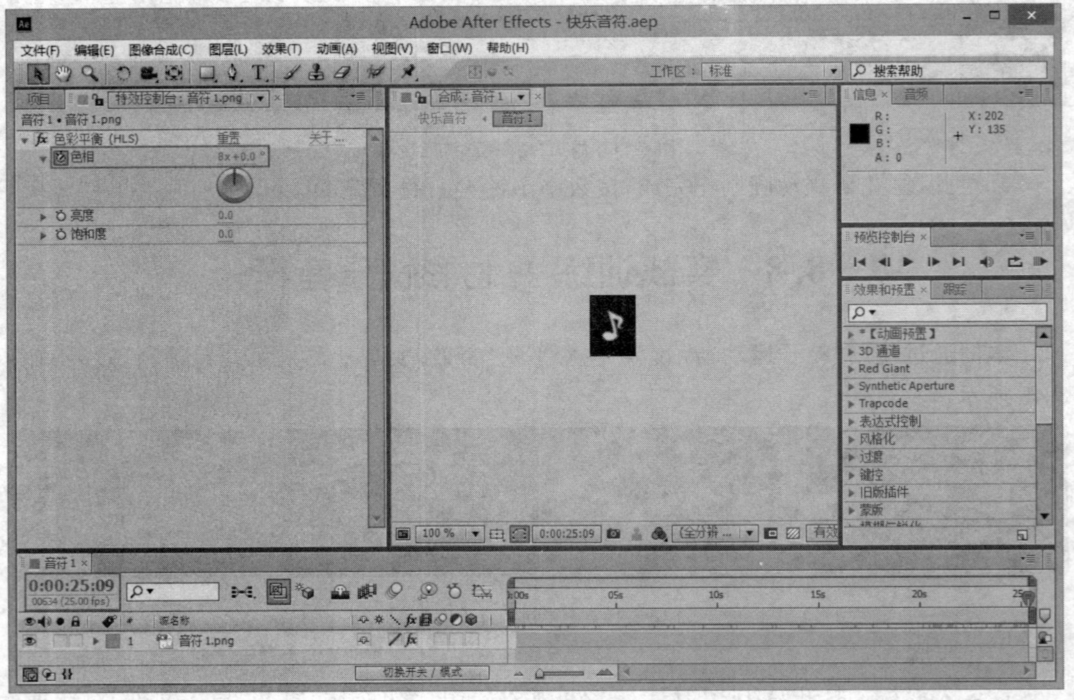

图 8-47 添加特效

4. 用同样的方法，制作“音符 2. png”合成，添加“色彩平衡（HLS）”特效，并设置其“色相”属性关键帧动画，在末帧，设置“色相”值为 10x+0. 0°，如图 8-48 所示。

5. 新建“七彩快乐音符”合成。在“项目”面板中选择“动感音乐背景. mp4”素材，将其拖到“时间线”面板中创建一个合成，按“Ctrl+K”组合键，打开“图像合成设置”对话框，如图 8-49 所示。

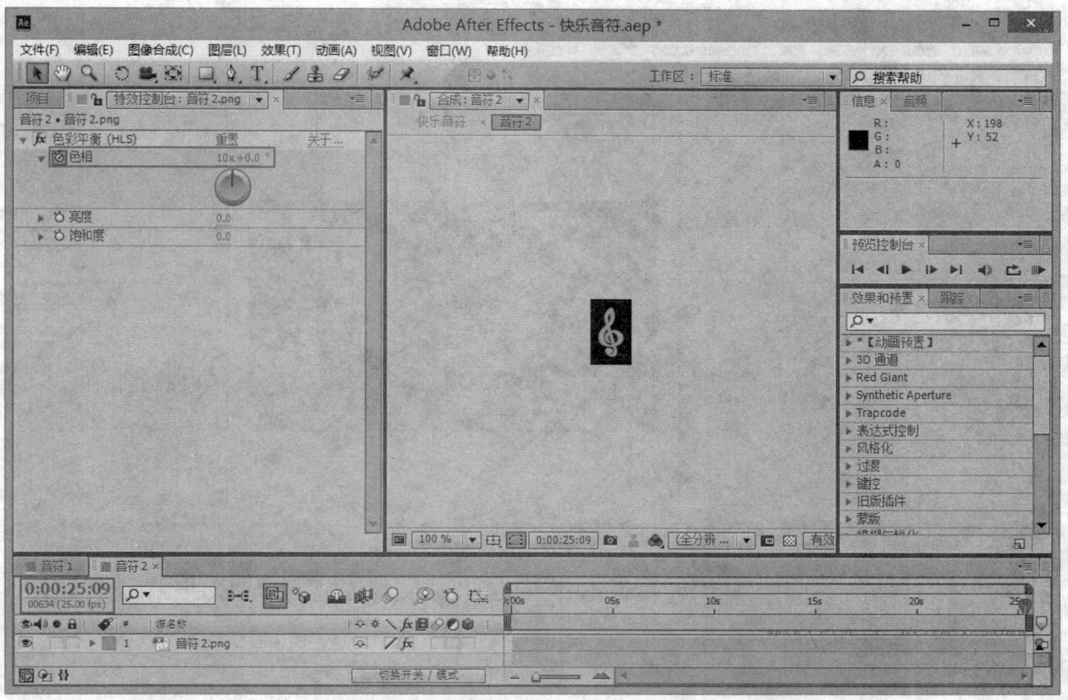

图 8-48　“音符 2. png”合成

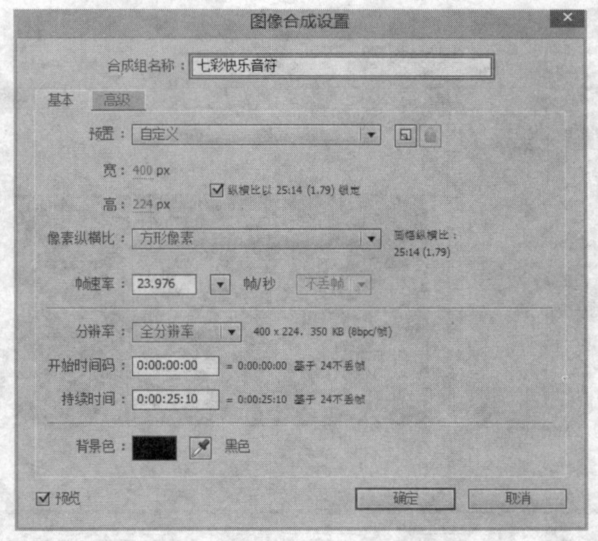

图 8-49　“七彩快乐音符”合成

6. 添加素材。在“项目”面板中选择“音符 1. png”“音符 2. png”合成，将其拖到“时间线”面板中，并置于“动感音乐背景. mp4”之下，如图 8-50 所示。

7. 制作七彩音符 1 动画。按“Ctrl＋Y”组合键，新建一个固态层，取名为“音符”。执行“效果”→“模拟仿真”→“粒子运动”菜单命令，如图 8-51 所示。

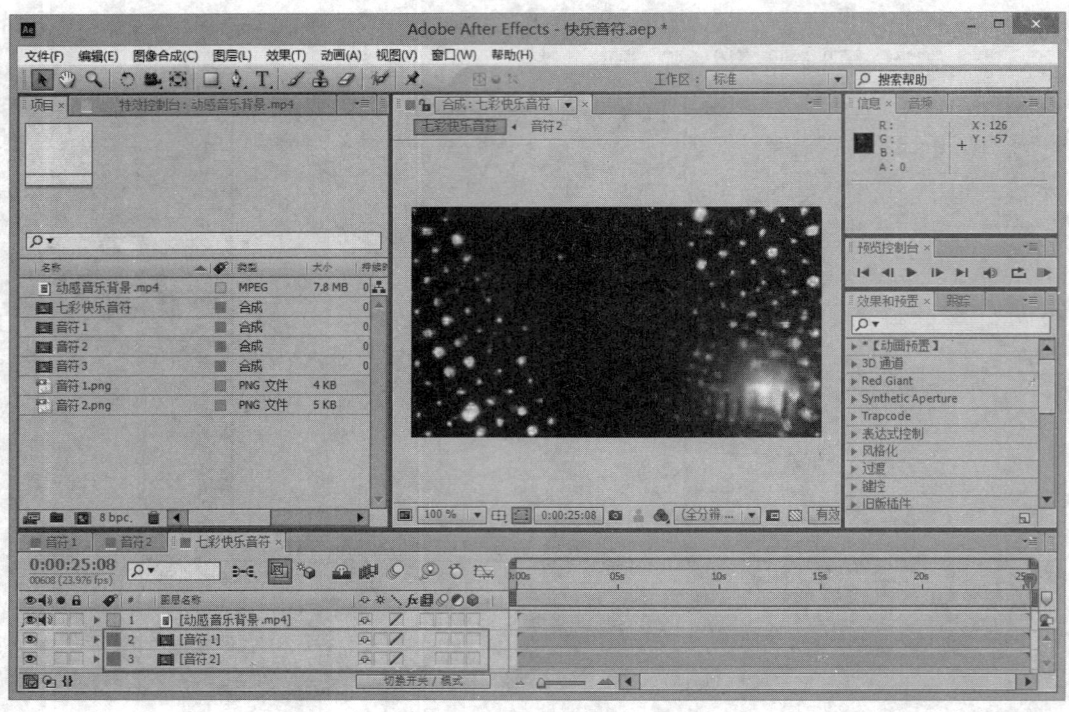

图 8-50 添加素材

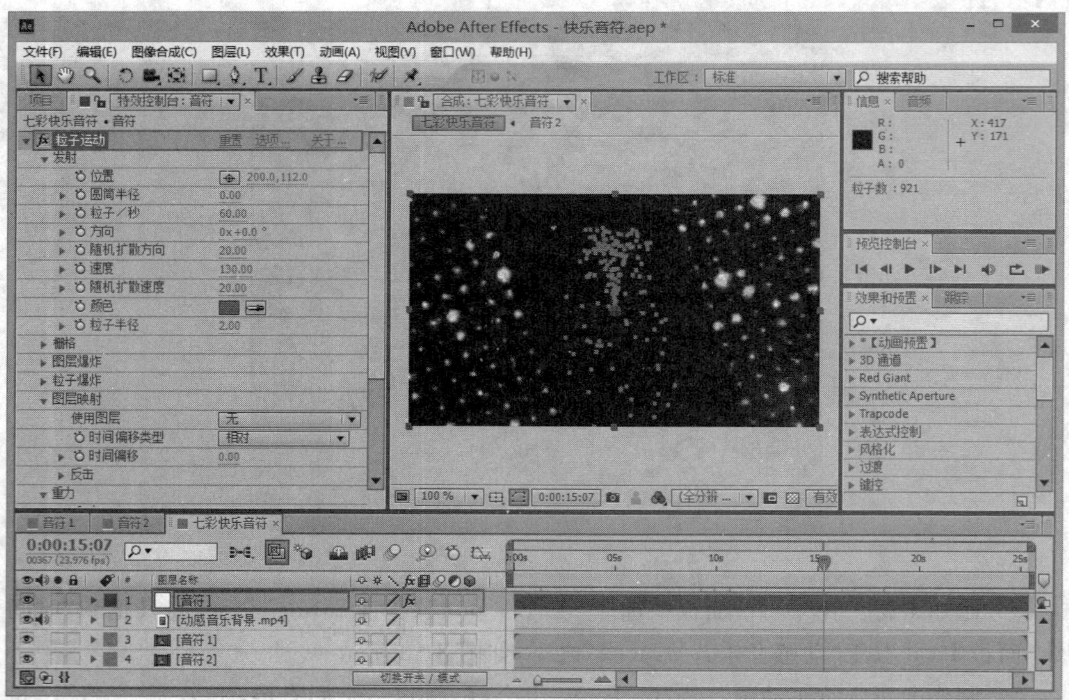

图 8-51 添加“粒子运动”特效

8. 设置参数。在“时间线”面板中选择“音符”层，在“特效控制台”面板中设置粒子“发射”和“重力”参数，如图 8-52 所示。

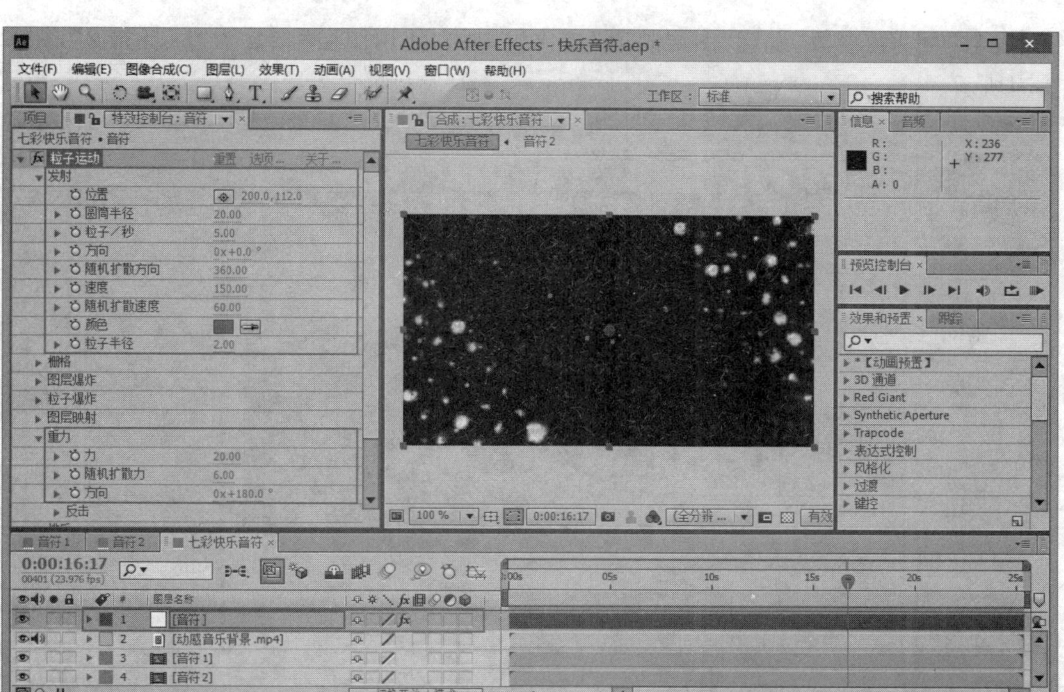

图 8-52　设置参数

9. 用音符替换粒子。单击展开“图层映射”参数组，设置参数，如图 8-53 所示。

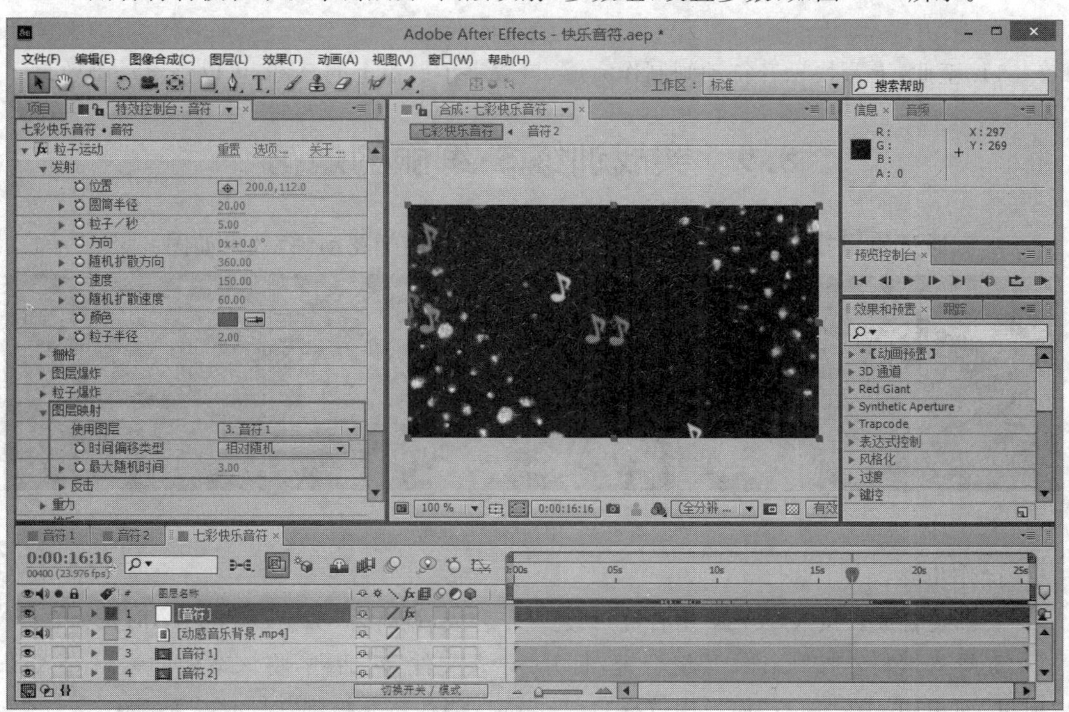

图 8-53　用音符替换粒子

10. 制作七彩音符 2 动画。选择“音符”层，按“Ctrl＋D”组合键，复制一层，适当调整其“发射”“重力”参数，设置“图层映射”参数组中的“使用图层”参数为“5. 音符 2”，如图 8-54所示。

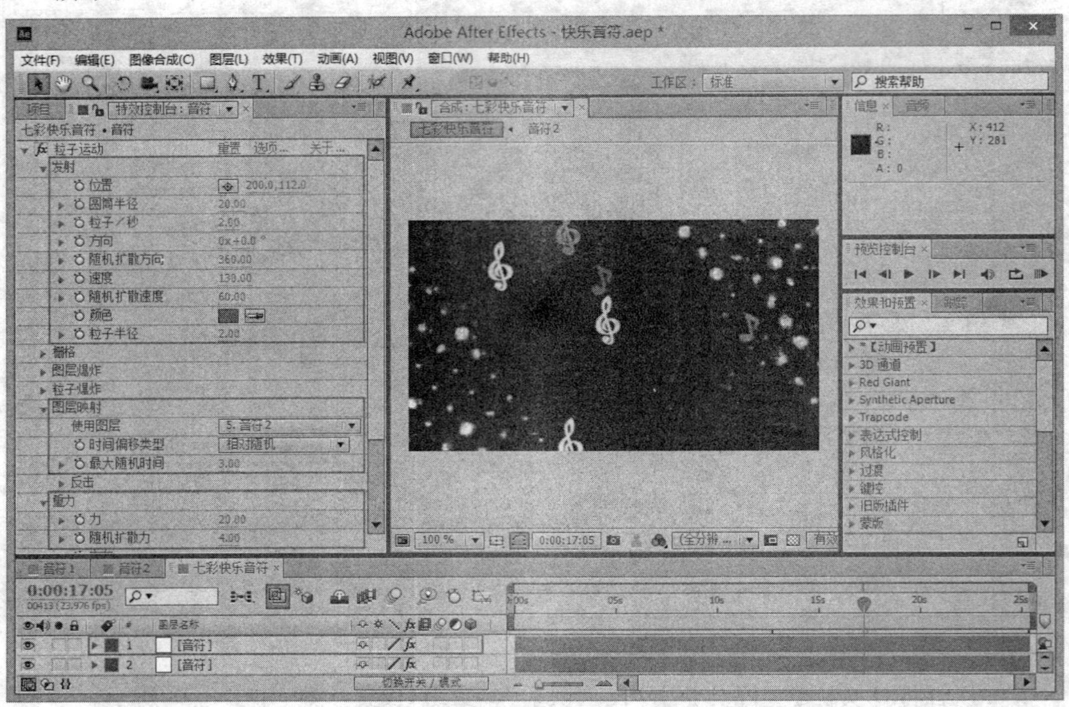

图 8-54 七彩音符 2 动画

11. 至此，七彩快乐音符动画制作完成，按数字小键盘上的 0 键，可以预览动画效果。

8.9 实战训练 5：绚丽的烟花

本例通过使用“Particular(粒子)”特效，实现绚丽的烟花动画，效果如图 8-55 所示。

图 8-55 绚丽的烟花效果

操作步骤：

1. 新建合成。按“Ctrl＋N”组合键，新建一个合成，宽高为 352 px×288 px，时长为 6 秒。

2. 导入素材。按“Ctrl＋I”组合键，打开“导入文件”对话框，将该案例的素材导入到“项目”面板中。在“项目”面板中选择“背景.jpg”素材，将其拖到“时间线”面板中。

3. 制作烟花动画。按“Ctrl＋Y”组合键，新建一个黑色固态层，命名为“烟花 01”。执行“效果”→“Trapcode”→“Particular”菜单命令，如图 8-56 所示。

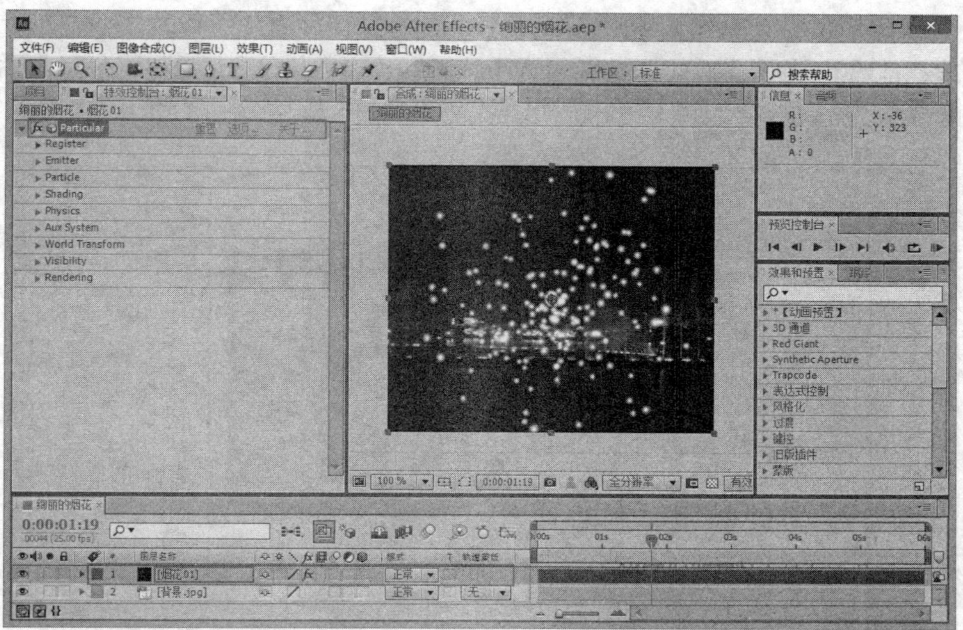

图 8-56　添加“Particular(粒子)”特效

4. 设置“Emitter(发射)”参数。在“特效控制台”中单击展开“Emitter(发射)”参数组，设置“Velocity(速度)”值为 300.0；“Velocity Random[%](速度随机)”值为 0.0；“Velocity from Motion[%](运动速度)”值为 20.0，如图 8-57 所示。

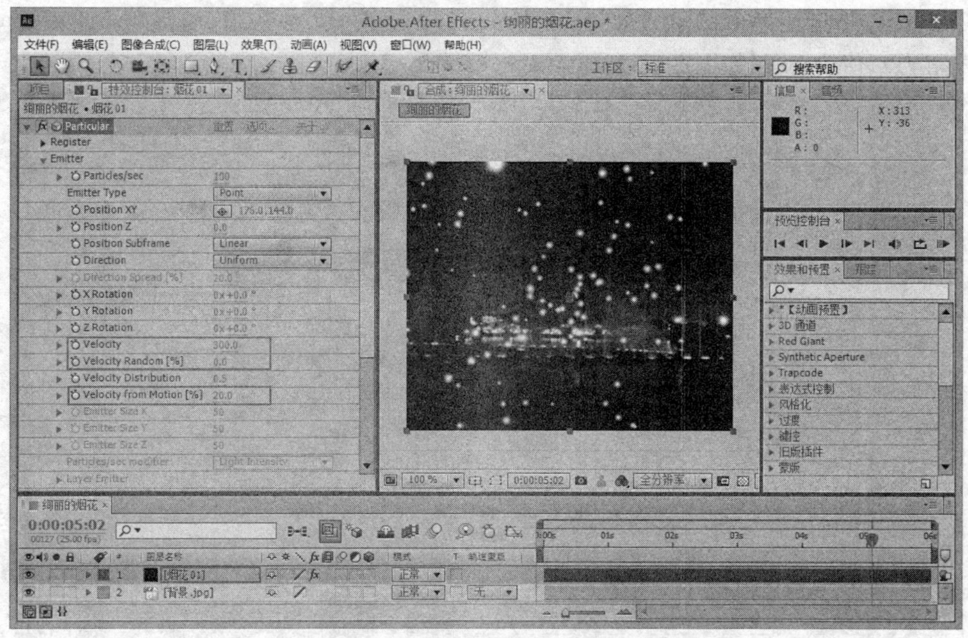

图 8-57　设置“发射”参数

5. 设置“Particle(粒子)”参数。单击展开“Particle(粒子)”参数组，设置“Life[sec](生命)”值为 3.0；“Life Random[%](生命随机)”值为 9；“Particle Type(粒子类型)”为

Glow Sphere(No DOF)(发光球形);"Sphere Feather(球形羽化)"值为 0.0;"Color(颜色)"为浅红色 RGB(255,60,60);"Size(大小)"值为 3.0,其他参数设置如图 8-58 所示。

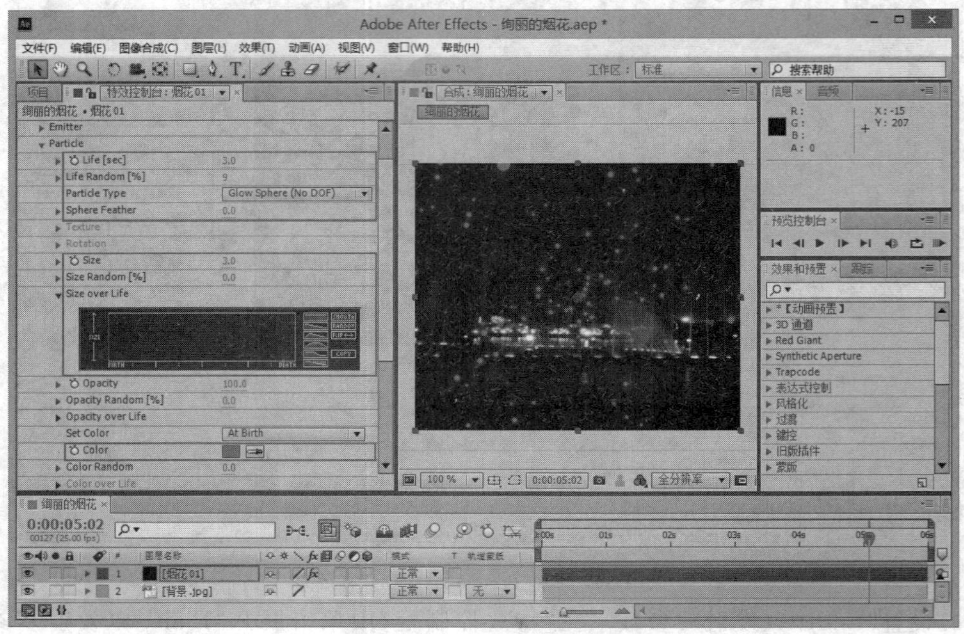

图 8-58　设置"Particle(粒子)"参数

6. 设置"物理学"参数。单击展开"Physics(物理学)"参数组,设置"Gravity(重力)"值为 60.0,使粒子产生向下的重力效果;单击展开"Air(空气)"参数组,设置"Air Resistance(空气阻力)"值为 2.8,如图 8-59 所示。

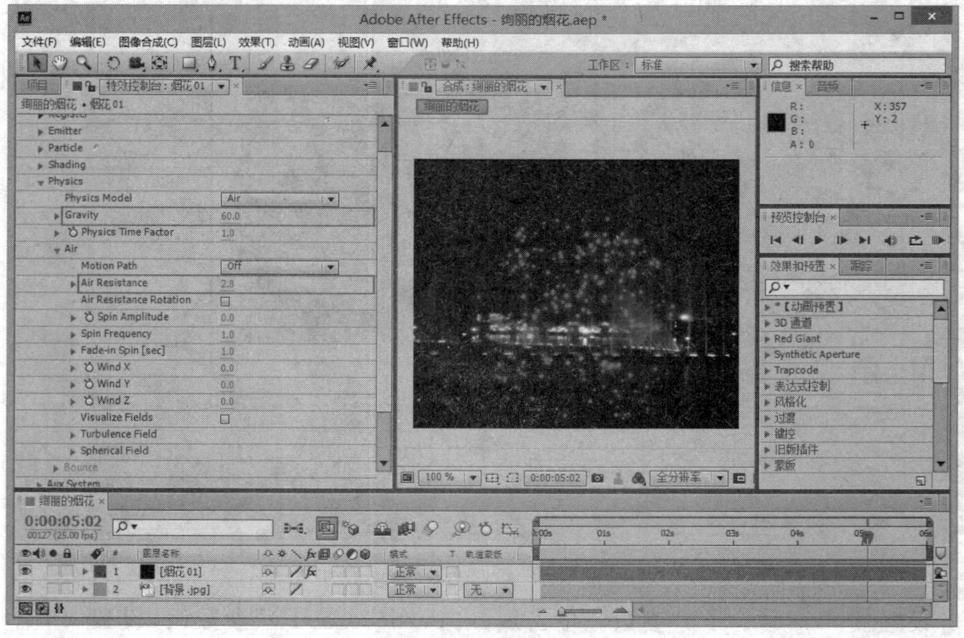

图 8-59　设置"物理学"参数

7. 设置“辅助系统”参数。单击展开“Aux System(辅助系统)”参数组，设置“Emit(发射)”为 Continously(从主粒子发射粒子)；“Color over Life”为红色，其他参数如图 8-60 所示。

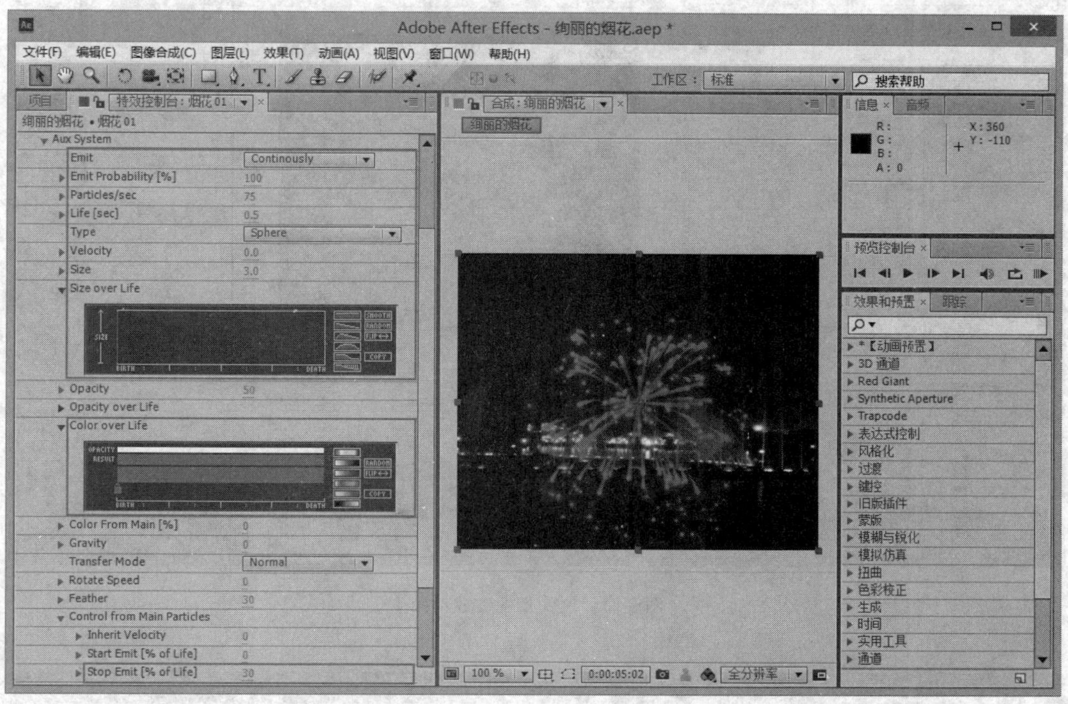

图 8-60　设置“辅助系统”参数

8. 复制烟花层。在“时间线”面板中选择“烟花 01”层，按“Ctrl＋D”组合键两次，复制两次并重命名为“烟花 02”“烟花 03”，暂时隐藏这两层。

9. 制作烟花绽放动画。选择“烟花 01”层，将当前时间指示器移动到 0:00:00:00 帧，在“特效控制台”中，激活“Emitter(发射)”参数组，“Particles/sec(粒子/秒)”属性前面的“时间秒表”按钮，记录动画，并设置其值为 3000；将当前时间指示器移动到 0:00:00:01 帧，设置其值为 0。拖动时间指示器或是播放动画，可以清楚地看到烟花绽放的效果，如图 8-61 所示。

10. 制作“烟花 02”动画。在“时间线”面板中选择“烟花 02”层，将当前时间指示器移动到 0:00:01:00 帧，设置“Particles/sec(粒子/秒)”值为 0，并激活该属性前面的“时间秒表”按钮，记录动画；将当前时间指示器移动到 0:00:01:01 帧，设置其值为 5000；将当前时间指示器移动到 0:00:01:02 帧，设置其值为 0。单击展开“Particle(粒子)”参数组，设置“Color(颜色)”为浅黄色 RGB(255,255,120)；单击展开“Aux System(辅助系统)”参数组，设置“Color over Life”为黄色 RGB(255,255,0)，适当调整烟花 02 的位置及大小，如图 8-62 所示。

11. 用同样方法，对“烟花 03”层在第 2 秒位置制作烟花绽放效果，设置自己喜欢的颜色，并调整位置及大小，如图 8-63 所示。

13. 至此，绚丽的烟花效果制作完成，按数字小键盘上的 0 键，可以预览动画效果。

图 8-61 制作烟花绽放动画

图 8-62 制作"烟花 02"动画

图 8-63　制作“烟花 03”动画

8.10　本章小结

本章主要讲解了运动跟踪技术在动画合成中的应用方法与技巧、“音频波形”与“音频频谱”特效的功能及使用方法、模拟仿真特效的功能及使用方法以及第三方插件的安装与使用方法四个方面的知识。五个案例针对以上四方面的知识进行了应用，通过实践训练，要求能够达到举一反三，触类旁通的目标，进而能够灵活应用到影片后期合成与特效制作中。

8.11　习　题

一、填空题

1. 在设置运动跟踪时，合成中至少要有两个层，一个为______层，即源跟踪层，另一个为______层，即运动追踪应用层。

2. 跟踪范围框由两个方框和一个十字线组成。其中，十字线是______；里面的方框是______；外面的方框是______。

3. ______特效可以利用声音文件，以波形振幅方式显示在图像上，并可通过自定义路径修改声波的显示方式，形成丰富多彩的声波效果。

4. ______特效可以模拟水中反射和折射的自然现象。

5. ______特效用于创造液体波纹效果。

二、不定项选择题

1. 下面不是 After Effects 软件中变换追踪类型的是(　　)。

A. 缩放　　B. 旋转　　C. 定位点　　D. 位置

2. 下面是 After Effects 软件的追踪类型的是(　　)。

A. 稳定　　B. 并行拐点　　C. 变换　　D. 透视拐点

3. 在 After Effects 里,对于声音频谱和声波的使用方法描述准确的是(　　)。

A. 可以对音频层直接施加这两个特效

B. 可以对固态层施加这两个特效,并在音频层中指定用于处理的音频层

C. 图形化的声音频谱或波形可以沿层的路径显示

D. 图形化的声音频谱或波形可以与其他层叠加显示

4. 下列特效中,可以根据指定层的特征分割画面,产生卡片翻转效果的是(　　)。

A. 焦散　　B. 卡片舞蹈　　C. 粒子运动　　D. 泡沫

第二篇

项　目　实　践

本篇以综合实例的方式分别详细介绍了电视栏目片头创作、影视广告片创作、影视宣传片创作的具体制作过程，极具参考价值，可以使读者畅游在美妙的影视后期世界里，并在不断的深入学习中提高实战技能。

第9章 电视栏目片头创作——《周六风云榜》栏目片头

本章教学目标

1. 了解片头的各种表现形式及理论，熟悉片头动画制作步骤和规范；
2. 熟悉 Optical Flares、Particular 等插件的使用方法、利用蒙版制作倒影效果；（重点）
3. 掌握常用校色命令的应用。（重点）
4. 掌握各种特效的综合应用及片头动画合成方法。（难点）

9.1 电视栏目片头概述

电视栏目片头是集科技、文化、艺术于一体的一门专业传播艺术，它的制作水平、艺术水准受制作人本身的素质、修养，客观文化背景及制作技术的发展等多重因素影响，其美感与缺憾也随着社会经济文化的不断进步，人们审美时尚的不断变化，而呈现出丰富多样的表现形式。自出现电视这一传播媒体以来，栏目片头便成为电视制作人始终关心的内容。

9.2 创意与展示

1. 任务创意描述

本栏目是一档时尚栏目片头。位图、矢量图和三维元素的搭配运用使整个场景更加时尚动感，中间穿插的彩色线条使整个片头更加流畅，大量地运用剪影效果，给人留下更大的想象空间。

2. 任务效果展示(如图 9-1 所示)

图 9-1 《周六风云榜》效果

9.3 任务实现

9.3.1 镜头一:《背景和阳光照射效果》的制作

1. 新建“镜头一”合成。按“Ctrl＋N”组合键,新建一个合成,如图 9-2 所示。

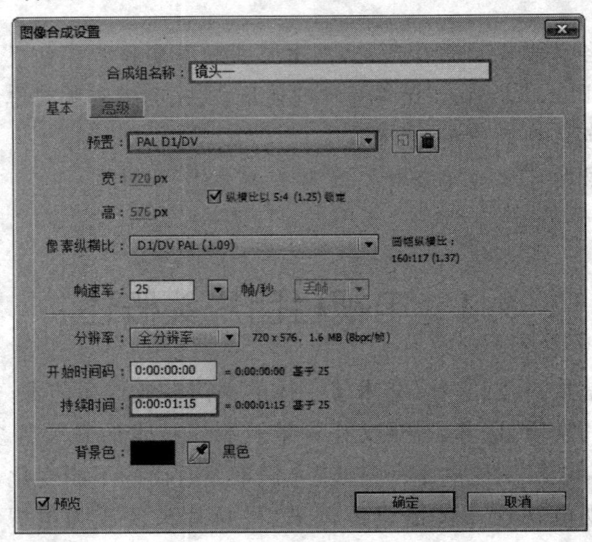

图 9-2　设置图像合成参数

2. 制作背景。按“Ctrl＋Y”组合键,新建一个黑色的固态层,名为“背景”。

3. 选中背景层,单击“效果”→“生成”→“渐变”菜单命令,在“特效控制台”面板中设置开始色的 RGB(131,198,199),结束色的 RGB(212,236,235),其他参数设置如图 9-3 所示,为图层添加渐变特效。

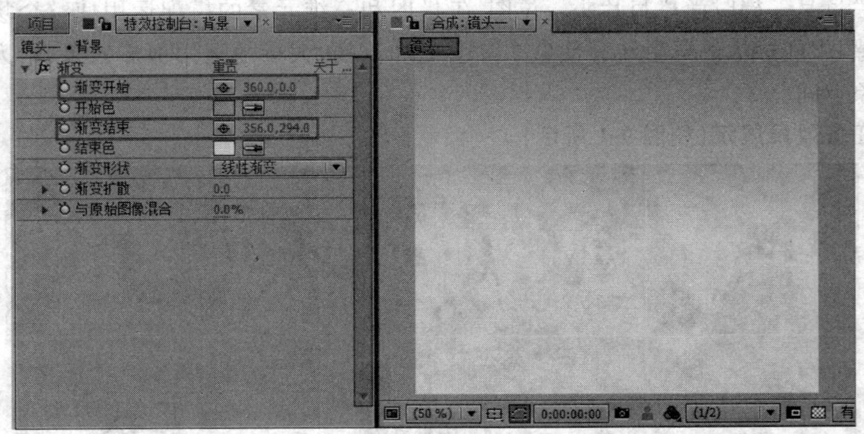

图 9-3　设置渐变参数及效果

4. 在合成中建立一个新的绿色固态层,设置颜色的 RGB(203,237,232)。单击工具栏中“椭圆遮罩工具”按钮,在新建的固态层上绘制一个椭圆形,如图 9-4 所示。按 F

键，展开遮罩羽化属性，设置其值为 40.0。

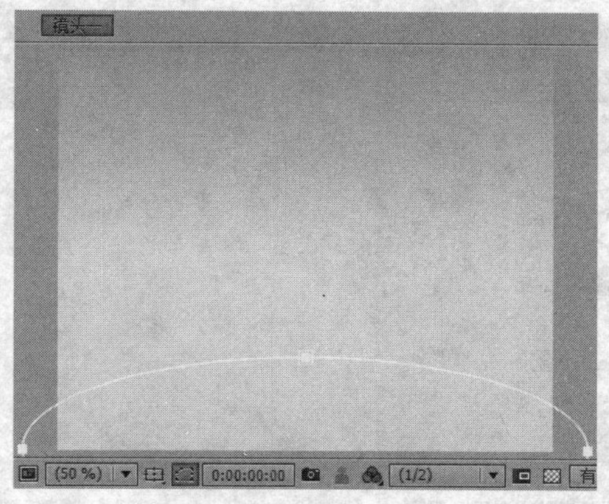

图 9-4　绘制遮罩

5. 导入素材。按“Ctrl＋I”组合键，导入素材“云.mov”，并将其拖到“时间线”面板中，设置模式为叠加，如图 9-5 所示。

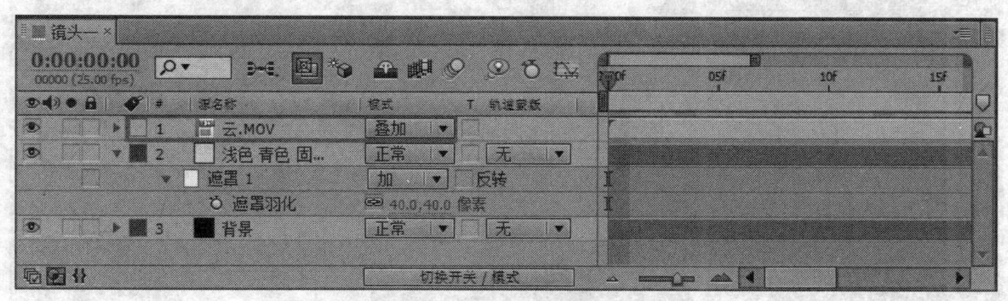

图 9-5　设置层模式为“叠加”1

6. 选择“云.mov”层，将时间指示器拖动到 0:00:01:14 帧的位置，按“Alt＋]”组合键，设置图层的出点。

7. 导入素材。按“Ctrl＋I”组合键，导入素材“楼.mov”，并将其拖到“时间线”面板中，设置模式为叠加，如图 9-6 所示。

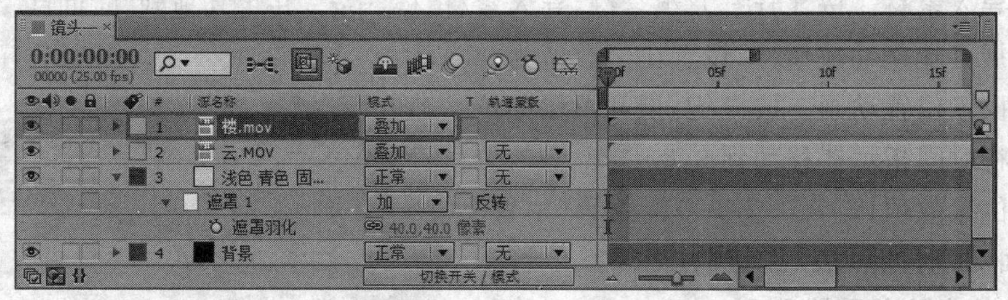

图 9-6　设置层模式为“叠加”2

8. 添加特效。单击“效果”→“色彩校正”→“色相位/饱和度”菜单命令，设置参数和效果如图 9-7 所示。

9. 导入素材。按“Ctrl＋I”组合键，导入素材“日出.mov”，并将其拖到“时间线”面板中，设置模式为叠加。

10. 添加特效。单击“效果”→“色彩校正”→“色阶”菜单命令，为图层添加色阶效果，

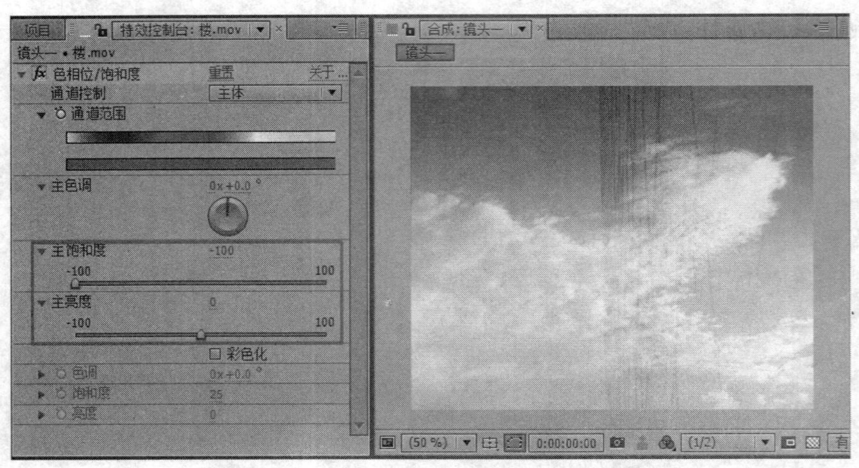

图 9-7 设置“色相位/饱和度”特效参数及效果

设置参数和效果如图 9-8 所示。

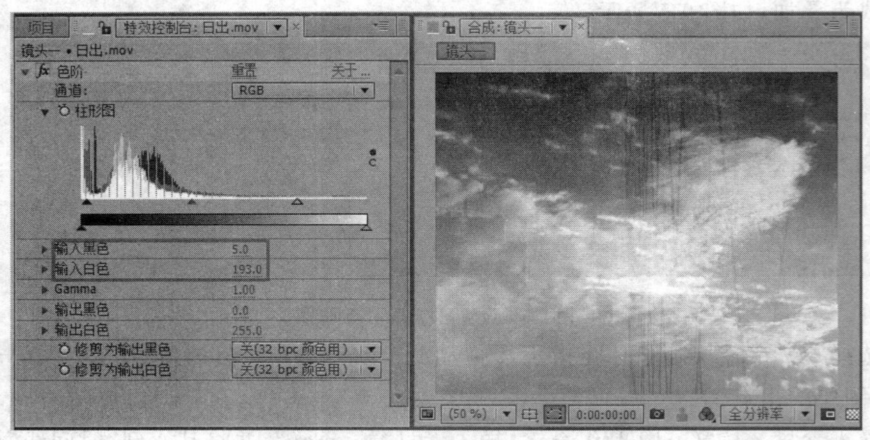

图 9-8 设置“色阶”特效参数及效果

11. 导入素材。按“Ctrl+I”组合键，导入素材“楼.jpg”，并将其拖到“时间线”面板中。按 S 键，展开比例缩放属性，设置比例数值为 92.0。

12. 设置位置动画。按 P 键，展开图层的位置属性，将时间指示器移动到 0:00:00:00 的位置，设置位置数值(357.0，291.0)，激活“位置”属性前面的“时间秒表”按钮，记录其位置动画；将当前时间指示器移到 0:00:01:14 帧位置，设置位置数值(357.0，284.0)，为图层设置位移动画。

图 9-9 绘制遮罩及效果

13. 绘制遮罩。单击工具栏中的“矩形遮罩工具”按钮，在合成中绘制一个矩形遮罩，如图 9-9 所示。按 F 键，展开遮罩羽化属性，设置其值为(100.0，200.0)，蒙版被羽化。

14. 抠像。“效果”→“键控”→“颜色键”菜单命令，选择吸管工具，吸取背景素材上的白色，让背景透明，如图 9-10 所示。

图 9-10　设置“颜色键”参数及效果

15. 复制层。选择“楼. jpg”图层，按“Ctrl＋D”组合键，复制一层。选中新复制层，在效果控制面板中删除“颜色键”特效和矩形遮罩。单击工具栏中“钢笔工具”按钮，在合成窗口中绘制如图 9-11 所示的路径。

图 9-11　绘制路径

16. 绘制遮罩。单击工具栏中的“矩形遮罩工具”按钮，在合成中绘制一个矩形遮罩，如图 9-12 所示，设置遮罩羽化值为(140. 0，140. 0)，并设置该蒙版的混合模式为减。

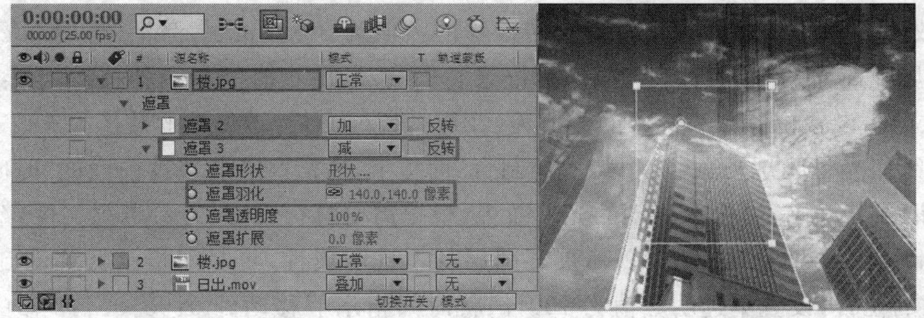

图 9-12　绘制遮罩

17. 导入素材。按“Ctrl＋I”组合键，导入素材“树叶.tga”，并将其拖到“时间线”面板中。按S键，展开比例缩放属性，设置值为(86.0,86.0%)。

18. 设置位置动画。按P键，展开图层的位置属性，将时间指示器移动到0:00:00:00的位置，设置位置数值(231.0,172.0)，激活“位置”属性前面的“时间秒表”按钮，记录其位置动画；将当前时间指示器移到0:00:01:14帧位置，设置位置数值(217.0,134.0)，为图层设置位移动画。

19. 制作阳光照射树叶的效果。按“Ctrl＋Y”组合键，新建一个黑色的固态层，名为“光晕”，并设置该层的模式为添加。单击“效果”→“Video Copilot”→“Optical Flares”菜单命令，为图层添加镜头光晕特效插件，如图9-13所示。

图 9-13 添加“镜头光晕”特效

20. 制作光晕位置动画。将时间指示器移动到0:00:00:00帧的位置，设置位置XY选项的数值为(232.0,145.0)，设置旋转偏移的数值为38x＋0.0°，激活“位置XY”和“旋转偏移”属性前面的“时间秒表”按钮，记录它们的动画；把时间指示器移动到0:00:01:14帧的位置，设置位置XY选项的数值为(227.0,175.0)，旋转偏移的数值为68x＋0.0°。

21. 制作光晕闪烁动画。在“特效控制台”面板上，激活“比例”属性前面的“时间秒表”按钮，记录其动画，制作出闪动的光晕效果(根据需要自行设置，可参考源文件)。

22. 制作不透明动画。按T键，展开图层的不透明属性，将时间指示器移动到0:00:00:11帧的位置，设置不透明数值为100%；将时间指示器移动到0:00:00:13帧的位置，设置不透明数值为47%；将时间指示器移动到0:00:00:15帧的位置，设置不透明度

为 100%。

23. 选中创建的三个关键帧，按“Ctrl＋C”组合键复制，将时间指示器移动到 0：00：01：03 帧的位置，按“Ctrl＋V”组合键粘贴。

24. 至此，镜头一：《背景和阳光照射效果》制作完成，效果如图 9-14 所示。

图 9-14　镜头一：《背景和阳光照射》效果

9.3.2　镜头二：《背景和时尚人物剪影》的制作

1. 新建“镜头二”合成。按“Ctrl＋N”组合键，新建一个合成，时长为 2 秒，其他参数同镜头一。

2. 复制图层。在“镜头一”合成中选择“背景”图层、“蒙版”图层和“云”图层，按“Ctrl＋C”组合键复制，回到“镜头二”合成，按“Ctrl＋V”组合键粘贴，如图 9-15 所示。

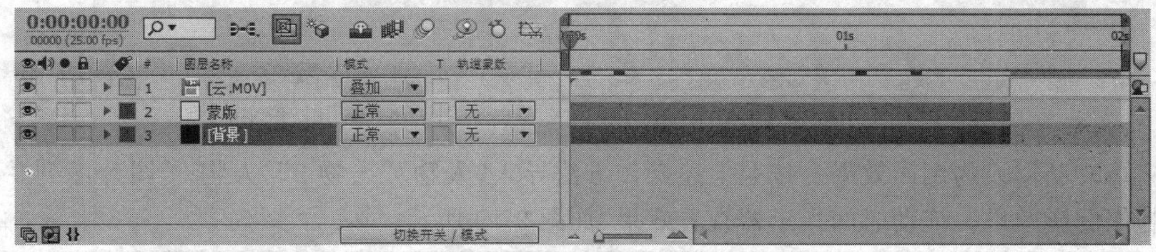

图 9-15　复制图层

3. 调整图层出点。将背景层、蒙版层和云层的出点调整至 0：00：01：24 的位置，如图 9-16 所示。

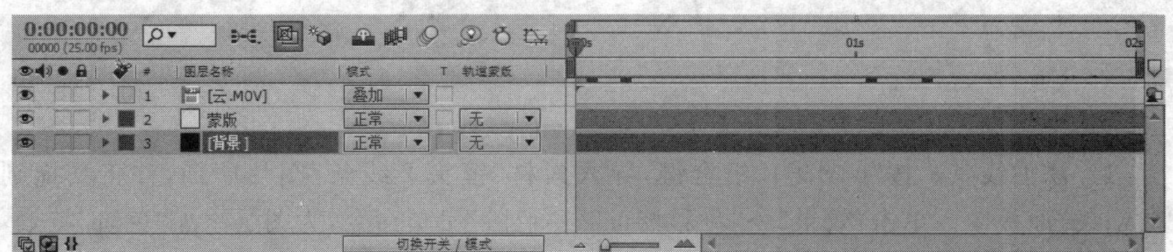

图 9-16　调整图层出点

4. 导入素材。按“Ctrl＋I”组合键，导入素材“矢量建筑. psd”，并将其拖到“时间线”面板中，设置模式为叠加。

5. 制作缩放动画。按S键，展开图层的缩放属性，将时间指示器移动到0:00:00:00帧的位置，设置缩放值(40.0,40.0%)，激活“缩放”属性前面的“时间秒表”按钮，记录其缩放动画；将当前时间指示器移到0:00:01:24帧位置，设置缩放值(43.0,43.0%)。

6. 绘制遮罩。单击工具栏中的“矩形遮罩工具”按钮，在合成中绘制一个矩形遮罩，如图9-17所示。按F键，展开遮罩羽化属性，设置其值为(200.0,200.0)，蒙版被羽化。

7. 制作文字倒影效果。按“Ctrl＋I”组合键，导入“文字. IFF”，勾选“IFF序列”，导入素材，并将其拖到“时间线”面板中。按S键，展开缩放属性，设置缩放值为(120.0,120.0%)。

8. 单击工具栏中“钢笔工具”按钮，在合成窗口中绘制如图9-18所示的路径。按F键，展开遮罩羽化属性，设置其值为(100.0,100.0)，蒙版被羽化。(提示：蒙版是制作倒影的常用方法)

图9-17 绘制遮罩

图9-18 制作文字倒影效果

9. 制作人物倒影效果。按照上述操作方法导入“人物”“人物2”“人物3”图片序列并制作倒影效果。拖动时间指示器查看效果，如图9-19所示。

图9-19 制作人物倒影效果

10. 添加线条。按“Ctrl＋I”组合键，导入素材“镜头2线条”图片序列，并将其拖到“时间线”面板中。单击“效果”→“色彩校正”→“色阶”菜单命令，为图层添加“色阶”特效，参数设置如图9-20所示。

11. 至此，镜头二:《文字和人物剪影》制作完成，效果如图9-21所示。

图 9-20　设置“色阶”特效参数及效果

图 9-21　镜头二：《文字和人物剪影》效果

9.3.3　镜头三：《文字和楼房剪影》的制作

1. 新建“镜头三”合成。按“Ctrl＋N”组合键，新建一个合成，时长为 2 秒 06 帧。

2. 复制图层。在“镜头一”合成中选择“背景”图层、“蒙版”图层和“云”图层，按“Ctrl＋C”组合键复制，回到“镜头三”合成，按“Ctrl＋V”组合键粘贴。

3. 调整图层出点。将背景层、蒙版层和云层的出点调整至 0:00:02:06 帧的位置。

4. 导入素材。按“Ctrl＋I”组合键，导入素材“建筑 1. psd”“建筑 2. psd”，并将其拖到“时间线”面板中。选择“建筑 1. psd”层，按 P 键和“Shift＋S”组合键，展开图层的位置和缩放属性，设置参数如图 9-22 所示。

5. 制作倒影效果。按“Ctrl＋D”组合键，复制一层，选择下面的图层，按 P 键和“Shift＋S”组合键，展开图层的位置和缩放属性，设置参数和效果如图 9-23 所示。

6. 绘制遮罩。单击工具栏中的“矩形遮罩工具”按钮▭，在合成中绘制一个矩形遮罩，如图 9-24 所示。按 F 键，展开遮罩羽化属性，设置其值为(40.0,40.0)，蒙版被羽化。

图 9-22 设置位置和缩放参数

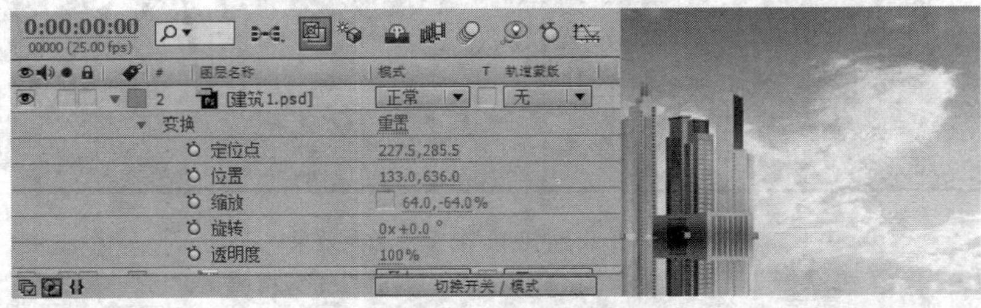

图 9-23 设置位置、缩放参数和效果 1

图 9-24 绘制遮罩 1

7. 选择"建筑 2. psd"层，按 P 键和"Shift＋S"组合键，展开图层的位置和缩放属性，设置参数如图 9-25 所示。

图 9-25 设置位置、缩放参数和效果 2

8. 制作倒影效果。按"Ctrl＋D"组合键，复制一层，选择下面的图层，按 P 键和"Shift＋S"组合键，展开图层的位置和缩放属性，设置参数和效果如图 9-26 所示。

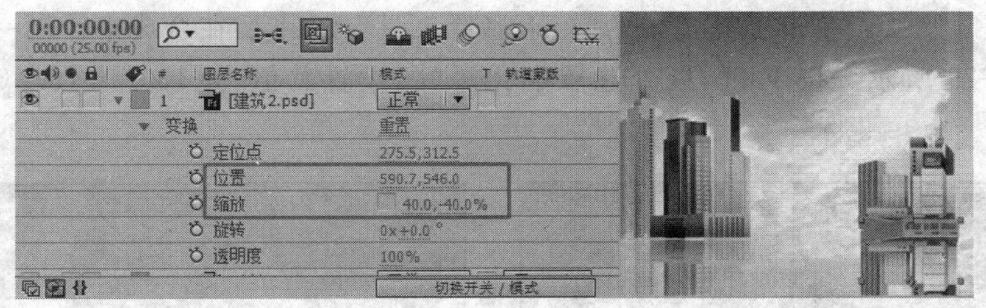

图 9-26　设置位置、缩放参数和效果 3

9. 绘制遮罩。单击工具栏中的“矩形遮罩工具”按钮，在合成中绘制一个矩形遮罩，如图 9-27 所示。按 F 键，展开遮罩羽化属性，设置其值为(400.0,400.0)，蒙版被羽化。

图 9-27　绘制遮罩 2

10. 制作人物倒影效果。导入“矢量人物 1”“矢量人物 2”素材，并将它们拖到“时间线”面板中。选择“矢量人物 1”层，按 S 键，展开缩放属性，设置缩放值为(50.0,50.0%)。

11. 制作位置动画。按 P 键，展开位置属性。将当前时间指示器移到 0:00:00:10 帧位置，设置位置数值(804.0,398.0)，激活“缩放”属性前面的“时间秒表”按钮，记录其缩放动画；将当前时间指示器移到 0:00:00:17 帧位置，设置位置数值(610.0,398.0)。

12. 制作人矢量人物 1 倒影效果。按“Ctrl＋D”组合键，复制一层，选择上面的图层，按 P 键和“Shift＋S”组合键，展开图层的位置和缩放属性，设置缩放值为(50.0,－50.0%)。

13. 制作位置倒影动画。将当前时间指示器移到 0:00:00:10 帧位置，设置位置数值(804.0,587.0)，激活“缩放”属性前面的“时间秒表”按钮，记录其缩放动画；将当前时间指示器移到 0:00:00:17 帧位置，设置位置数值(610.0,587.0)。

14. 绘制遮罩。单击工具栏中的“矩形遮罩工具”按钮，在合成中绘制一个矩形遮罩，如图 9-28 所示。按 F 键，展开遮罩羽化属性，设置其值为(130.0,130.0)，蒙版被羽化。

15. 制作矢量人物 2 位置动画。按 P 键，展开位置属性。将当前时间指示器移到 0:00:00:00 帧位置，设置位置数值(－106.0,464.0)，激活“缩放”属性前面的“时间秒表”按钮，记录其缩放动画；将当前时间指示器移到 0:00:00:13 帧位置，设置位置数值(80.0,464.0)。

16. 绘制遮罩。单击工具栏中的“矩形遮罩工具”按钮，在合成中绘制一个矩形遮罩，如图 9-29 所示。按 F 键，展开遮罩羽化属性，设置其值为(130.0,130.0)，蒙版被羽化。

图 9-28　绘制遮罩 3

图 9-29　绘制遮罩 4

17. 导入镜头 3 文字。按“Ctrl+I”组合键，导入“镜头 3 文字.IFF”，并将其拖到“时间线”面板中。按 S 键，展开缩放属性，设置缩放值为(60.0,60%)，并适当调整其位置。

18. 添加特效。单击“效果”→“色彩校正”→“色阶”菜单命令，为图层添加“色阶”特效，参数设置和效果如图 9-30 所示。

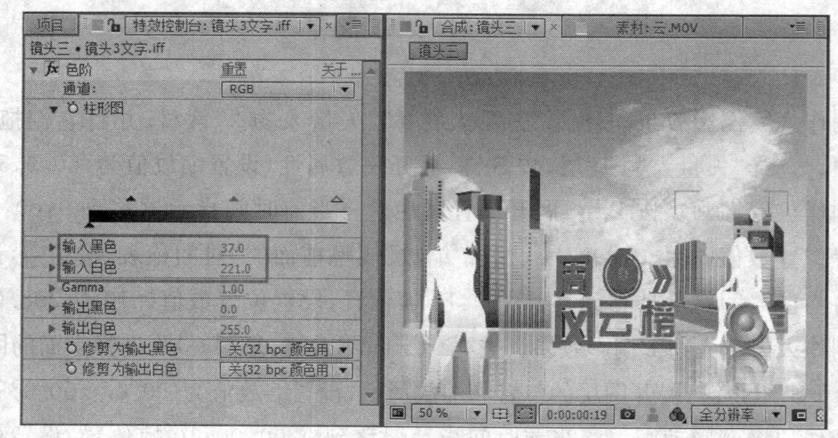

图 9-30　设置“色阶”特效和效果

19. 制作文字倒影。按“Ctrl+D”组合键，复制一层，选择上面的图层，按 P 键和“Shift+S”组合键，展开图层的位置和缩放属性，设置参数和效果如图 9-31 所示。

20. 绘制遮罩。单击工具栏中的“矩形遮罩工具”按钮，在合成中绘制一个矩形遮罩，如图 9-32 所示。按 F 键，展开遮罩羽化属性，设置其值为(130.0,130.0)，蒙版被羽化。

21. 添加线条。按“Ctrl+I”组合键，导入素材“镜头 3 线条”图片序列，并将其拖到“时间线”面板中。单击“效果”→“色彩校正”→“色阶”菜单命令，为图层添加“色阶”特效，参数设置如图 9-33 所示。

图 9-31　设置位置、缩放参数和效果 4

图 9-32　绘制遮罩 5

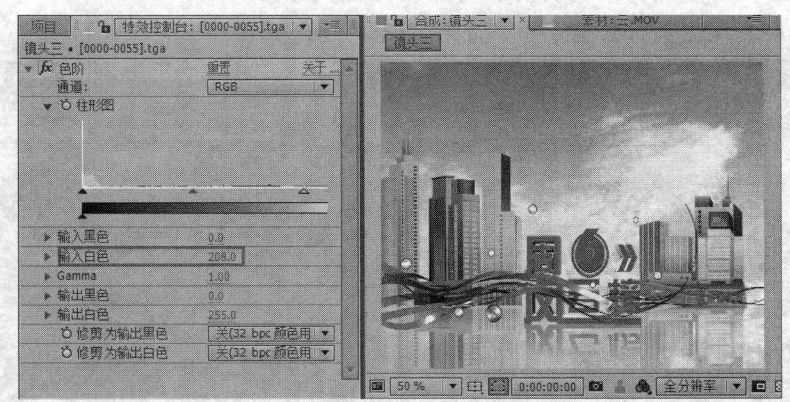

图 9-33　设置“色阶”特效参数及效果

22. 至此，镜头三:《文字和楼房剪影》制作完成，效果如图 9-34 所示。

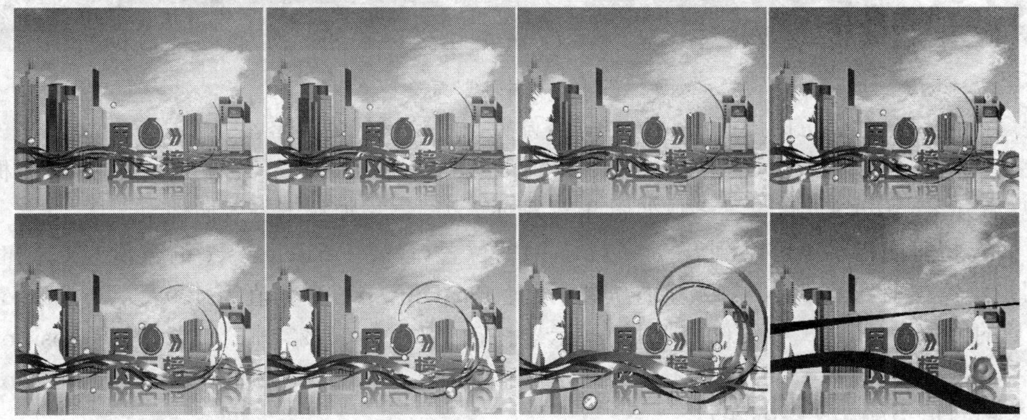

图 9-34　镜头三:《文字和楼房剪影》效果

9.3.4 镜头四:《定版》的制作

1. 新建"定版"合成。按"Ctrl+N"组合键,新建一个合成,时长为3秒。

2. 在"镜头三"合成中选择"背景"层、"蒙版"层、"云"层、"建筑1"层和"建筑2"层,按"Ctrl+"C键复制,回到"定版"合成,按"Ctrl+V"组合键粘贴,并将各图层的出点调整至0:00:03:24帧的位置,如图9-35所示。

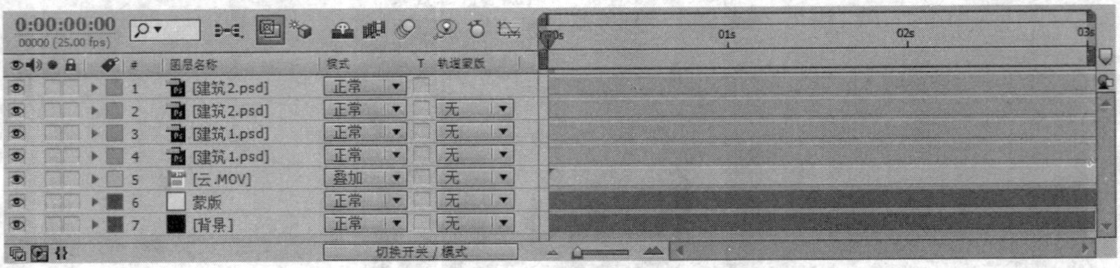

图 9-35 复制图层

3. 导入素材。按"Ctrl+I"组合键,导入"定版线条""定版""定版倒影"图片序列。选择"定版线条"图片序列,并将其拖到"时间线"面板中。

4. 加入星光层之前"时间线"面板如图9-36所示。

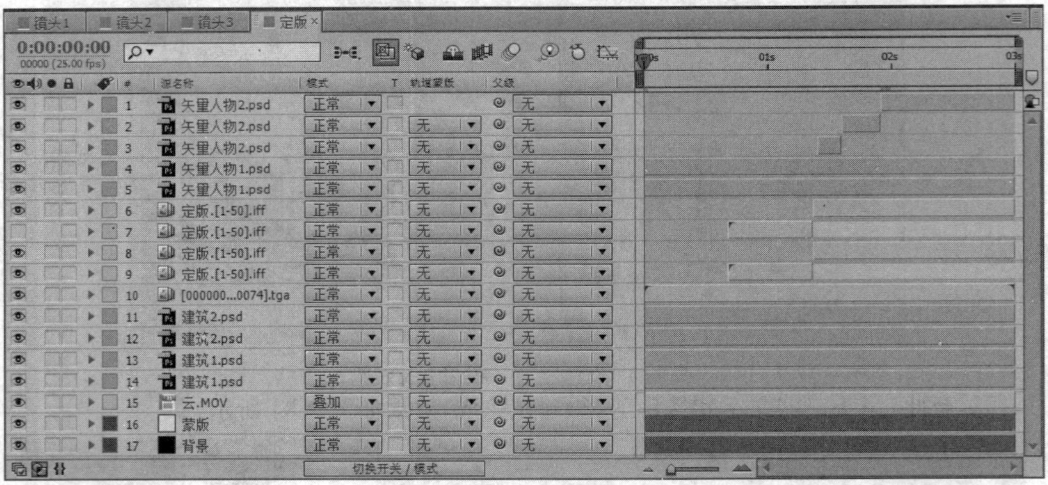

图 9-36 "时间线"面板

5. 新建一个黑色的固态层,名为星光,设置该层的模式为屏幕。

6. 选中"星光"图层,单击"效果"→"Trapcode"→"Particular"菜单命令,在效果面板中,展开Emitter属性,设置参数如图9-37所示,为图层添加粒子特效插件。

7. 把时间指示器移动到0:00:01:15帧的位置,设置Particles/sec的数值为0;把时间指示器移动到0:00:01:17帧的位置,设置Particles/sec的数值为400,设置Position XY的数值为(444.0,444.0);把时间指示器移动到0:00:01:22帧的位置,设置Position XY的数值为(377.0,359.0);把时间指示器移动到0:00:02:05帧的位置,设置Position XY的数值为(0.0,-305.0)。

8. 展开Particle属性,设置参数如图9-38所示。

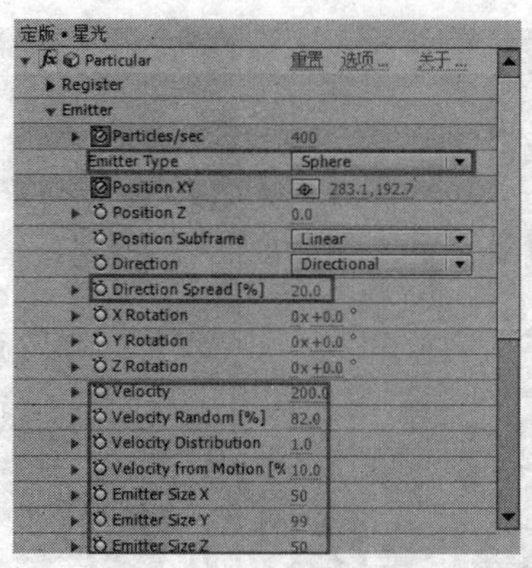

图 9-37　设置 Particular 特效的 Emitter 属性参数　　图 9-38　设置 Particular 特效的 Particle 属性参数

9. 展开 Physics 属性，设置参数如图 9-39 所示。

10. 展开 Aux System 属性，设置参数如图 9-40 所示。

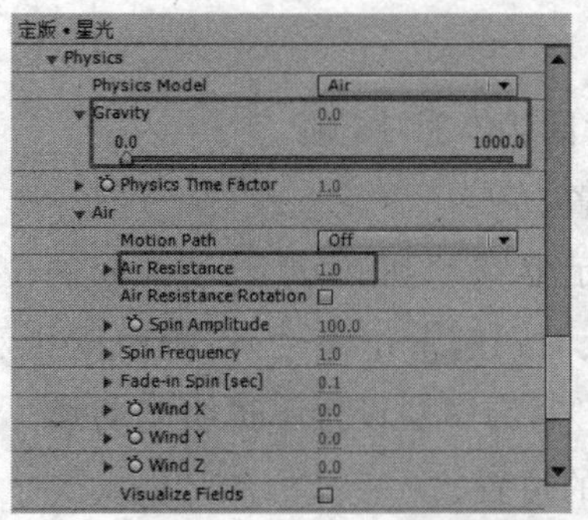

图 9-39　设置 Particular 特效的 Physics 属性参数

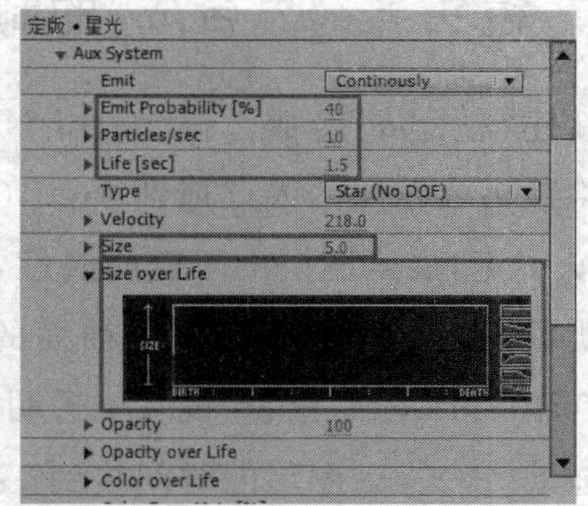

图 9-40　设置 Particular 特效的 Aux System 属性参数

11. 单击 Particular 特效后面的 Options 属性，弹出对话框进行设置，如图 9-41 所示。

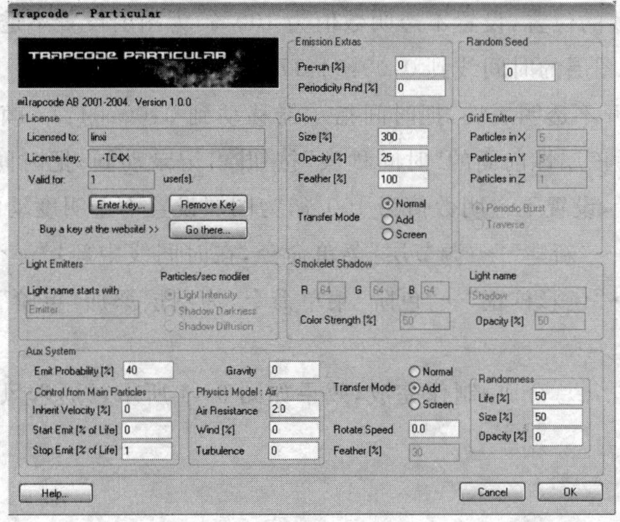

图 9-41　设置 Particular 特效的 Options 属性

12. 至此，镜头四：《定版》制作完成，效果如图 9-42 所示。

图 9-42 镜头四：《定版》效果

9.3.5 镜头五：《总合成》的制作

1. 新建“总合成”合成。按“Ctrl＋N”组合键，时间为 7 秒 15 帧。

2. 将镜头二图层的入点拖到 0:00:01:08 的位置。

3. 按 T 键，展开图层的不透明属性，把时间指示器移动到 0:00:01:05 帧的位置，设置不透明数值为 0%，激活该属性前面的“时间秒表”按钮，记录动画；把时间指示器移动到 0:00:01:14 帧的位置，设置不透明数值为 100%，为图层设置不透明度动画。

4. 拖动“镜头三”图层的时间线到 0:00:02:22 的位置。

5. 按 T 键，展开图层的不透明属性，把时间指示器移动到 0:00:02:22 帧的位置，设置不透明数值为 0%，激活该属性前面的“时间秒表”按钮，记录动画；把时间指示器移动到 0:00:03:08 帧的位置，设置不透明数值为 100%，为图层设置不透明度动画。

6. 拖动“定版”图层的时间线到 0:00:04:17 的位置。

7. 按 T 键，展开不透明属性，把时间指示器移动到 0:00:04:17 帧的位置，设置不透明数值为 0%，激活该属性前面的“时间秒表”按钮，记录动画；把时间指示器移动到 0:00:04:22 帧的位置，设置不透明数值为 100%，为图层设置不透明度动画。

8. 单击“图层”→“新建”→“调节层”菜单命令，在时间线中新增一个调节层。选中调节层，单击“效果”→“色彩校正”→“色阶”菜单命令，为图层添加“色阶”特效，参数设置如图 9-43 所示。

9. 至此，镜头五：《总合成》制作完成，效果如图 9-44 所示，《周六风云榜》电视栏目片头全部制作完成。

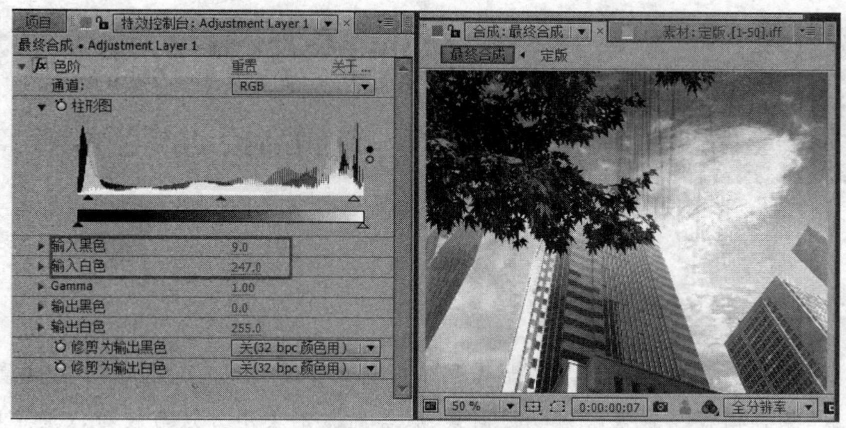

图 9-43　设置“色阶”特效参数和效果

图 9-44　镜头五:《总合成》效果

9.4　本章小结

本章中的镜头一使用渐变命令、蒙版和混合模式制作背景效果,使用“颜色键”命令和蒙版制作抠像效果,使用“Optical Flares”特效制作光晕效果;镜头二、镜头三主要使用混合模式制作背景效果,使用蒙版制作倒影效果;镜头四使用 Particular 命令制作星光效果;最终合成是通过 AE 中拖动时间线和设置不透明属性的关键帧动画来制作镜头的转场效果。

整个项目综合运用到了“渐变”特效、Trapcode 中的“Particular”特效、“Optical Flares”特效和“键控”特效等,应注意掌握这些特效对片头表现起到的作用,以融会贯通,灵活运用到自己的创作中。片头中多处使用了蒙版技术制作剪影效果,给人留下更大的想象空间。

第10章 影视广告片创作

——《魅力中国·首届高校动漫艺术节》广告片

本章教学目标

1. 掌握使用“分形噪波”“色阶”“曲线”等特效，制作变幻纹理动画的方法；(重点)

2. 掌握“复合模糊”“置换映射”“径向模糊”等特效的使用方法与技巧；(重点)

3. 掌握使用“查找边缘”“色相位/饱和度”“色阶”“高斯模糊”等特效制作水墨效果的方法与技巧；(重点)

4. 掌握“Keylight(1.2)”键控特效在合成中的使用方法与技巧；(重点)

5. 掌握各种特效及层模式在影视广告片创作中的应用方法与技巧。(难点)

影视广告片是覆盖面最广的大众传播媒体之一，具有即时传达远距离信息的媒体特性，能具体而准确地传达吸引受众的意图。传播的信息容易成为受众的共识，容易被各个年龄段的人接受，接受频率高。

10.1 影视广告片概述

1. 影视广告片的特点

影视广告在表现形式上，吸收了装潢、绘画、雕塑、音乐、舞蹈、电影、文学艺术等的特点，运用影视艺术形象思维的方法，使商品更富有感染力、号召力。

影视广告按自身的性质而言，它是商品信息的传递，但在表现形式上又与其他种类的广告不同，它是以艺术的手段来制作的。因此说，影视广告是科学的信息传递，又是利用艺术手法来表现的。

从广告的内涵来看，艺术要赋予高度的想象力，即在情理之中，又在意料之外。但广告片绝不能用荒诞的办法来耍噱头，而是要以策划为主体，创意为中心，先研究商品，研究观众的心理，研究目标对象(哪些人看，文化层次怎样，市场情况如何)，抓住广告的主题，有创意、有表现手段，同时，广告要开门见山。

2. 影视广告片的结构形式

(1)以商品形象为主，与解说及音乐相结合的结构形式。

(2)以模特演示为主，与商品特点、解说和音乐相结合的结构形式。

(3)以人物、情节为主，与商品特点、语言和音乐相结合的结构形式。

(4)以动画为主，与商品特点、音乐和解说相结合的结构形式。

(5)以儿童为主，与歌唱、旁白和音乐相结合的结构形式。

3. 影视广告片的构成要素

(1)影视广告片的视觉要素

影视广告片的视觉构成要素有两种形态,即图像和字幕。

影视广告图像(又称画面)是影视广告中最重要的因素。图像造型表现力和视觉冲击力是电视广告获得效果的最强有力的表现手段。影视广告以运动的和定格的两种方式存在。

依靠运动的图像增强表现力和感染力,格外注重商品的动态表现。巧妙地创造商品的运动的方法很多,比如可以让商品自身运动起来、用人的行为创造商品的运动、运用光影创造商品运动等。

(2)影视广告片的听觉要素

影视广告片的听觉要素包括广告语、音乐及音响三部分。

影视广告片作为听觉部分的广告语有两种形态:一种是旁白;另一种是广告模特儿的台词。影视广告音乐包含背景音乐和广告歌。影视广告的音响是影视广告片中人和物运动时发出的,也有为了渲染情绪和气氛而附加的。

10.2　创意与展示

1. 任务创意描述

本项目是为《魅力中国・首届高校动漫艺术节》制作的广告片,广告片将动漫艺术与中国传统的水墨风格相结合,用水墨千变万化的艺术之美表现"魅力中国・首届高校动漫艺术节"是一次艺术的盛典,是动漫艺术魅力绽放的平台。通过"会展""论坛""赛事"和"活动"四大展示区,推动高校动漫艺术的交流、合作与发展。

2. 任务效果展示(如图 10-1 所示)

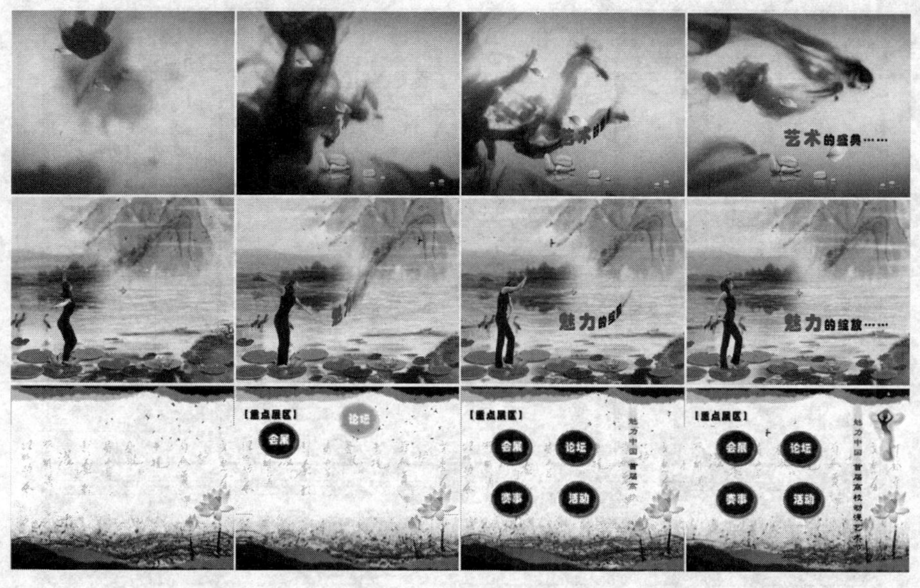

图 10-1　《魅力中国・首届高校动漫艺术节》广告片效果

10.3 任务实现

10.3.1 镜头一:《艺术的盛典》的制作

1. 制作飘动的文字。按“Ctrl+N”组合键,新建“文字 1”合成,如图 10-2 所示。

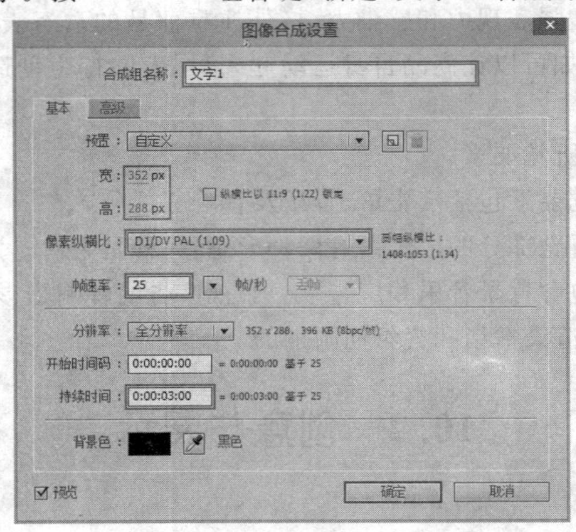

图 10-2 设置图像合成参数

2. 添加文字。选择工具栏中的“横排文字工具”按钮T,在“合成”窗口中单击,输入文字“艺术的盛典……”,设置字体为华文琥珀,字号为 20 px,字符间距为 150,填充色为黑色,无边色;选择“艺术”两个字,设置字号为 30 px,填充色为 RGB(210,0,0),如图 10-3 所示。

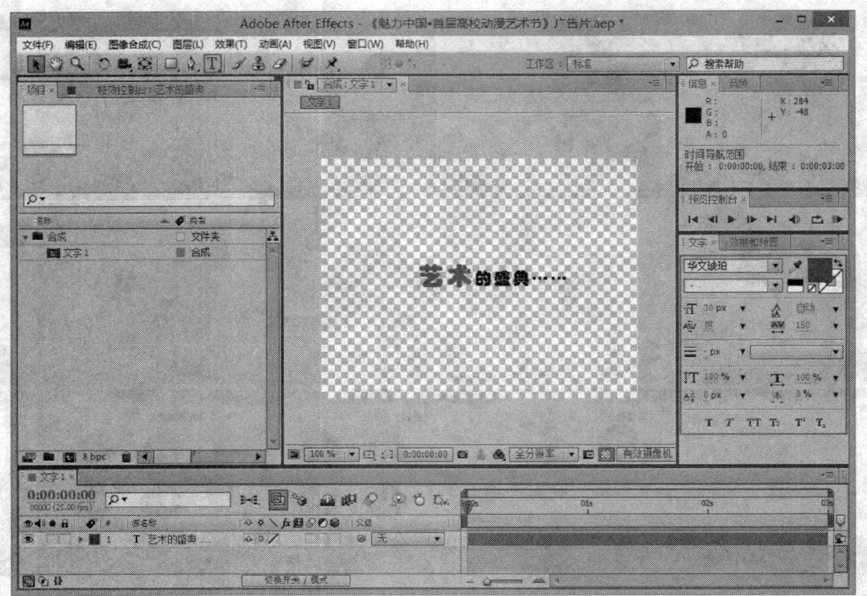

图 10-3 添加文字

3. 新建“噪波 1”合成，合成参数设置同前。按“Ctrl＋Y”组合键，创建一个与合成大小相同，“颜色”值为 RGB(136，136，136)的灰色固态层。

4. 添加“分形噪波”特效。单击“效果”→“杂波与颗粒”→“分形噪波”菜单命令，设置“溢出”值为修剪。将当前时间指示器移动到 0：00：00：00 帧，激活“演变”属性前面的“时间秒表”按钮，记录动画；将当前时间指示器移动到 0：00：02：24 帧，设置其值为 3x＋0.0°，如图 10-4 所示。

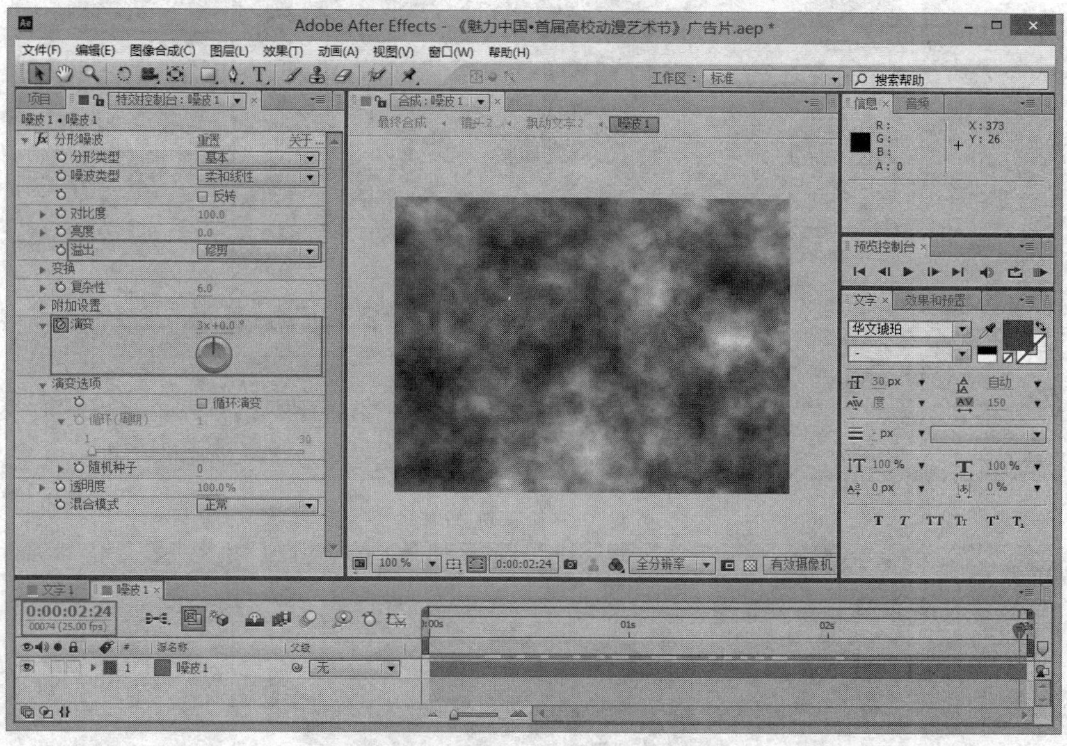

图 10-4　添加“分形噪波”特效

5. 添加“色阶”特效。单击“效果”→“色彩校正”→“色阶”菜单命令，设置“通道”为蓝，“蓝色输出黑色”值为 125.0，如图 10-5 所示。

6. 绘制遮罩。选择工具栏中的“矩形遮罩工具”按钮，在固态层上绘制一个如图 10-6 所示的矩形遮罩。按 F 键，展开“遮罩羽化”属性，设置其值为(70.0，70.0)。

7. 制作遮罩动画。按 M 键，展开“遮罩形状”属性，将当前时间指示器移动到 0：00：00：00 帧，激活该属性前面的“时间秒表”按钮，记录动画；将当前时间指示器移动到 0：00：02：24 帧，调整遮罩形状，如图 10-7 所示。

8. 新建“噪波 2”合成，合成参数设置同前。按“Ctrl＋Y”组合键，创建一个“颜色”值为 RGB(136，136，136)的灰色固态层，命名为“噪波 2”。与“噪波 1”合成制作方法相同，为其添加“分形噪波”和“色阶”特效，并制作同样的遮罩动画。

9. 添加“曲线”特效。单击“效果”→“色彩校正”→“曲线”菜单命令，调整曲线形状，如图 10-8 所示。

10. 新建“飘动文字 1”合成，合成参数设置同前。

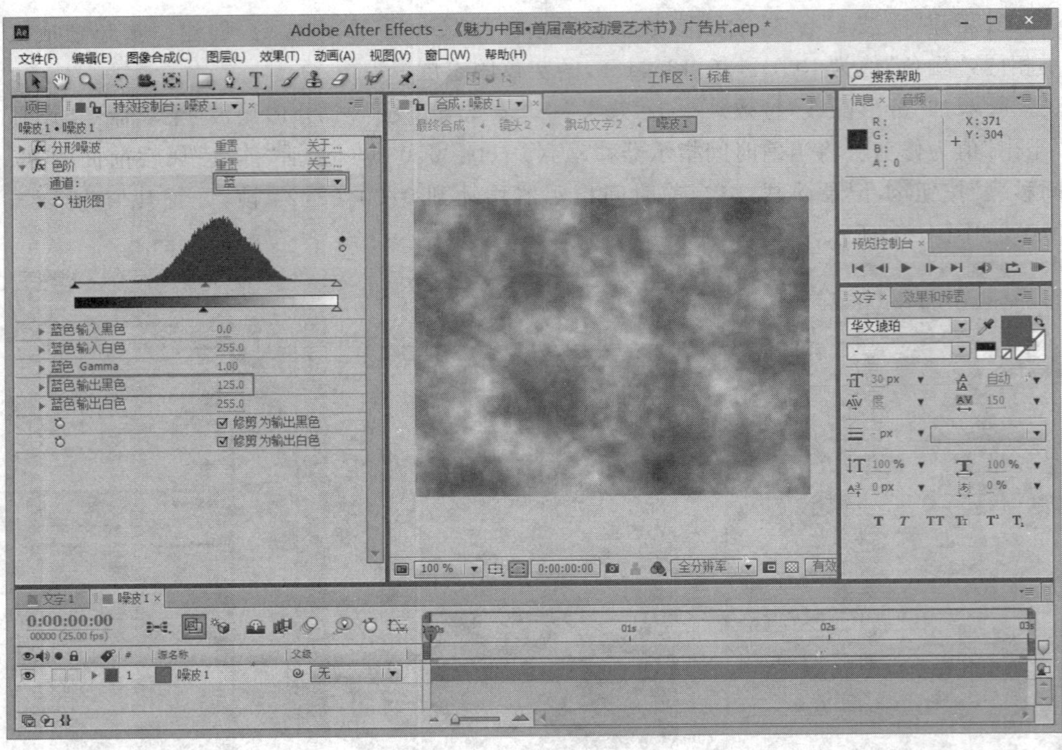

图 10-5 添加“色阶”特效

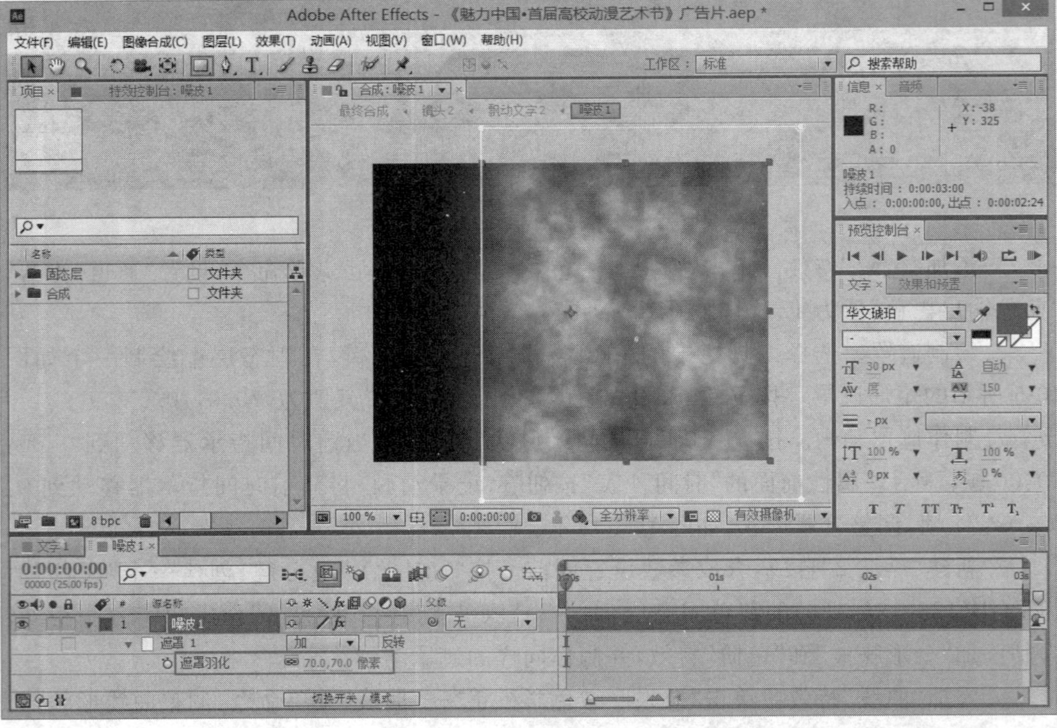

图 10-6 绘制遮罩

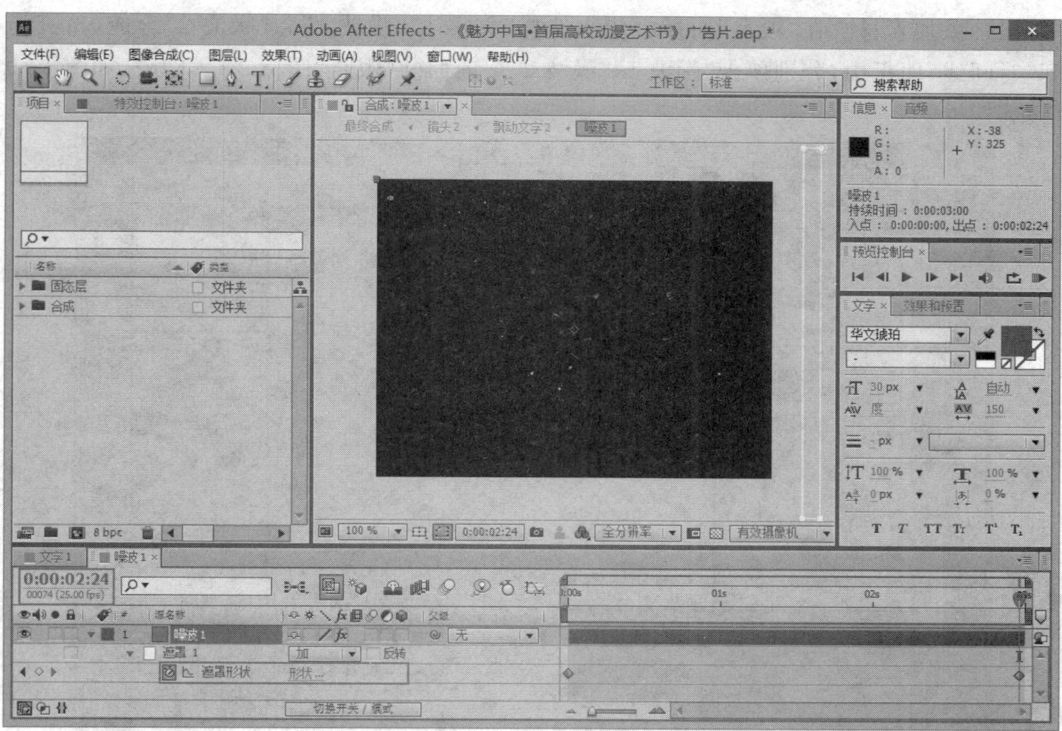

图 10-7　制作遮罩动画

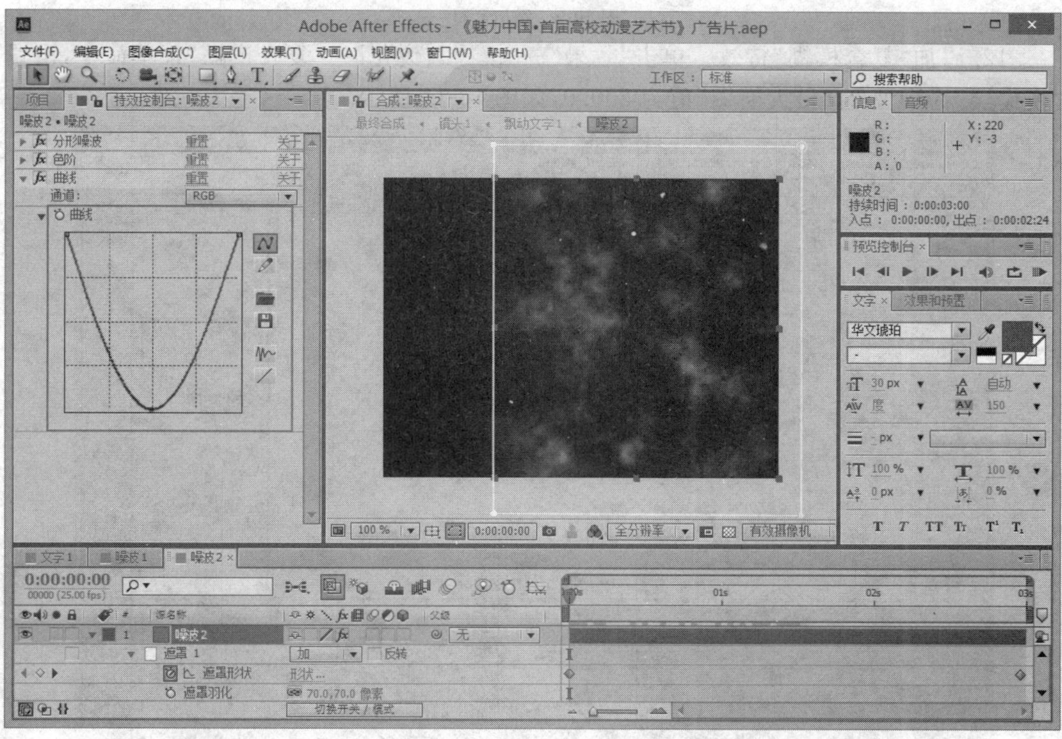

图 10-8　添加“曲线”特效

11. 添加素材。在“项目”面板中依次选择“文字 1”“噪波 1”和“噪波 2”合成，将其拖到“时间线”面板中，分别单击“噪波 1”“噪波 2”层前面的“眼睛”图标，将其隐藏，如图 10-9 所示。

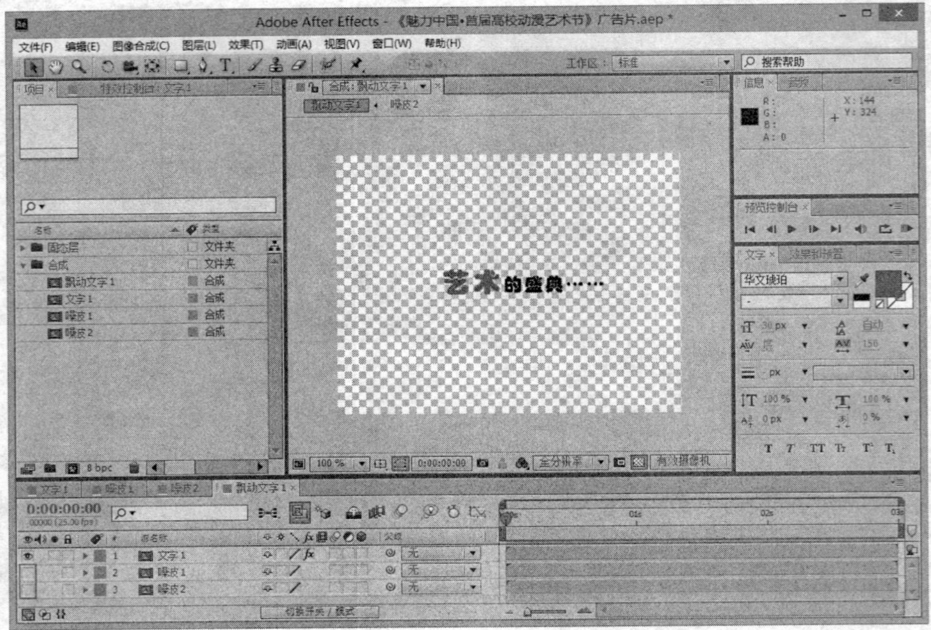

图 10-9　添加素材

12. 添加“复合模糊”特效。单击“效果”→“模糊与锐化”→“复合模糊”菜单命令，设置“模糊层”为噪波 2，“最大模糊”值为 200.0，如图 10-10 所示。

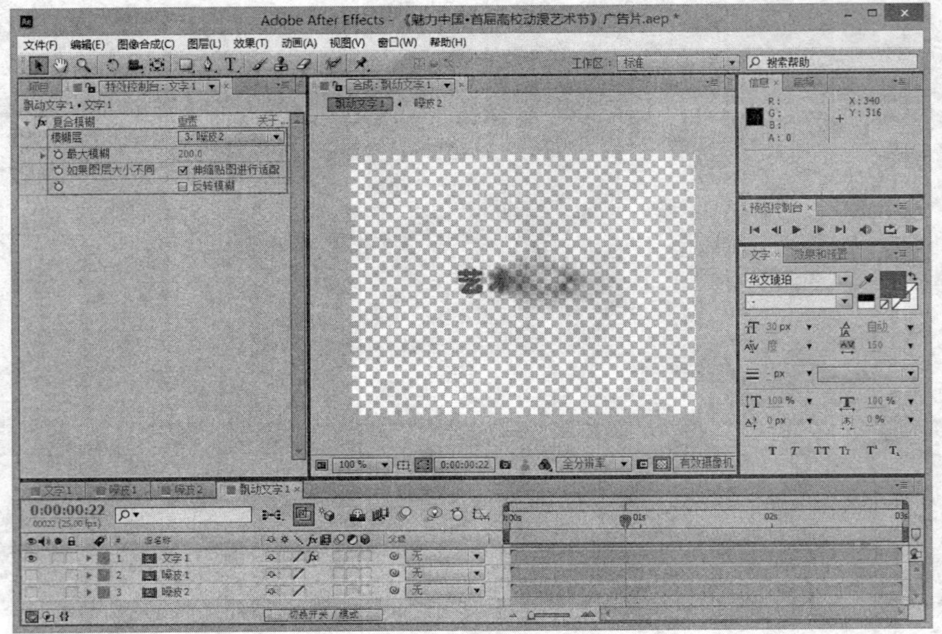

图 10-10　添加“复合模糊”特效

13. 添加“置换映射”特效。单击“效果”→“扭曲”→“置换映射”菜单命令，设置“映射图层”为噪波 1，其他参数设置，如图 10-11 所示。

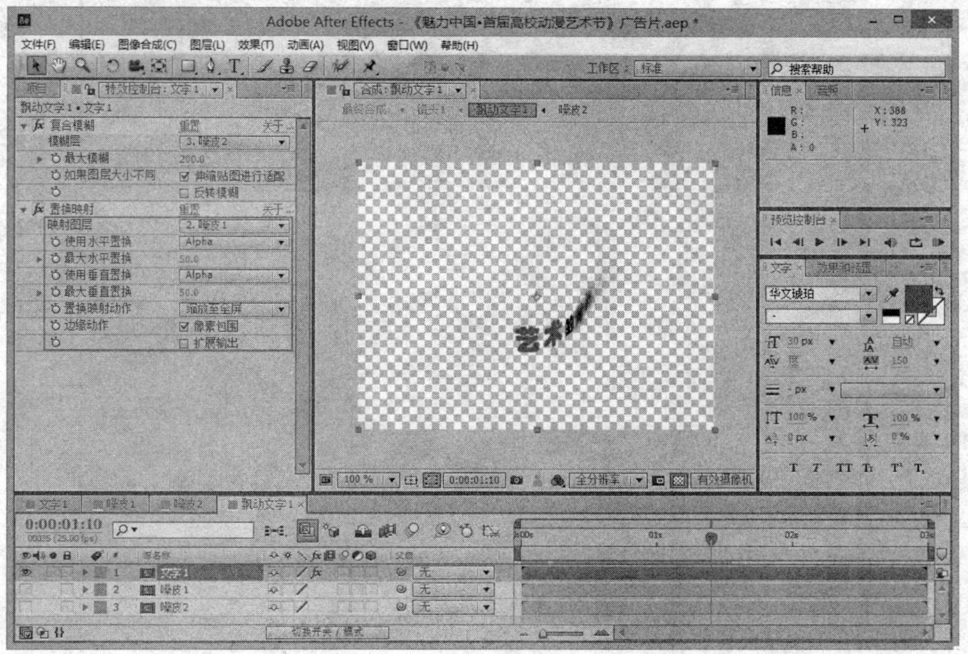

图 10-11　添加“置换映射”特效

技术点睛

“置换映射”特效可以指定一个层作为置换贴图，应用贴图置换层的某个通道值对图像进行水平和垂直方向的变形。

- 映射图层：选择本合成中的图像层为置换层。
- 使用水平置换/垂直置换：选择一个用于水平或垂直方向置换的通道。
- 最大水平/垂直置换：置最大水平或垂直变形程度。
- 置换映射动作：“图像居中”表示置换图像与特效图像中心对齐；“拉伸图像到适合”表示将置换图像拉伸以匹配特效图像，使其与特效图像层大小一致；“置换平铺”表示将置换层以平铺的形式填满整个特效层。
- 边缘动作：可以选择“像素包围”，将覆盖边缘像素。
- 扩展输出：勾选该复选框，将使用扩展输出。

14. 新建“镜头一”合成，合成参数设置同前。按“Ctrl＋I”组合键，打开“导入文件”对话框，将该案例的素材导入到“项目”面板中。

15. 添加素材。在“项目”面板中依次选择“水墨鱼 1. mp4”“石头. psd”素材，将其拖到“时间线”面板中，按 S 键，展开其“缩放”属性，适当调整其大小，如图 10-12 所示。

16. 调整石头效果，并制作动画。在“时间线”面板中，选择“石头. psd”层，单击“效果”→“色彩校正”→“色相位/饱和度”菜单命令，设置“主饱和度”值为 20。按 T 键，展开其“透明度”属性，设置其值为 0%，将当前时间指示器移动到 0:00:00:13 帧，激活其属性前面的“时间秒表”按钮，记录动画；将当前时间指示器移动到 0:00:01:01 帧，设置其值为

图 10-12 添加素材

100%，如图 10-13 所示。

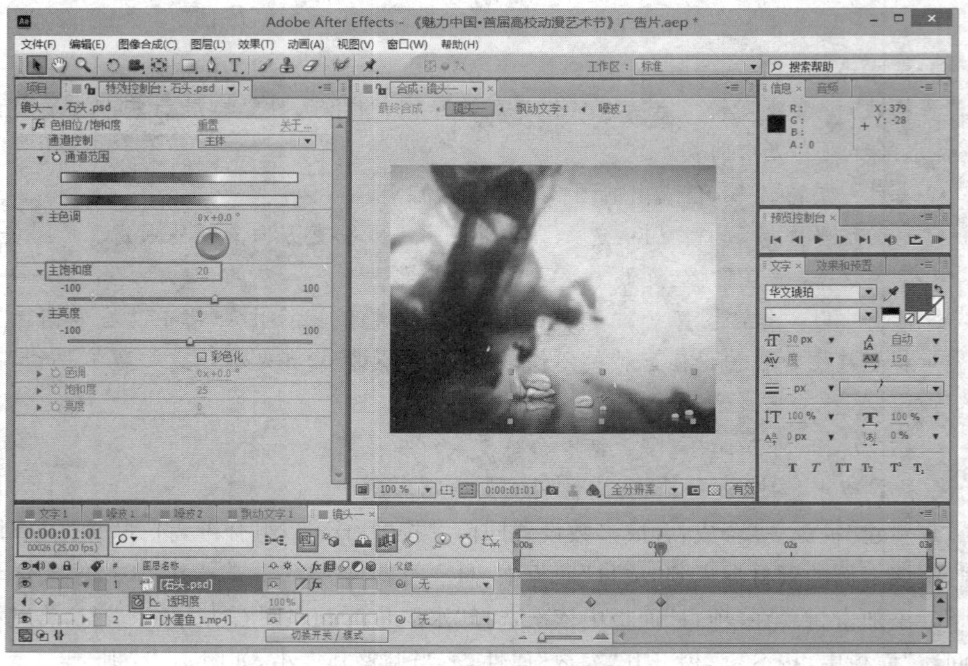

图 10-13 调整石头效果并制作动画

17. 添加花瓣素材。在“项目”面板中选择“huaban_{1-216}. iff”素材，将其拖到“时间线”面板中，设置其“缩放”值为(50. 0，50. 0%)，层的“入点”为－0：00：02：24；单击“效果”→“色彩校正”→“色相位/饱和度”菜单命令，设置“主色调”值为－11，“主饱和度”值为

56，如图 10-14 所示。

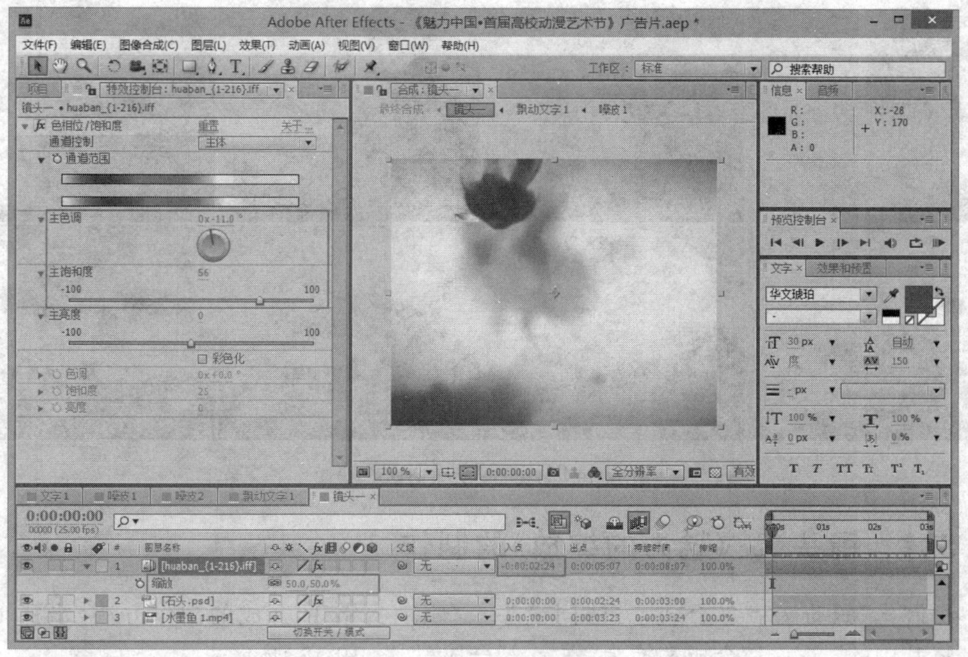

图 10-14　添加花瓣素材

18. 复制花瓣层。在“时间线”面板中选择“huaban_{1-216}. iff”层，按“Ctrl+D”组合键，复制一层，调整层“入点”值为－0：00：04：13；并在“项目”面板中选择“飘动文字 1”合成，将其拖到“时间线”面板中，如图 10-15 所示。

图 10-15　复制花瓣层

19. 至此，镜头一:《艺术的盛典》制作完成，效果如图 10-16 所示。

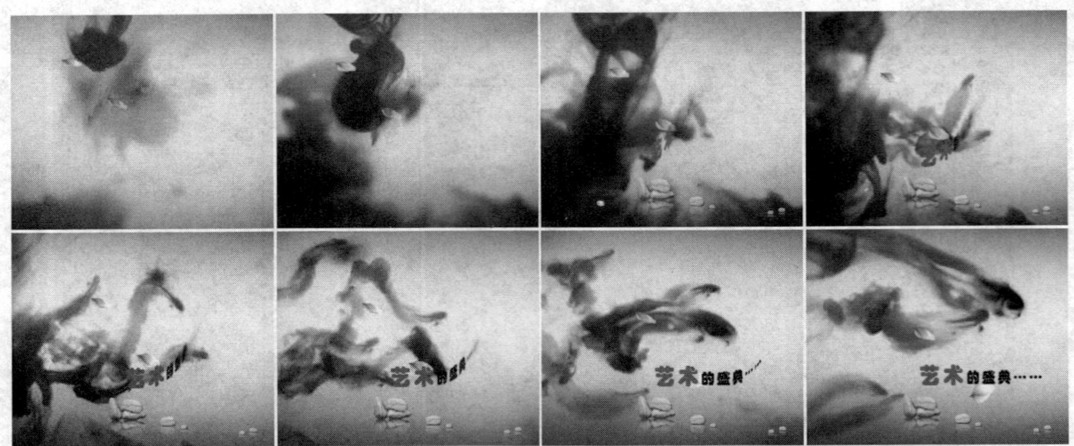

图 10-16 镜头一:《艺术的盛典》效果

10.3.2 镜头二:《魅力的绽放》的制作

1. 制作“飘动文字 2”合成，方法同镜头一“飘动文字 1”合成的制作方法(步骤 10—13)，将其中的“文字 1”合成替换为“文字 2”合成，如图 10-17 所示。

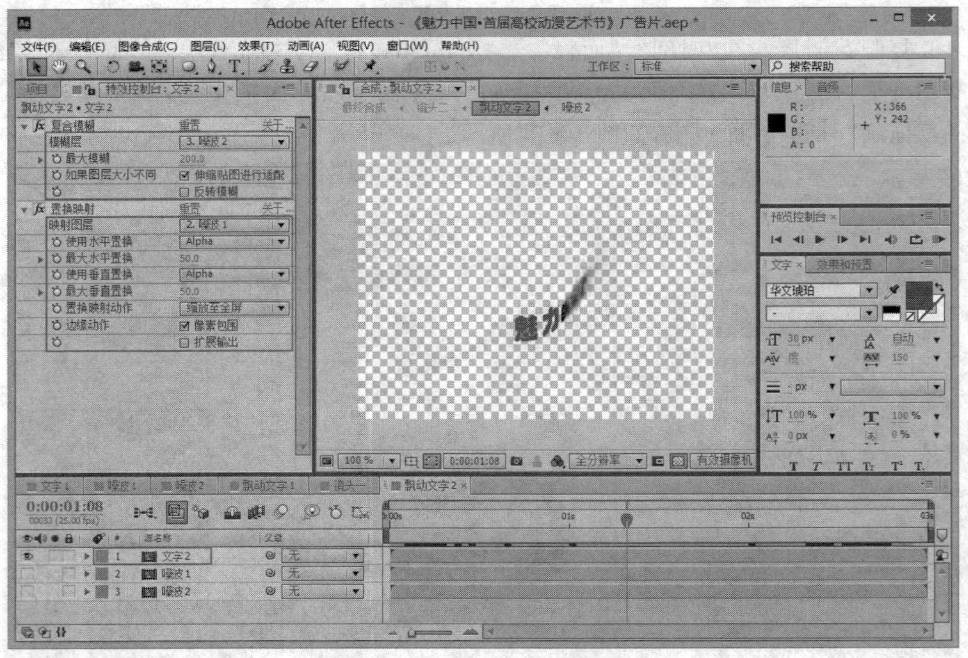

图 10-17 “飘动文字 2”合成

2. 新建“镜头二”合成，设置持续时间为 2 秒 23 帧，其他参数设置同前。

3. 添加素材。在“项目”面板中依次选择“水墨 02. mp4”“海水. avi”素材，将其拖到“时间线”面板中。选择“海水. avi”层，单击“效果”→“色彩校正”→“色相位/饱和度”菜单命令，设置“主饱和度”值为−100；并设置其层模式为“柔光”，如图 10-18 所示。

图 10-18　添加素材

4. 制作水面波动效果。在“时间线”面板中，选择“水墨 02. mp4”层，按“Ctrl＋D”组合键复制一层，置于顶层，并选择工具栏中的“钢笔工具”按钮，绘制一个如图 10-19 所示的遮罩；选择“海水. avi”层，设置其“轨道蒙版”为 Alpha。

图 10-19　制作水面波动效果

5. 制作水墨荷花。在“项目”面板中选择“荷花. png”素材，将其拖到“时间线”面板中。单击“效果”→“色彩校正”→“色相位/饱和度”菜单命令，设置“主饱和度”值为－100；为了增加荷花的真实感，继续单击“效果”→“透视”→“阴影”菜单命令，如图 10-20 所示。

图 10-20 制作水墨荷花

6. 保留荷花的色彩。在“时间线”面板中选择“荷花.png”层，按“Ctrl+D”组合键复制一层，在“特效控制台”面板中，选择“色相位/饱和度”特效，按 Delete 键，删除该特效；在工具栏中选择“椭圆形遮罩工具”按钮，绘制如图 10-21 所示的遮罩，并设置“遮罩羽化”值为(13.0,13.0)。

图 10-21 为荷花添加遮罩

7. 制作水墨荷叶。在“项目”面板中选择“荷叶 01.png”到“荷叶 05.png”五个素材，将其拖到“时间线”面板中，并用制作水墨荷花相同的方法，为其添加“色相位/饱和度”和“阴影”特效，如图 10-22 所示。

图 10-22　制作水墨荷叶

8. 制作荷花和荷叶位置动画。为增加画面的动感，为两个荷花层和五个荷叶层的“位置”属性制作动画。在“时间线”面板中同时选择这些层，按 P 键，展开其“位置”属性，将当前时间指示器移动到 0:00:00:20 帧，激活“位置”属性前面的“时间秒表”按钮，记录动画；将当前时间指示器移动到 0:00:02:22 帧，分别调整各层的位置，如图 10-23 所示。

图 10-23　制作荷花和荷叶位置动画

9. 添加鸟素材。在“项目”面板中选择“鸟{0001-0189}. tga”素材，将其拖到“时间线”面板中，设置其“位置”值为(60. 0,154. 0)；在工具栏中选择“钢笔工具”按钮，绘制如图10-24 所示的遮罩，并设置“遮罩羽化”值为(10. 0,10. 0)；设置层“模式”为正片叠底。

图 10-24 添加鸟素材

10. 添加人物素材。在“项目”面板中选择“人物. avi”素材，将其拖到“时间线”面板中，设置其“位置”值为(55. 0,178. 0)，“缩放”值为(38. 0,38. 0%)；并在工具栏中选择“钢笔工具”按钮，绘制如图 10-25 所示的遮罩。

图 10-25 添加人物素材

11. 键出人物蓝色背景。单击“效果”→“键控”→“Keylight(1.2)”菜单命令，选择“屏幕颜色”属性右侧的“吸管”工具，在素材层上吸取蓝色，并设置“屏幕增益”值为 117.0，“屏幕均衡”值为 95.0，如图 10-26 所示。

图 10-26　键出人物蓝色背景

12. 为人物添加阴影。按“Ctrl+Y”组合键，创建一个黑色固态层，在工具栏中选择“椭圆形遮罩工具”按钮，绘制如图 10-27 所示的遮罩，设置“遮罩羽化”值为(8.0,8.0)，并将该层置于“人物.avi”层之下。

图 10-27　为人物添加阴影

13. 添加主题文字。在“项目”面板中选择“飘动文字 2”合成，将其拖到“时间线”面板中，如图 10-28 所示。

图 10-28 添加主题文字

14. 至此，镜头二:《魅力的绽放》制作完成，效果如图 10-29 所示。

图 10-29 镜头二:《魅力的绽放》效果

10.3.3 镜头三:《定版》的制作

1. 新建“文字 3”合成。按“Ctrl+N”组合键，新建一个合成，如图 10-30 所示。

2. 添加文字。选择工具栏中的“横排文字工具”按钮 T，在“合成”窗口中单击，输入文字“会展”，设置字体为华文琥珀，字号为 17 px，字符间距为 110，填充色为白色，边色为 RGB(210,0,0)，边宽为 4 px，如图 10-31 所示。

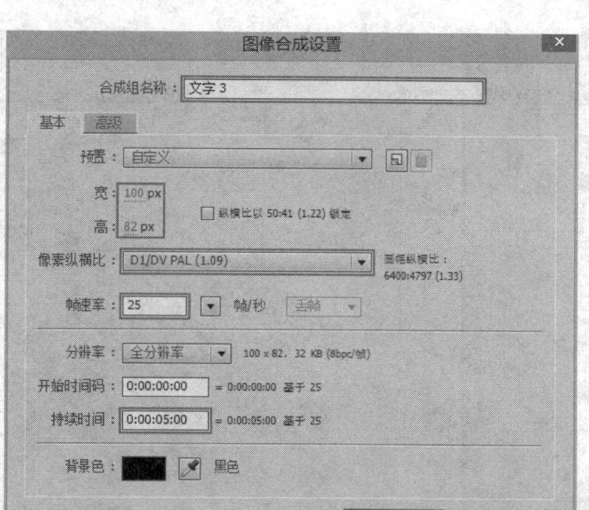

图 10-30　设置图像合成参数

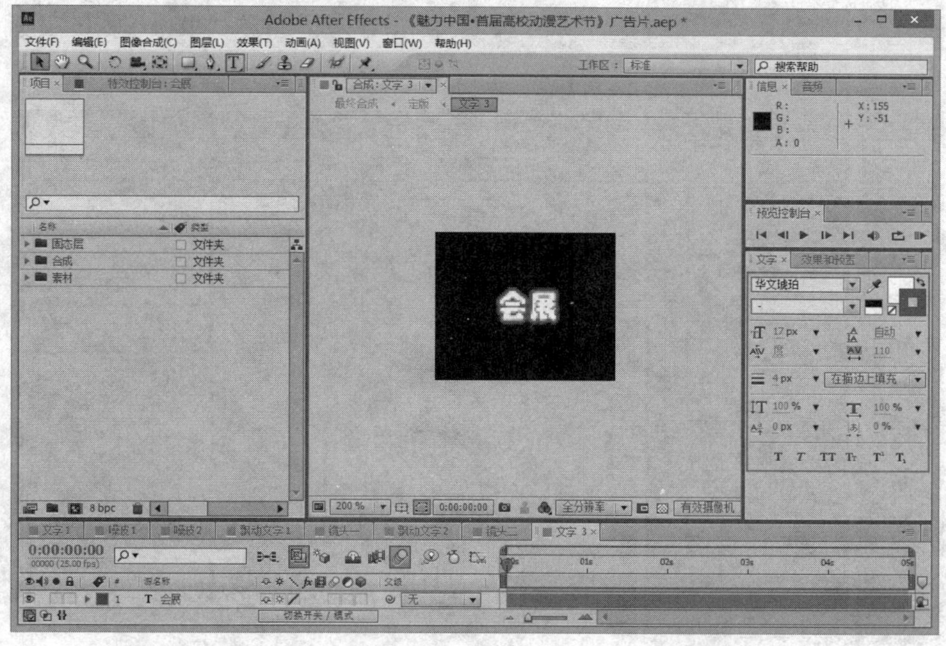

图 10-31　添加文字

3. 为文字制作背景。按“Ctrl＋Y”组合键，创建一个“颜色”为 RGB(160，160，160)的灰色固态层，将其置于文字层下方；在工具栏中选择“椭圆形遮罩工具”按钮，绘制遮罩；并激活“合成”窗口下方的“透明栅格开关”按钮，如图 10-32 所示。

4. 为背景添加特效。在“时间线”面板中选择固态层，单击“效果”→“风格化”→“粗糙边缘”菜单命令，设置“边缘类型”为影印色，“边缘色”为黑色；继续为其添加“阴影”特效，单击“效果”→“透视”→“阴影”菜单命令，如图 10-33 所示。

5. 用制作“文字 3”合成相同的方法，制作“文字 4”到“文字 6”合成，其文字内容依次为“论坛”“赛事”和“活动”。

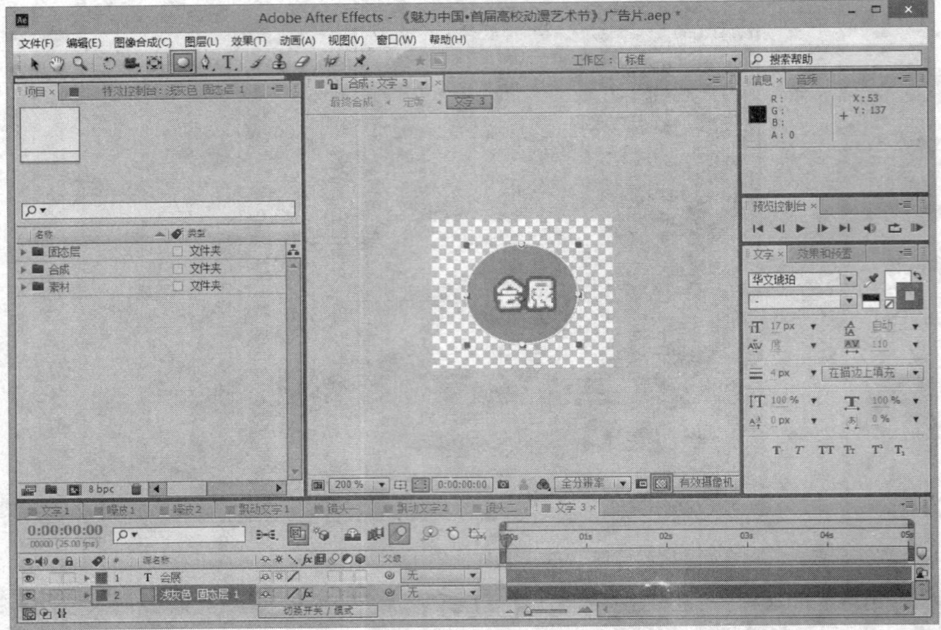

图 10-32　为文字制作背景

图 10-33　为背景添加特效

6. 新建“定版”合成，设置持续时间为 5 秒，其他参数设置同镜头二。

7. 制作白色背景。按“Ctrl＋Y”组合键，创建一个名为“背景”的白色固态层作为背景。

8. 添加“字画”素材。在“项目”面板中选择“字画.jpg”素材，将其拖到“时间线”面板中，设置“缩放”值为(71.0,71.0%)，“透明度”值为 18%，“位置”值为(184.0,201.0)；在工具栏中选择“钢笔工具”按钮，绘制遮罩，如图 10-34 所示。

图 10-34　添加“字画”素材

9. 制作“字画”动画。将当前时间指示器移动到 0:00:00:00 帧，激活“位置”属性前面的“时间秒表”按钮，记录动画；将当前时间指示器移动到 0:00:04:24 帧，设置其值为(143.0,201.0)，如图 10-35 所示。

图 10-35　制作“字画”动画

10. 添加“荷花.avi”素材。在“项目”面板中选择“荷花.avi”素材，将其拖到“时间线”面板中，设置“位置”值为(307.0,217.0)，“缩放”值为(−22.0,22.0%)，如图 10-36 所示。

图 10-36 添加“荷花.avi”素材

11. 键出荷花蓝色背景。单击“效果”→“键控”→“Keylight(1.2)”菜单命令，选择“屏幕颜色”属性右侧的“吸管”工具，在素材层上吸取蓝色，如图 10-37 所示。

图 10-37 键出荷花蓝色背景

12. 制作水墨荷花效果。单击“效果”→“色彩校正”→“色相位/饱和度”菜单命令，设置“主饱和度”值为－100；在工具栏中选择“钢笔工具”按钮，绘制遮罩，只保留荷花和花茎部分，并设置“遮罩羽化”值为(18.0,18.0)，如图 10-38 所示。

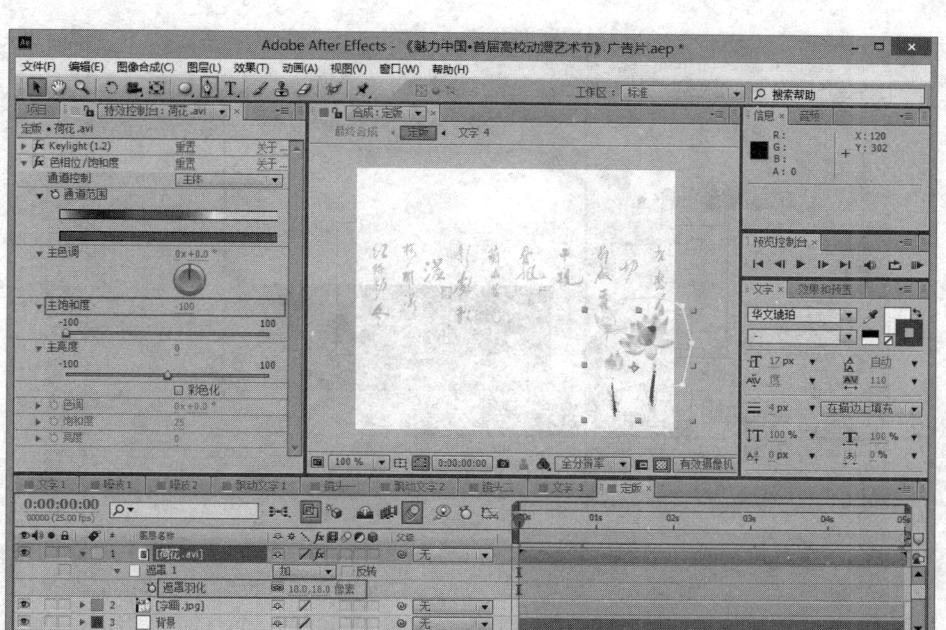

图 10-38　制作水墨荷花

13. 保留荷花的色彩。在“时间线”面板中选择“荷花. avi”层，按“Ctrl＋D”组合键复制一层，在“特效控制台”面板中，选择“色相位/饱和度”特效，按 Delete 键，删除该特效；调整其遮罩形状，并设置“遮罩羽化”值为(96.0,96.0)，如图 10-39 所示。

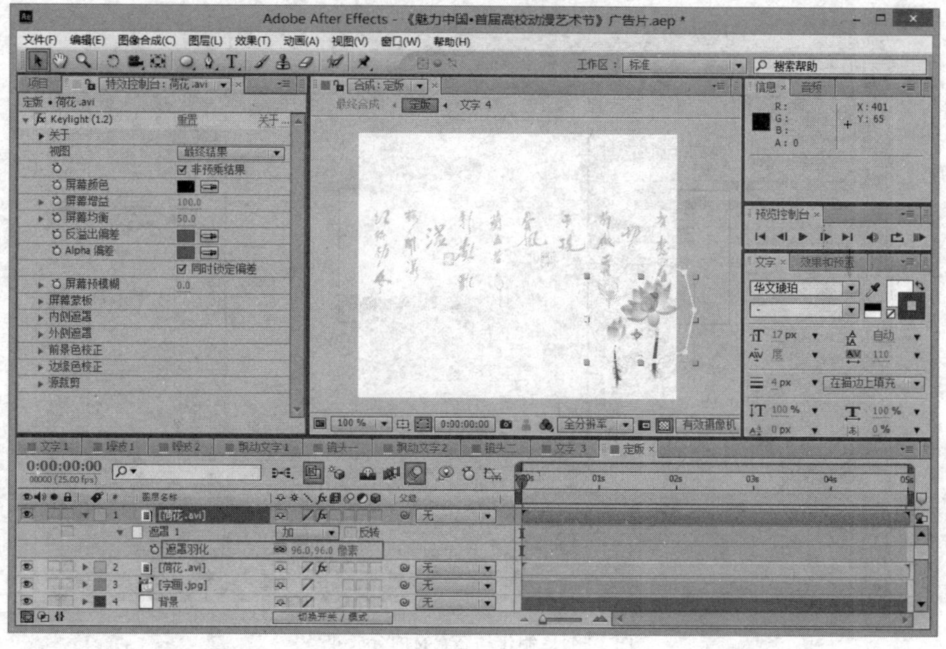

图 10-39　为荷花添加遮罩

14. 添加动态素材 01。在“项目”面板中选择“动态素材 01. mp4”素材，将其拖到“时间线”面板中，按 P 键，展开其“位置”属性，设置值为(178.0,284.0)，如图 10-40 所示。

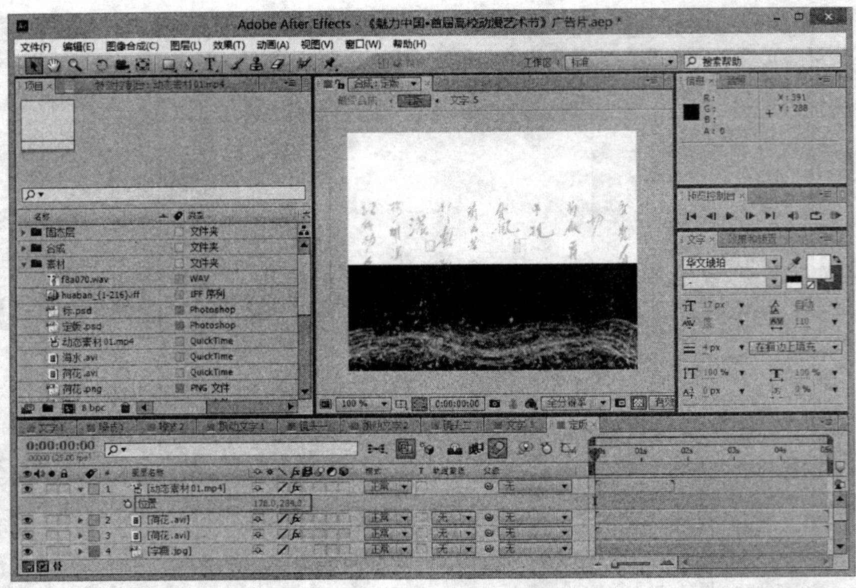

图 10-40　添加“动态素材 01. mp4”素材

15. 制作动态素材的合成效果。在“时间线”面板中选择“动态素材 01. mp4”素材层，选择工具栏中的“矩形遮罩工具”按钮，绘制一个如图 10-41 所示的矩形遮罩，按 F 键，展开“遮罩羽化”属性，设置其值为(76. 0,76. 0)；单击“效果”→“色彩校正”→“色相位/饱和度”菜单命令，设置“主饱和度”值为－100，将素材制作为水墨效果；设置层“模式”为差值。

图 10-41　制作动态素材的合成效果

16. 复制层。在“时间线”面板中选择“动态素材 01. mp4”素材层，按“Ctrl＋D”组合键两次，复制两层，使其首尾相接。

17. 添加“定版. psd”素材。在“项目”面板中选择“定版. psd”素材，将其拖到“时间线”

面板中，设置“位置”值为(172.0,146.0)，“缩放”值为(51.0,51.0%)；单击“效果”→“模糊与锐化”→“高斯模糊”菜单命令，设置“模糊量”值为 3.0，如图 10-42 所示。

图 10-42　添加“定版.psd”素材

18. 添加“标.psd”素材。在“项目”面板中选择“标.psd”素材，将其拖到“时间线”面板中，设置“位置”值为(315.0,70.0)，“缩放”值为(74.0,74.0%)；单击“效果”→“透视”→“阴影”菜单命令，使用默认值即可，如图 10-43 所示。

图 10-43　添加“标.psd”素材

19. 添加“径向模糊”特效。在“时间线”面板中选择“标.psd”素材层，单击“效果”→“模糊与锐化”→“径向模糊”菜单命令，设置“类型”为缩放，“中心”值为(48.0,169.5)，“模糊量”值为 150.0，将当前时间指示器移动到 0:00:02:08 帧，激活“模糊量”属性前面的

“时间秒表”按钮⏱,记录动画;将当前时间指示器移动到 0:00:02:20 帧,设置“模糊量”值为 0.0,如图 10-44 所示。

图 10-44 添加“径向模糊”特效

20. 制作位置动画。在“时间线”面板中选择“标.psd”素材层,按 P 键,展开其“位置”属性,将当前时间指示器移动到 0:00:02:17 帧,激活该属性前面的“时间秒表”按钮⏱,记录动画;将当前时间指示器移动到 0:00:01:23 帧,设置值为(403.0,—133.0),如图 10-45 所示。

图 10-45 制作位置动画

21. 添加标题文字。选择工具栏中的“横排文字工具”按钮T,在“合成”窗口中单击,输入文字“魅力中国 首届高校动漫艺术节”,设置字体为隶书,字号为 17 px,字符间距为

—70，填充色为黑色；选择“魅力中国”四个字，设置其填充色为 RGB(210,0,0)，如图 10-46所示。

图 10-46　添加标题文字

22. 为文字添加遮罩。在“时间线”面板中选择文字层，选择工具栏中的“矩形遮罩工具”按钮，绘制一个矩形遮罩，按 F 键，展开“遮罩羽化”属性，设置其值为(50.0,50.0)，如图 10-47 所示。

图 10-47　为文字添加遮罩

23. 制作遮罩动画。在“时间线”面板中选择文字层，按 M 键，展开其“遮罩形状”属性，将当前时间指示器移动到 0:00:02:04 帧，激活该属性前面的“时间秒表”按钮，记录动画；将当前时间指示器移动到 0:00:01:12 帧，调整遮罩形状，如图 10-48 所示。

图 10-48 制作遮罩动画

24. 制作扫光文字动画。在“时间线”面板中选择文字层，按“Ctrl＋D”组合键，复制一层，选择全部文字，设置文字填充色为白色。单击“效果”→“Trapcode”→“Shine”菜单命令，设置“Source Point”值为(280.0,45.0)，“Ray Length”值为0.7，“Boost Light”值为3.0，“Colorize...”值为Rastafari，“Transfer Mode”值为Multiply；将当前时间指示器移动到0:00:01:12帧，激活“Source Point”属性前面的“时间秒表”按钮，记录动画；将当前时间指示器移动到0:00:02:04帧，设置其值为(280.0,278.0)，如图10-49所示。

图 10-49 制作扫光文字动画

25. 添加鸟素材。打开“镜头二”合成，选择“鸟{0001-0189}.tga”层，按“Ctrl＋C”组合键，复制该层，切回“定版”合成，按“Ctrl＋V”组合键，粘贴，如图 10-50 所示。

图 10-50　添加鸟素材

26. 添加顶部文字。选择工具栏中的“横排文字工具”按钮 T，在“合成”窗口中单击，输入文字“重点展区”，设置字体为华文琥珀，字号为 16 px，字符间距为 150，填充色为黑色；单击“效果”→“透视”→“阴影”菜单命令，设置“阴影色”值为 RGB(252,163,45)，“距离”值为 3.0，如图 10-51 所示。

图 10-51　添加顶部文字

27. 添加其他文字素材。在“项目”面板中选择“文字 3”到“文字 6”四个合成，将其拖到"时间线"面板中,放到如图 10-52 所示的位置。

图 10-52　添加其他文字素材

28. 制作文字动画。为"重点展区"及"文字 3"到"文字 6"四个合成素材层,制作动画,效果请读者自行设计,在此不再赘述。

29. 整体调色。按"Ctrl+Alt+Y"组合键,新建一个调节层,单击"效果"→"色彩校正"→"色阶"菜单命令,设置"输入黑色"值为 40.0,"输入白色"值为 243.0,如图 10-53 所示。

图 10-53　整体调色

30. 至此，镜头三：《定版》制作完成，效果如图 10-54 所示。

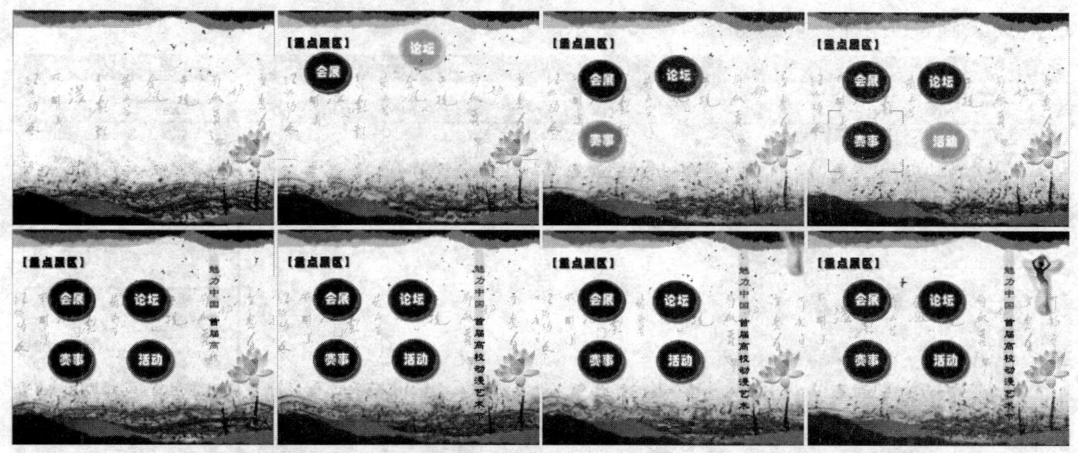

图 10-54　镜头三：《定版》效果

10.3.4　镜头四：《总合成》的制作

1. 新建"最终合成"合成，设置持续时间为 10 秒，其他参数设置同镜头二。

2. 添加素材。在"项目"面板中依次选择"镜头一"到"镜头三"合成，将其拖到"时间线"面板中，依次设置"镜头二"层的入点为 0:00:03:00 帧，"镜头三"层的入点为 0:00:05:22 帧，如图 10-55 所示。

图 10-55　添加素材

3. 制作镜头过渡效果。在"时间线"面板中选择"镜头二"层，按 T 键，展开"透明度"属性，设置其值为 0%；将当前时间指示器移动到 0:00:03:00 帧，激活该属性前面的"时间秒表"按钮，记录动画；将当前时间指示器移动到 0:00:03:06 帧，设置其值为 100%，实现镜头一到镜头二的过渡；用同样的方法，选择“定版”层，制作其“透明度”属性动画，实现镜头二到镜头三的过渡，如图 10-56 所示。

图 10-56 制作镜头过渡效果

4. 添加音乐素材。在“项目”面板中选择“f8a070. wav”和“音乐. wav”素材，将其拖到“时间线”面板中，完成定版合成的制作，如图 10-57 所示。

图 10-57 添加音乐素材

7. 至此，镜头四:《总合成》制作完成，效果如图 10-58 所示。至此，《魅力中国·首届高校动漫艺术节》广告片全部制作完成。

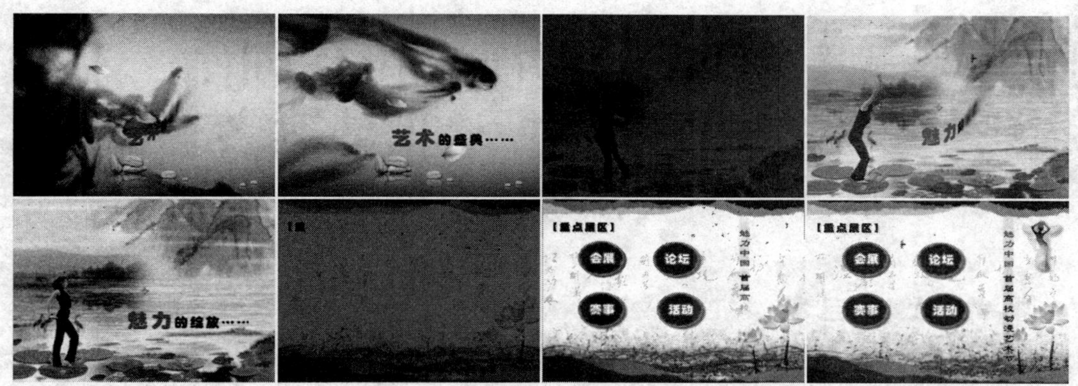

图 10-58　镜头四:《总合成》效果

10.4　本章小结

决定影视广告片成败的关键是创意与剪辑手法。剪辑和创意是互补的,剪辑师对原素材的选用、对镜头的合理运用、剪辑、合成等各种效果处理上无不处处体现着这一点。后期编辑通过对影视的镜头、语言、镜头组接、镜头张力、节奏等良好的把握,将创意思路在片中完美地表现出来,使产品诉求有机地融入画面情境中,并在影调、风格、节奏上使作品或行云流水通畅自如,或振聋发聩、落地有声,或静动结合,引人注意,这样就会使影视广告片达到、甚至超过预期的效果。

第11章 影视宣传片创作——《我是舞者》

本章教学目标

1. 学会使用"弯曲""基本3D""波纹弯曲""镜像"等多种特效制作动态元素；(重点)

2. 学会使用文字动画属性、文字预置动画、闪光灯特效等多种方法制作文字动画；(重点)

3. 学会使用摄像机控制场景元素的运动；(重点)

4. 学会使用"CC光线擦除""CC网格擦除""渐变擦除""CC星爆"及各种模糊特效来实现转场效果；(重点)

5. 掌握各种特效及摄像机在影视宣传片创作中的应用方法与技巧。(难点)

11.1 影视宣传片概述

影视宣传片是运用电视、电影的表现手法为生产型企业、连锁品牌店、旅游景点、大型展会、政府工作回报、城市形象、电影发布、电视宣传推广等制作的宣传片。不同类型的影视宣传片的目的不同，功能不同，其风格也不同。企业类的宣传片多是用于自身品牌形象宣传和产品促销；连锁品牌店宣传片多是用于行业文化和连锁加盟模式的宣传；旅游景点宣传片多偏重于人文风情和历史文化底蕴的宣传；大型展会的宣传片多是凸显展会的专业性和品味；政府工作回报多侧重于众多政策实施后的良好反应，写实的多些；城市宣传片则是倾向于介绍城市历史文化底蕴和发展状况；而电视宣传推广主要包括频道形象宣传片、栏目宣传片和主持人宣传片等。

11.2 创意与展示

1. 任务创意描述

本项目是为《我是舞者》栏目制作的宣传片，栏目核心概念是"Dancing""Dancer""Carnival"，用疯狂的舞者、狂热舞动的人群，配以动感的音乐，表现"我是舞者，我为舞狂"的动感画面，突出《我是舞者》栏目是"舞者成长的摇篮"，为舞者搭建了快速成长的阶梯。

2. 任务效果展示(如图 11-1 所示)

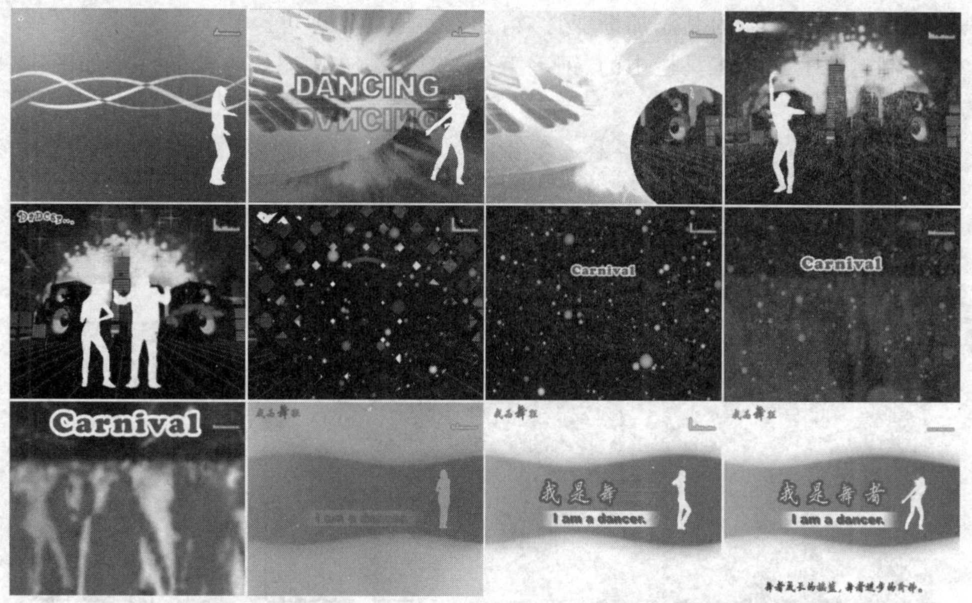

图 11-1　《我是舞者》效果

11.3　任务实现

11.3.1　镜头一:《Dancing》的制作

1. 新建“丝带”合成。打开 After Effects 软件,单击“图像合成”→“新建合成组”菜单命令,打开“图像合成设置”对话框,设置参数,如图 11-2 所示。

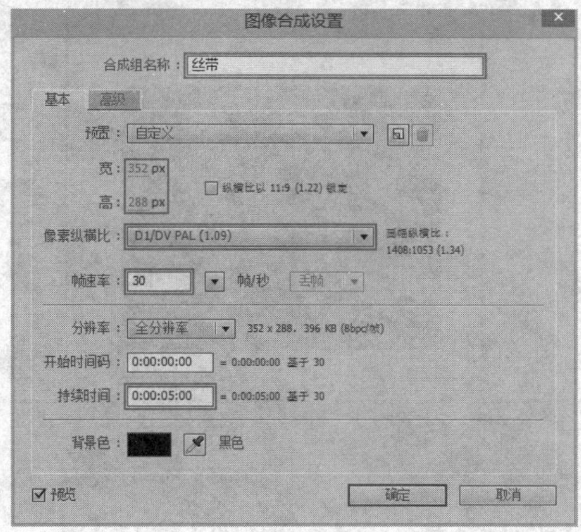

图 11-2　设置图像合成参数

2. 新建黑色固态层。按“Ctrl＋Y”组合键，新建一个黑色固态层。单击“效果”→“生成”→“渐变”菜单命令，为其添加渐变特效，参数使用默认即可。

3. 绘制遮罩。选择工具栏中的“钢笔工具”按钮，在固态层上绘制一个如图 11-3 所示的遮罩。

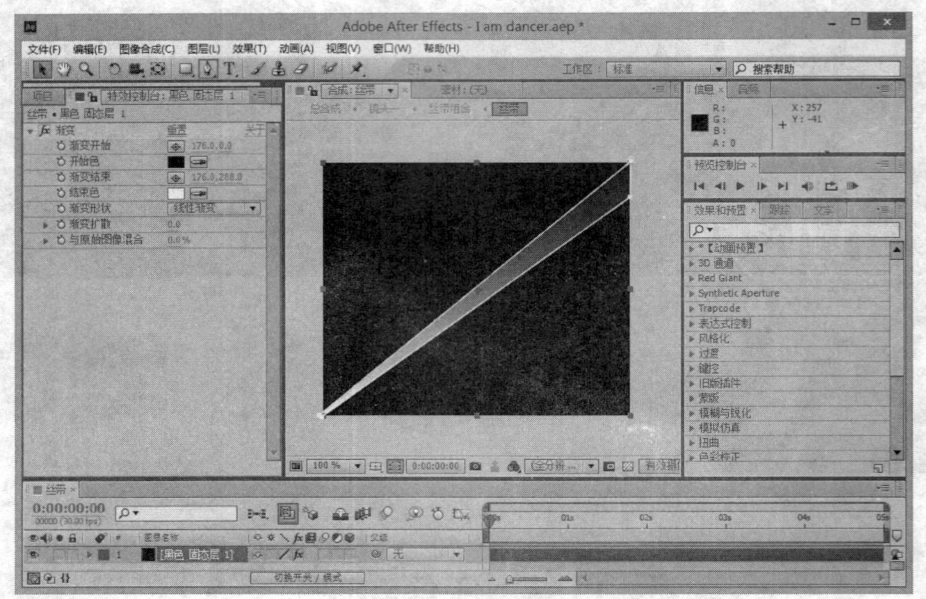

图 11-3　绘制遮罩

4. 制作遮罩动画。将当前时间指示器移动到 0:00:02:00 帧，按 M 键，展开“遮罩形状”属性，并激活其前面的“时间秒表”按钮，记录动画；将当前时间指示器移动到 0:00:00:00 帧，调整遮罩形状，如图 11-4 所示。

图 11-4　制作遮罩动画

5. 添加“弯曲”特效。单击“效果”→“扭曲”→“弯曲”菜单命令，如图 11-5 所示。

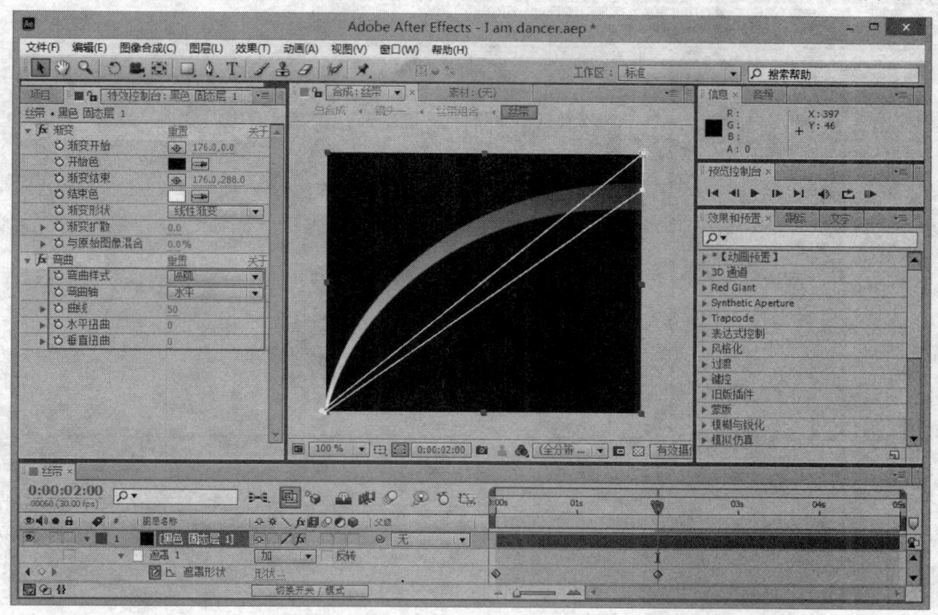

图 11-5　添加“弯曲”特效

6. 新建“丝带组合”合成，其他合成参数设置同“丝带”合成。

7. 添加素材。在“项目”面板中选择“丝带”合成，将其拖到“时间线”面板中，调整其变换参数，如图 11-6 所示。

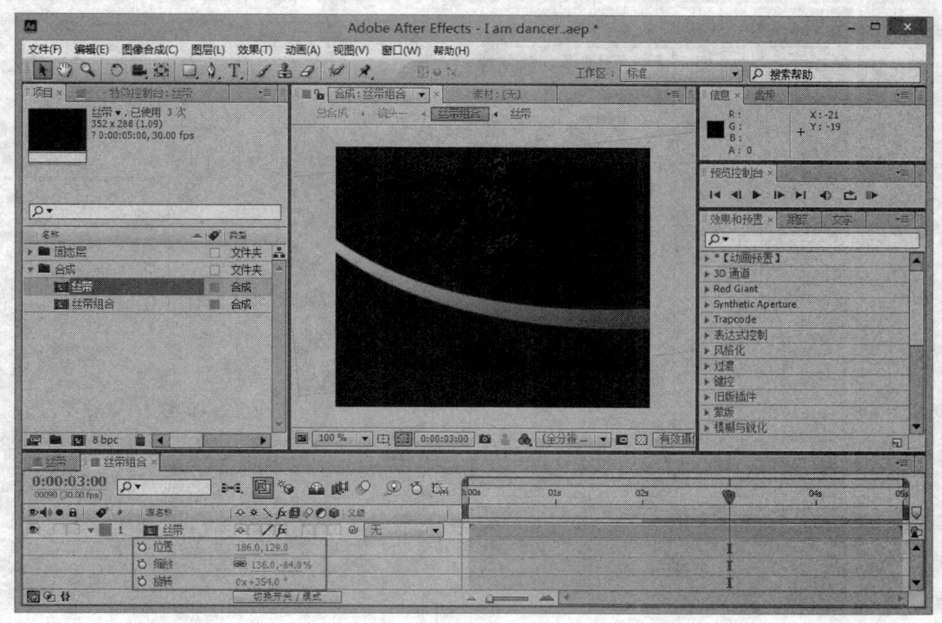

图 11-6　设置变换参数

8. 添加特效。单击“效果”→“扭曲”→“弯曲”菜单命令，设置参数和效果如图 11-7 所示。

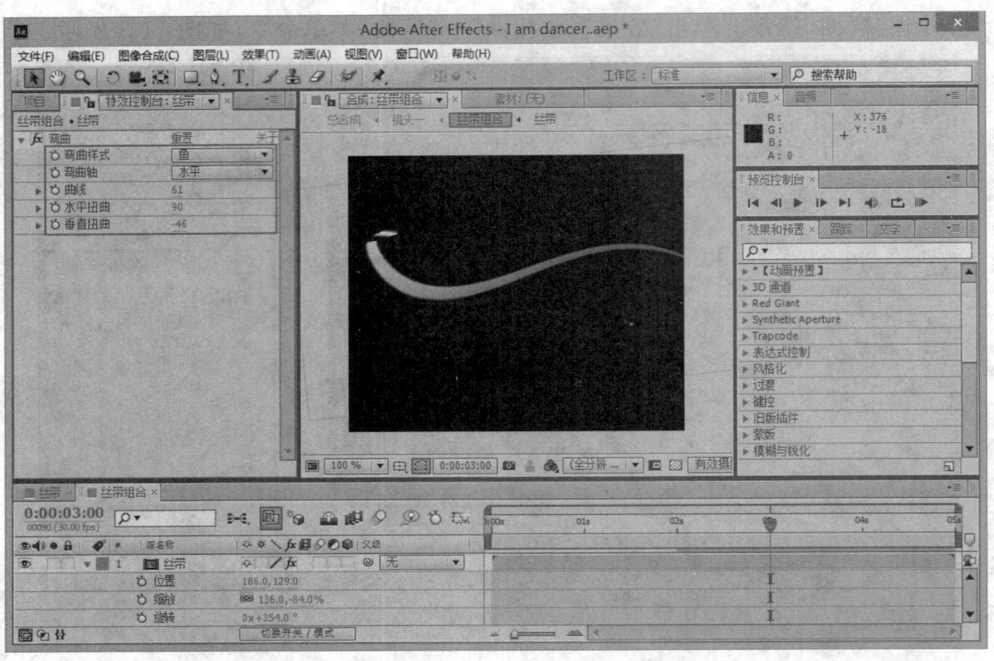

图 11-7　添加“弯曲”特效

9. 单击“效果”→“旧版本”→“基本 3D”菜单命令，并设置层的模式为“颜色加深”，如图 11-8 所示。

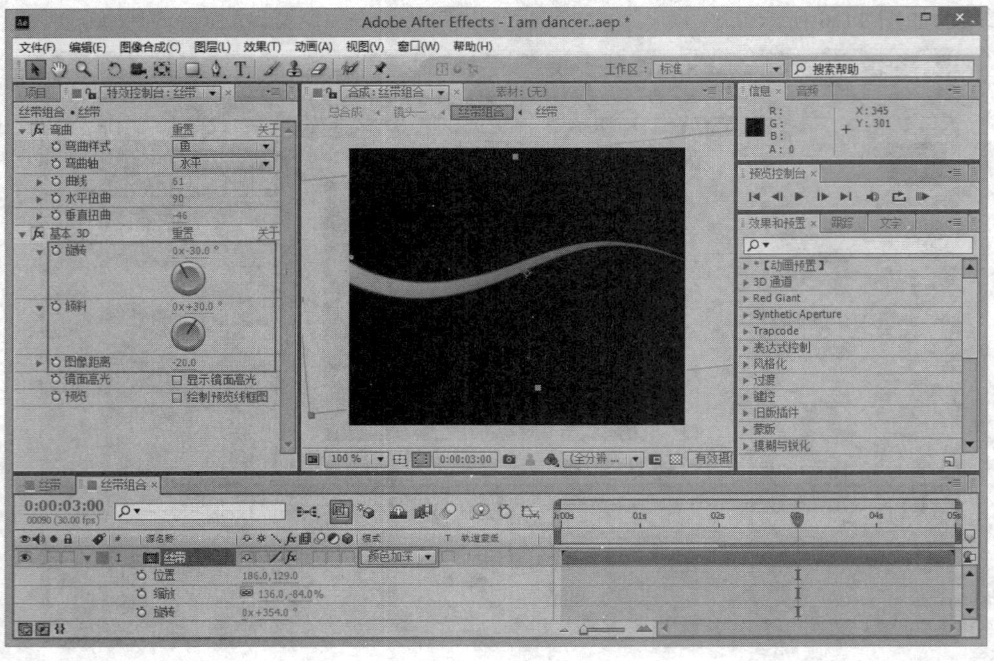

图 11-8　添加“基本 3D”特效

10. 复制层。在“时间线”面板中，选择“丝带”层，按“Ctrl＋D”组合键，复制一层，调整其参数，如图 11-9 所示。

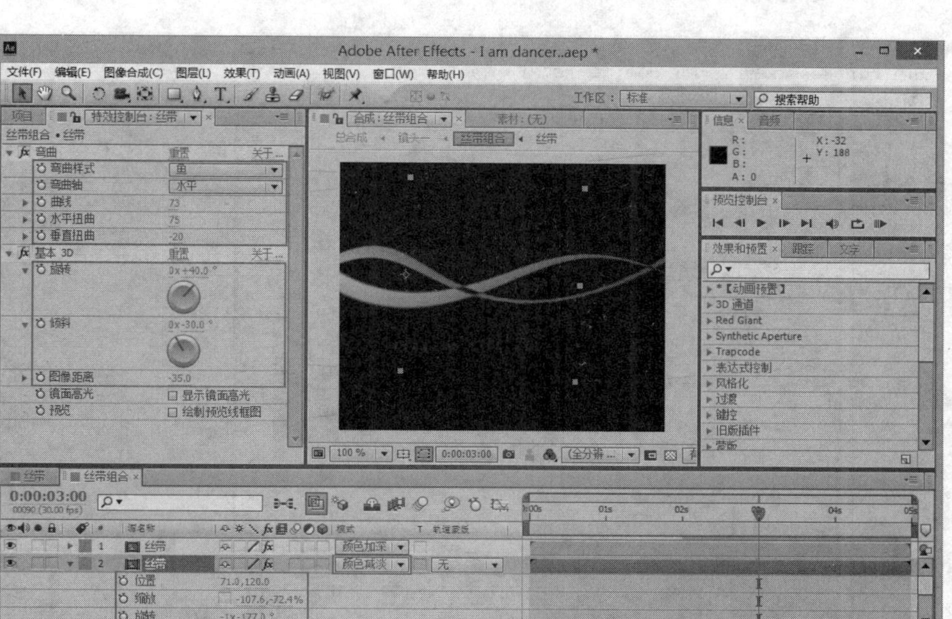

图 11-9　设置复制层参数 1

11. 用同样的方法再复制一层，调整其参数，如图 11-10 所示。

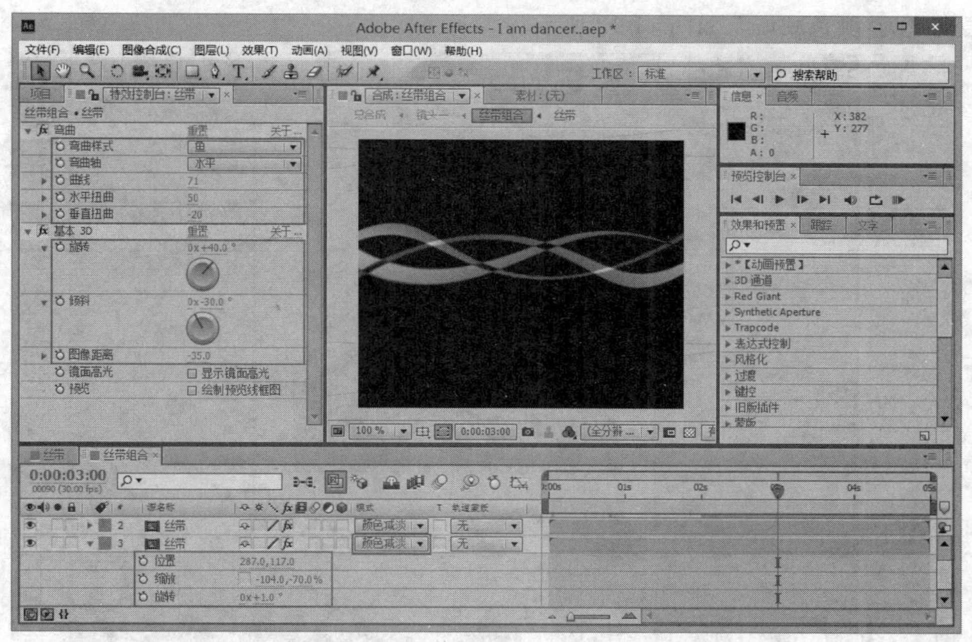

图 11-10　设置复制层参数 2

12. 新建“镜头一”合成，其合成参数设置同“丝带”合成。

13. 新建白色固态层。按“Ctrl＋Y”组合键，新建一个白色固态层。单击“效果”→“生成”→“四色渐变”菜单命令，为其添加“四色渐变”特效，参数使用默认；设置固态层模式为“线性光”，如图 11-11 所示。

图 11-11　新建固态层

14. 添加素材。在“项目”面板中选择“丝带组合”合成，将其拖到“时间线”面板中，设置层模式为“颜色减淡”，如图 11-12 所示。

图 11-12　添加“丝带组合”合成

15. 添加特效。在“时间线”面板中选择“丝带组合”合成，单击“效果”→“模糊与锐化”→“快速模糊”菜单命令。将当前时间指示器移动到 0:00:02:00 帧，设置“模糊量”值为 0.0，并激活其前面的“时间秒表”按钮，记录动画；将当前时间指示器移动到 0:00:02:

20 帧，设置其值为 300.0，如图 11-13 所示。

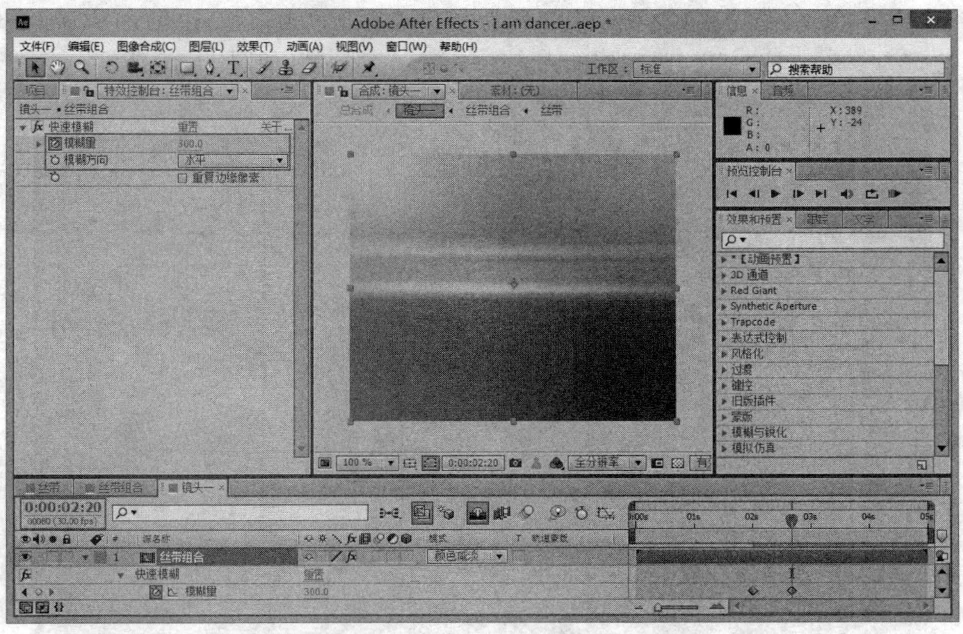

图 11-13　添加“快速模糊”特效

16. 单击“效果”→“扭曲”→“变换”菜单命令。将当前时间指示器移动到 0:00:02:10 帧，取消“等比”复选框的勾选，设置“高度比例”值为 100.0，并激活其前面的“时间秒表”按钮，记录动画；将当前时间指示器移动到 0:00:02:20 帧，设置其值为 15.0，如图11-14 所示。

图 11-14　添加“变换”特效

17. 添加文字。选择工具栏中的“横排文字工具”按钮T,在“合成”窗口中单击,输入文字“DANCING”,设置字体为 Arial,字号为 45 px,填充色为白色,边色为 RGB(253,0,54),边宽为 4 px。按“[”键,设置层的入点为 0:00:02:15 帧,如图 11-15 所示。

图 11-15 添加文字

18. 制作文字动画。在“时间线”面板中选择文字层,按 T 键,打开“透明度”属性,将当前时间指示器移动到 0:00:02:15 帧,设置其值为 0%,并激活其前面的“时间秒表”按钮,记录动画;将当前时间指示器移动到 0:00:02:25 帧,设置其值为 100%;将当前时间指示器移动到 0:00:03:29 帧,设置其值为 0%,如图 11-16 所示。

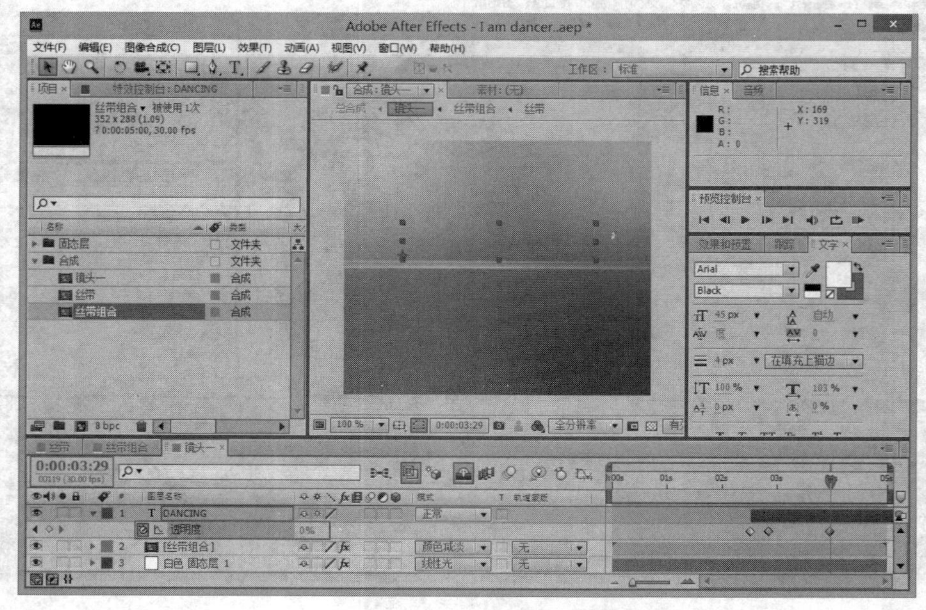

图 11-16 制作文字动画

19. 制作文字倒影。在“时间线”面板中选择文字层，按“Ctrl＋D”组合键复制一层，按 S 键，展开其“缩放”属性，设置其值为(－100，100％)；按“Shift＋R”组合键，展开其“旋转”属性，设置其值为 0x＋180.0°；并修改 0:00:02:25 帧的“透明度”属性值为 36％，如图 11-17 所示。

图 11-17　制作文字倒影

20. 导入素材。按“Ctrl＋I”组合键，打开“导入文件”对话框，将该案例的素材导入到“项目”面板中。在“项目”面板中选择“街舞女 02.mp4”素材，将其拖到“时间线”面板中，并设置其层模式为“添加”，如图 11-18 所示。

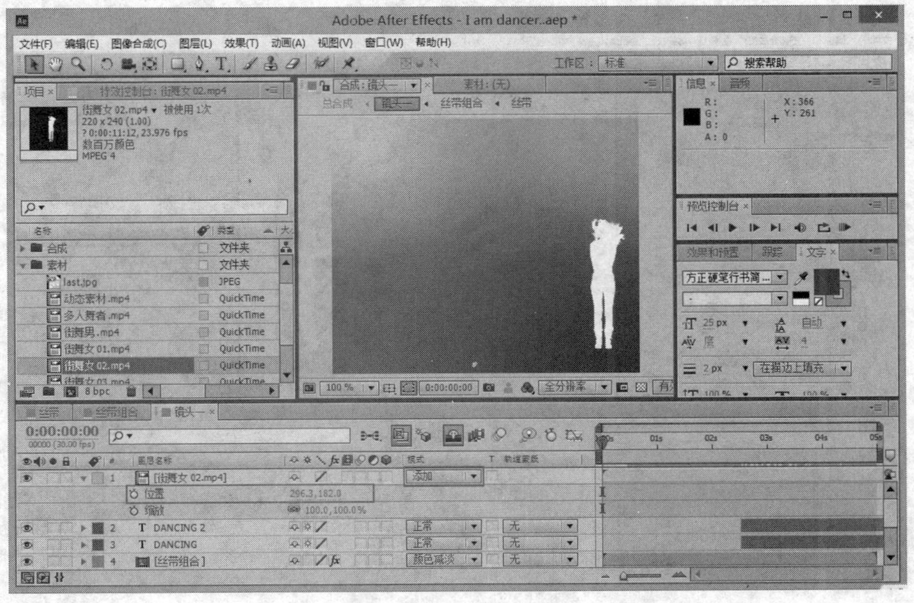

图 11-18　添加素材

21. 制作动画。将当前时间指示器移动到 0:00:00:15 帧，激活“街舞女 02. mp4”层“位置”和“缩放”属性前面的“时间秒表”按钮，记录动画；将当前时间指示器移动到 0:00:00:00 帧，设置“位置”值为(－80.0,186.0)；“缩放”值为(1783.0,1783.0%)，如图 11-19 所示。

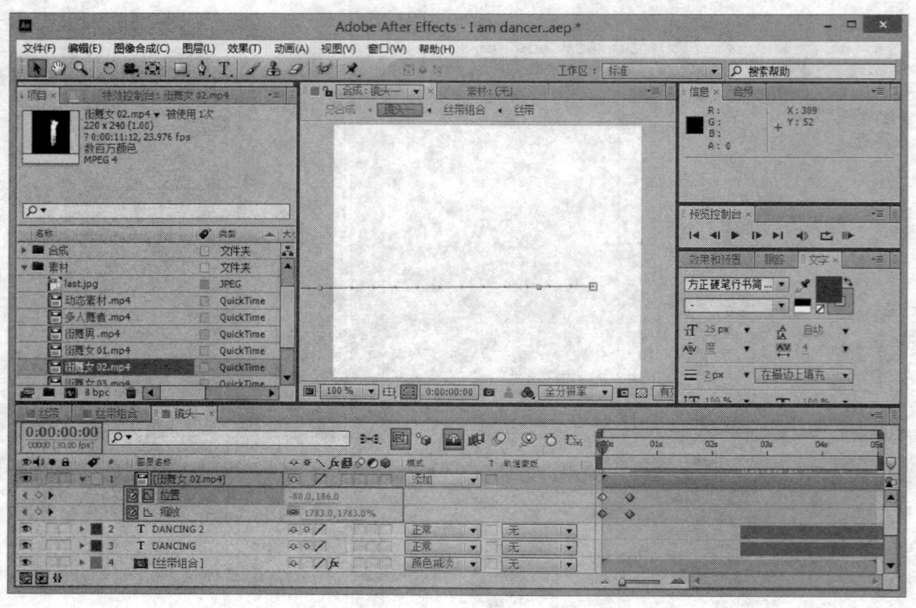

图 11-19 制作动画

22. 添加素材。在“项目”面板中选择“旋转琴. mp4”素材，将其拖到“时间线”面板中，放置在“白色 固态层 1”下方，按“[”键，设置其入点为 0:00:01:14 帧；按“Ctrl＋D”组合键两次，复制两层，使其首尾相接，如图 11-20 所示。

图 11-20 添加素材

23. 至此，镜头一：《Dancing》制作完成，效果如图 11-21 所示。

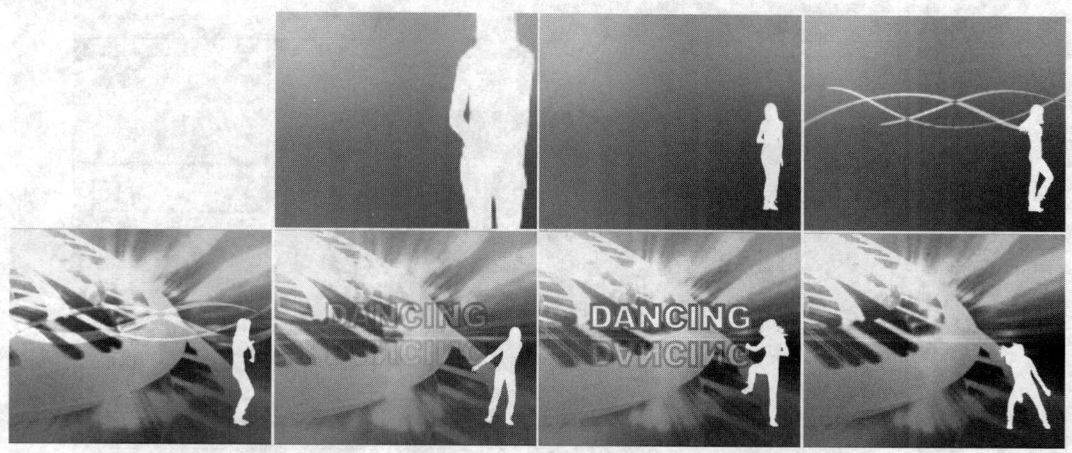

图 11-21　镜头一：《Dancing》效果

11.3.2　镜头二：《Dancer》的制作

1. 新建“镜头二”合成，设置持续时间为 4 秒 28 帧，其他合成参数设置同“丝带”合成。

2. 添加素材。在“项目”面板中依次选择“动态素材.mp4”“街舞女 01.mp4”素材，将其拖到“时间线”面板中，设置“街舞女 01.mp4”层模式为“添加”，如图 11-22 所示。

图 11-22　添加素材

3. 制作女舞者位置动画。在“时间线”面板中选择“街舞女 01.mp4”层，按 P 键，展开其“位置”属性，设置其值为(80.0,175.0)。将当前时间指示器移动到 0:00:02:24 帧，激活其“位置”属性前面的“时间秒表”按钮，记录动画；将当前时间指示器移动到 0:00:03:17 帧，设置“位置”值为(130.0,175.0)，如图 11-23 所示。

图 11-23 制作女舞者位置动画

4. 添加男舞者。在“项目”面板中选择“街舞男. mp4”素材，将其拖到“时间线”面板中，按“[”键，设置其入点为 0:00:01:09 帧；层模式为“添加”，如图 11-24 所示。

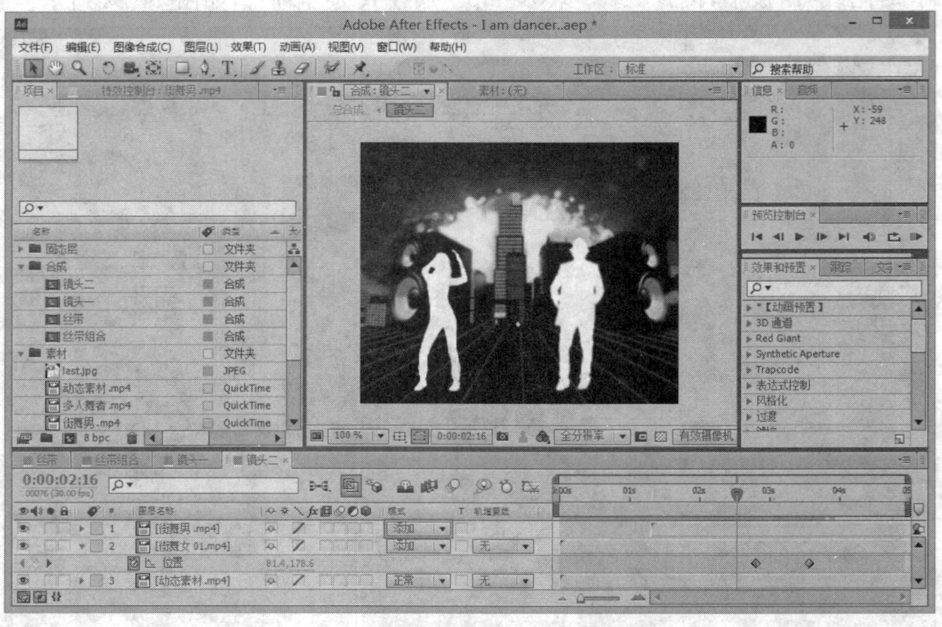

图 11-24 添加男舞者

5. 制作男舞者位置动画。在“时间线”面板中选择“街舞男. mp4”层，按 P 键，展开其“位置”属性，设置其值为(230.0,188.0)。将当前时间指示器移动到 0:00:02:24 帧，激活其“位置”属性前面的“时间秒表”按钮，记录动画；将当前时间指示器移动到 0:00:03:17 帧，设置“位置”值为(195.0,188.0)；将当前时间指示器移动到 0:00:04:14 帧，设置

“位置”值为(212.0,188.0),如图 11-25 所示。

图 11-25　制作男舞者位置动画

6. 添加“Particle(粒子)”特效。按“Ctrl+Y”组合键,创建一个白色固态层。单击“效果”→“Trapcode”→“Particular”菜单命令,单击展开“Physics(物理)”参数组,设置“Physics Time Factor(物理时间因素)”值为 2.4,如图 11-26 所示。

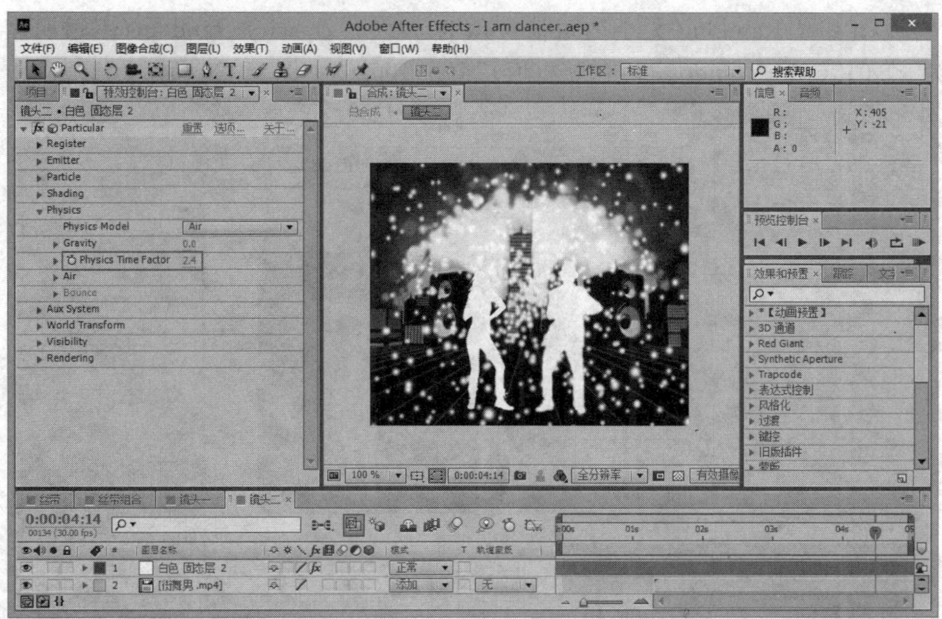

图 11-26　设置“Physics(物理)”参数

7. 设置“Emitter(发射)”参数。单击展开“Emitter(发射)”参数组,设置“Particles/sec(粒子/秒)”值为 10;“Emitter Type(发射器类型)”值为 Box;“Position XY(XY 位

置)"值为(176.0,−75.0);"Z Rotation(Z 旋转)"值为 0x+62.0°;"Velocity(速度)"值为 40.0,如图 11-27 所示。

图 11-27 设置"Emitter(发射)"参数

8. 设置"Particle(粒子)"参数。单击展开"Particle(粒子)"参数组,设置"Life[sec](生命)"值为 6.0;"Life Random[%](生命随机)"值为 20;"Particle Type(粒子类型)"为 Star(星形);"Size Random(大小随机值)"值为 50.0;"Opacity Random(不透明度随机值)"为 30.0;"Color Random(颜色随机值)"值为 100.0,如图 11-28 所示。

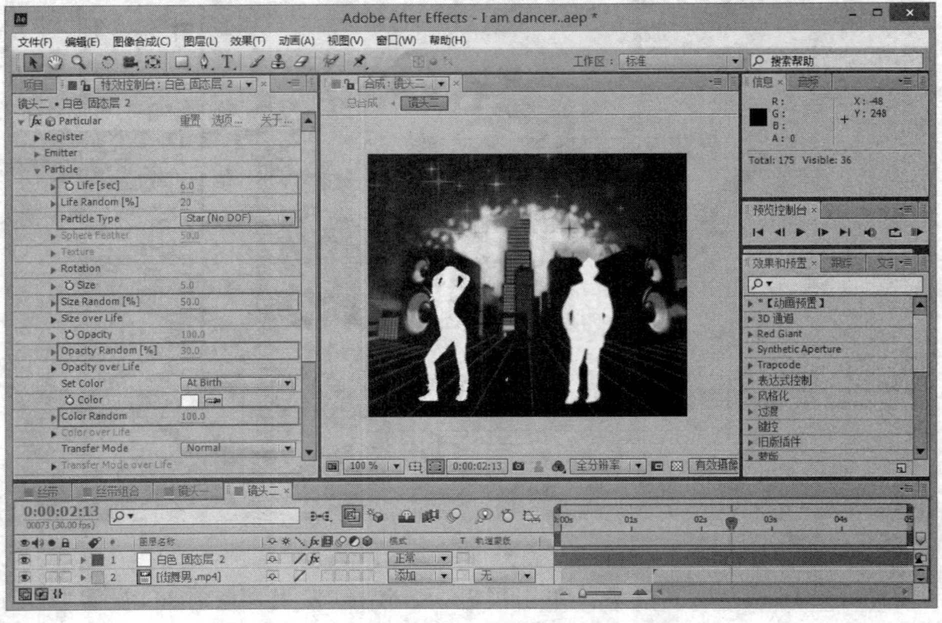

图 11-28 设置"Particle(粒子)"参数

9. 添加文字。选择工具栏中的“横排文字工具”按钮 T，在“合成”窗口中单击，输入文字“Dancer...”，设置字体为 Curlz MT，字号为 20 px，字符间距为 80，填充色为 RGB(174,48,2)，边色为白色，边宽为 5 px，粗体；层模式为“线性光”，如图 11-29 所示。

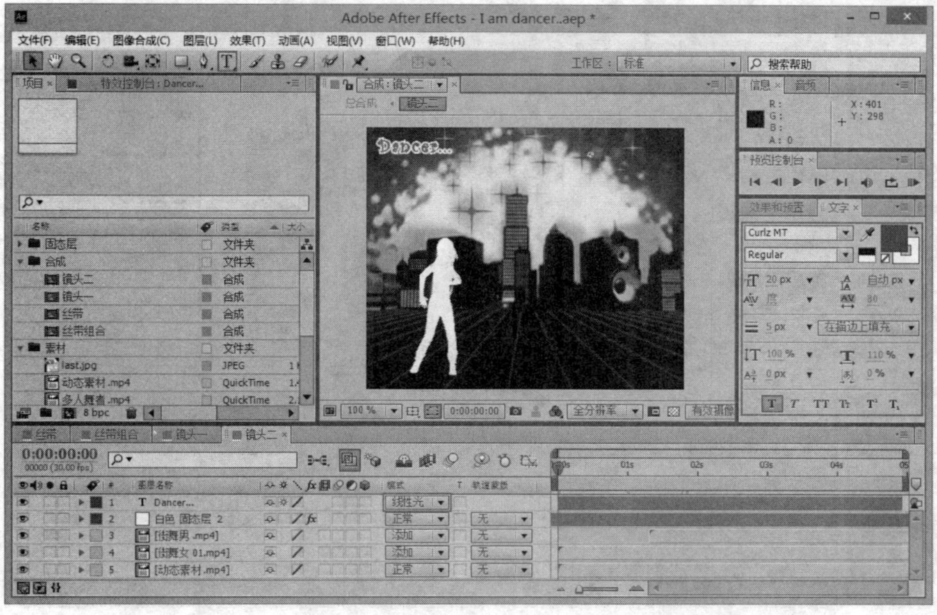

图 11-29　添加文字

10. 制作文字动画。将当前时间指示器移动到 0:00:00:00 帧，在“效果和预置”面板中，单击“动画预置”→“Text(文本)”→“Blurs(模糊)”→“Foggy(雾)”命令，效果如图 11-30所示。

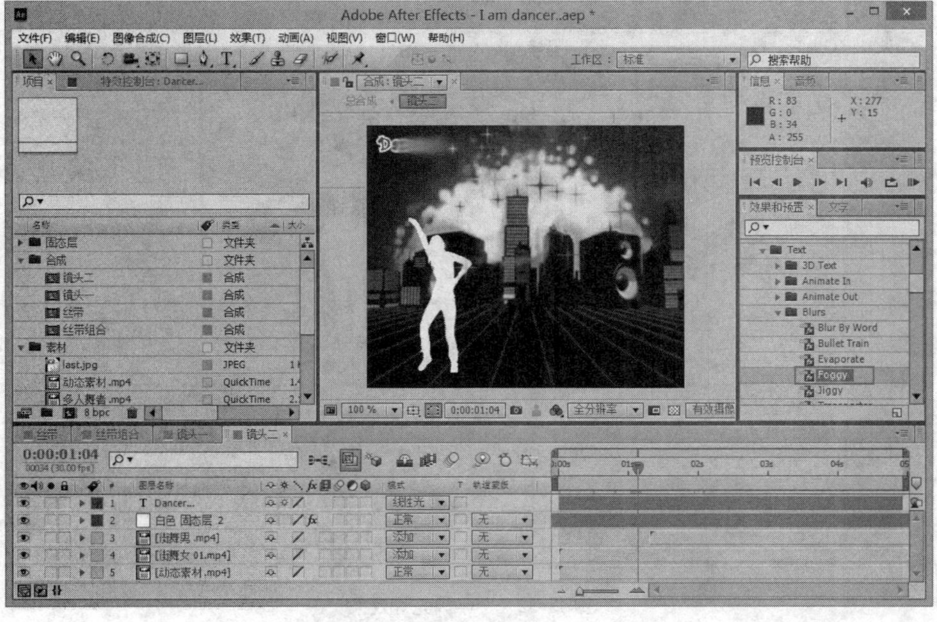

图 11-30　为文字添加“Foggy(雾)”动画

11. 制作文字摇摆动画。在“时间线”面板中，展开文字层属性，单击“文字”右侧的“动画”按钮 动画:⊙，添加“位置”动画，设置值为(－3.0，－4.0)，并单击“动画 1”右侧的“添加”按钮 添加:⊙，添加“摇摆”动画，如图 11-31 所示。

图 11-31 制作文字摇摆动画

12. 制作文字闪光灯效果。在“时间线”面板中选择文字层，单击“效果”→“风格化”→“闪光灯”菜单命令，参数默认即可，如图 11-32 所示。

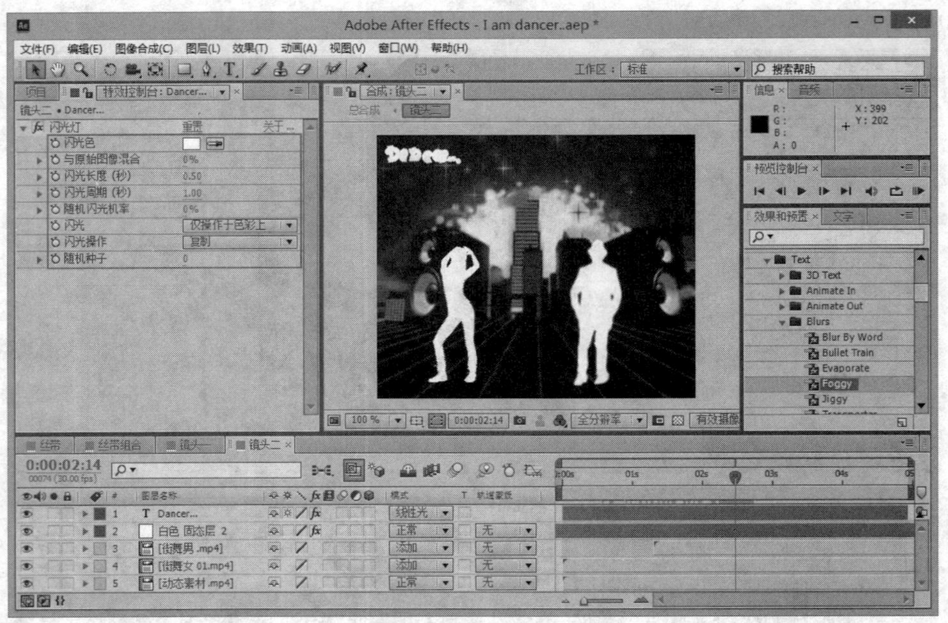

图 11-32 文字闪光灯效果

13. 至此，镜头二：《Dancer》制作完成，效果如图 11-33 所示。

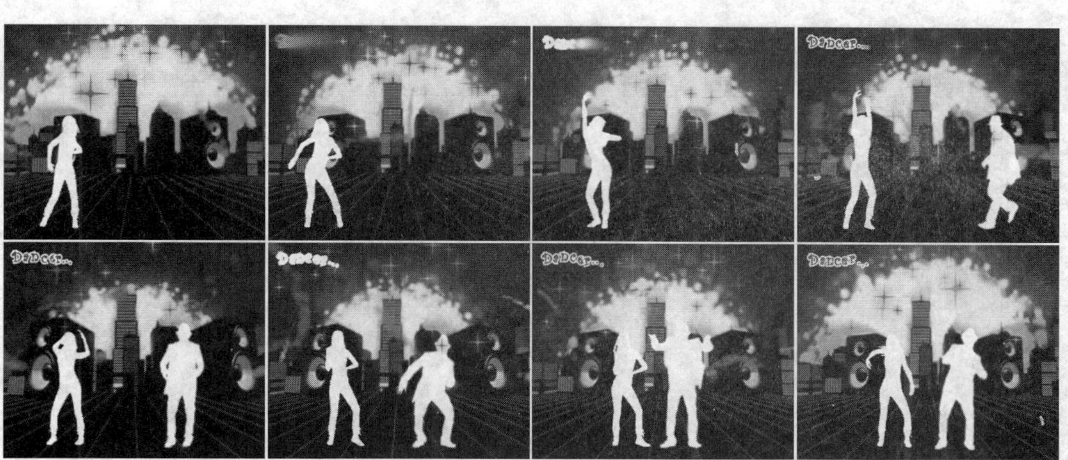

图 11-33　镜头二:《Dancer》效果

11.3.3　镜头三:《Carnival》的制作

1. 新建“镜头三”合成,其合成参数设置同“丝带”合成。

2. 添加素材。在“项目”面板中选择“多人舞者.mp4”素材,将其拖到“时间线”面板中,单击“效果”→“模拟仿真”→“CC 星爆”菜单命令,如图 11-34 所示。

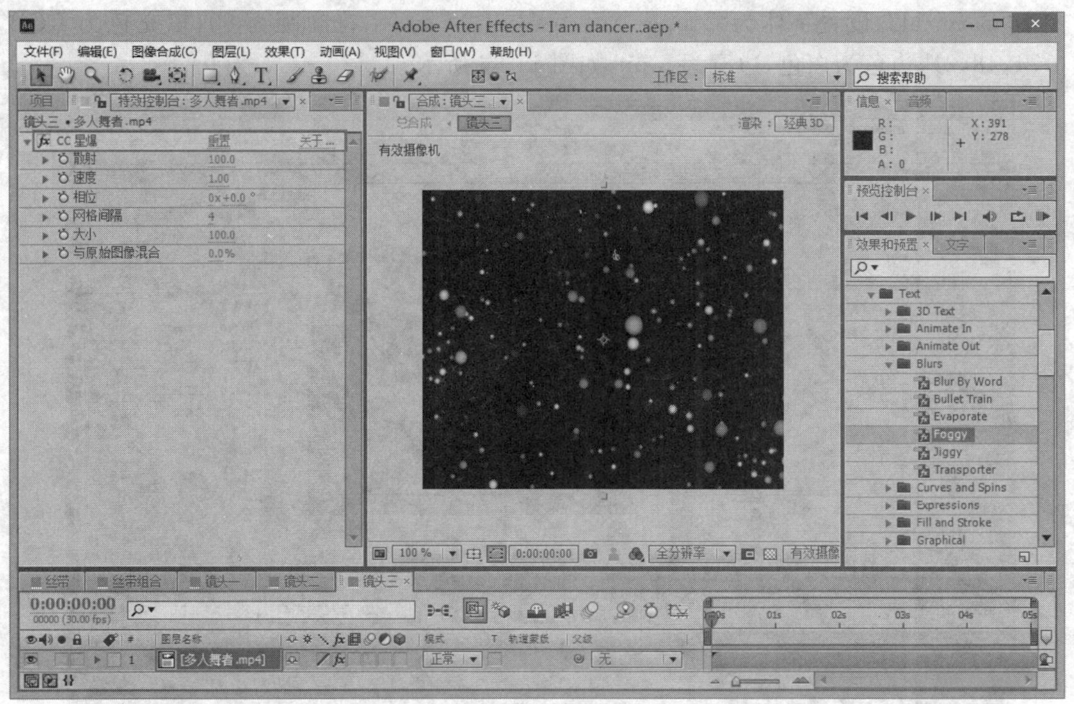

图 11-34　添加素材

3. 制作“CC 星爆”动画。将当前时间指示器移动到 0:00:00:28 帧,激活“与原始图像混合”属性前面的“时间秒表”按钮,记录动画;将当前时间指示器移动到 0:00:01:19 帧,设置其值为 100.0%,如图 11-35 所示。

图 11-35　制作"CC 星爆"动画

4. 添加文字。选择工具栏中的"横排文字工具"按钮T，在"合成"窗口中单击，输入文字"Carnival"，设置字体为 Cooper Std，字号为 20 px，字符间距为 80，填充色为 RGB (174，48，2)，边色为白色，边宽为 5 px，如图 11-36 所示。

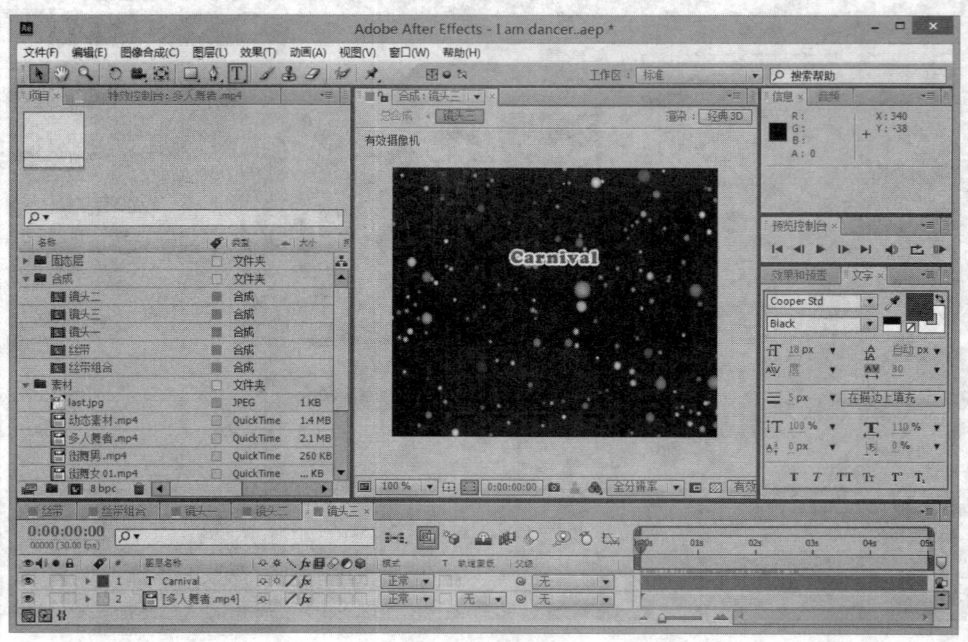

图 11-36　添加文字

5. 制作文字缩放动画。在"时间线"面板中选择文字层，按 S 键展开其"缩放"属性，将当前时间指示器移动到 0：00：00：25 帧，激活该属性前面的"时间秒表"按钮，记录动画；

将当前时间指示器移动到 0:00:00:00 帧，设置其值为(5.0,5.0%)，如图 11-37 所示。

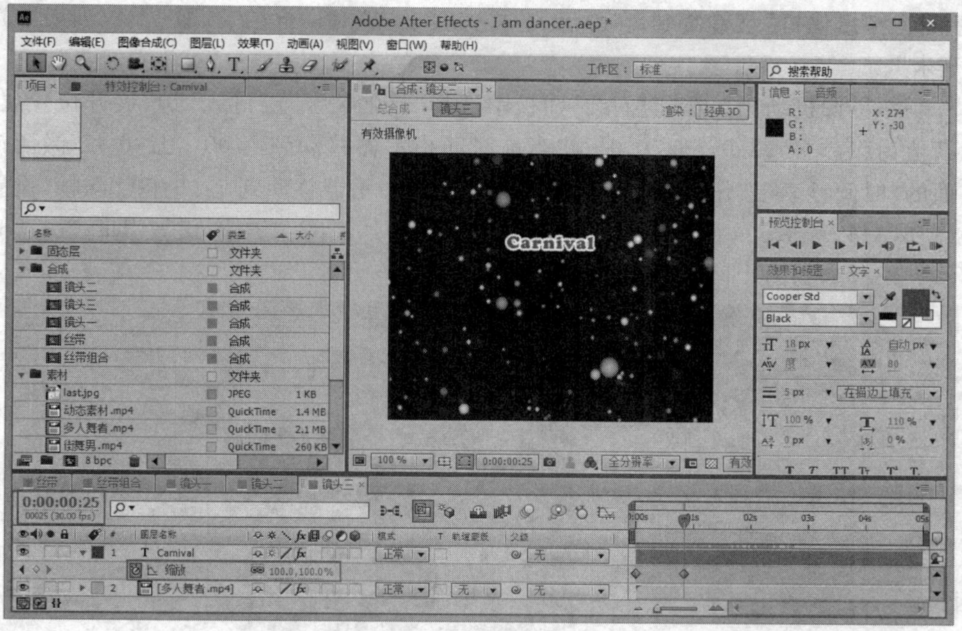

图 11-37　制作文字缩放动画

6. 制作文字模糊动画。在“时间线”面板中选择文字层，单击“效果”→“模糊与锐化”→“径向模糊”菜单命令，设置“模糊量”值为 83.0，将当前时间指示器移动到 0:00:00:00 帧，激活该属性前面的“时间秒表”按钮，记录动画；将当前时间指示器移动到 0:00:00:25 帧，设置其值为 0.0，如图 11-38 所示。

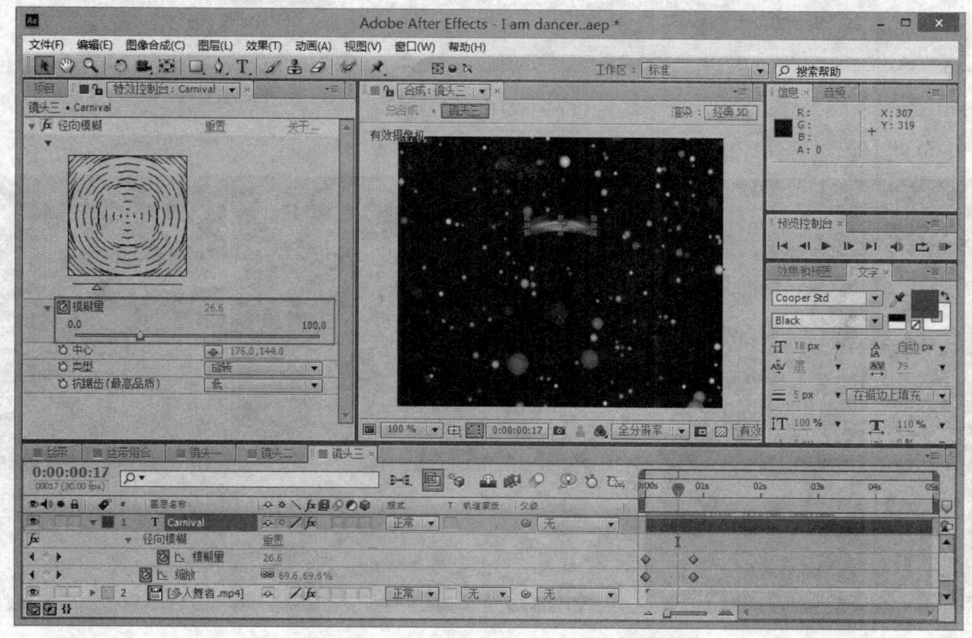

图 11-38　制作文字模糊动画

7. 创建摄像机。打开“多人舞者.mp4”和文字层的“3D 图层”属性开关；单击“图层”→“新建”→“摄像机”菜单命令，在弹出的“摄像机设置”对话框的“预置”下拉列表中选择“35 毫米”。

8. 制作摄像机动画。在“时间线”面板中选择“摄像机 1”层，按 P 键，展开位置属性，设置其值为(176.0,93.0,−278.0)，将当前时间指示器移动到 0:00:00:00 帧，激活该属性前面的“时间秒表”按钮，记录动画；将当前时间指示器移动到 0:00:00:25 帧，设置其值为(176,144,−375)；将当前时间指示器移动到 0:00:02:15 帧，设置其值为(176.0,144.0,−18.0)，如图 11-39 所示。

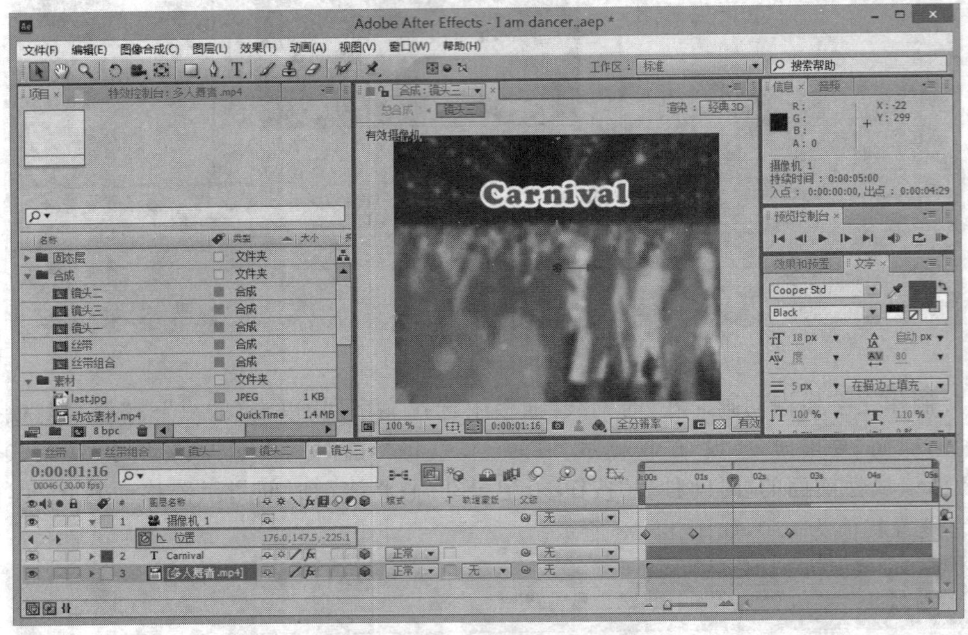

图 11-39 制作摄像机动画

9. 至此，镜头三:《Carnival》制作完成，效果如图 11-40 所示。

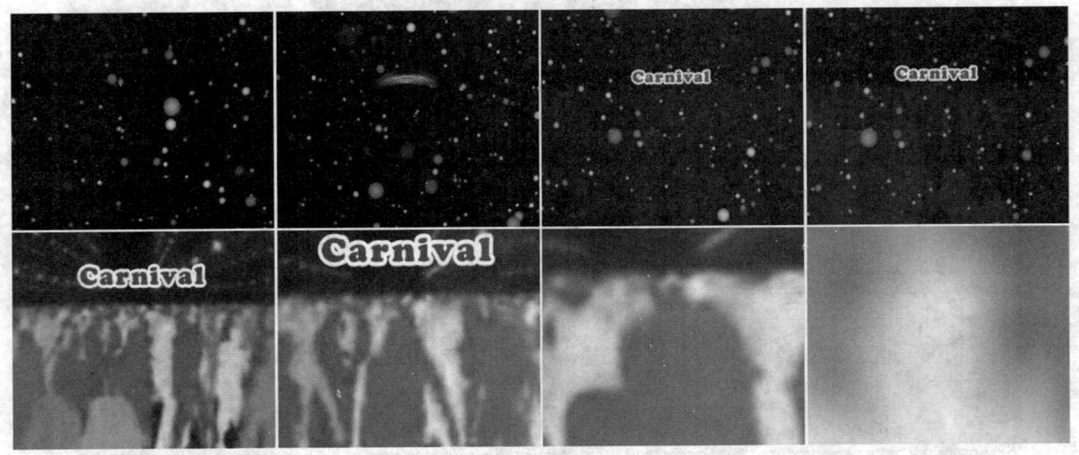

图 11-40 镜头三:《Carnival》效果

11.3.4　镜头四:《定版》的制作

1. 新建“波形”合成,设置持续时间为 8 秒,其他合成参数设置同“丝带”合成。

2. 新建黑色固态层。按“Ctrl＋Y”组合键,新建一个黑色固态层。单击“效果”→“生成”→“渐变”菜单命令,设置“渐变开始”值为(352.0,147.0),“开始色”为 RGB(206,65,36),“渐变结束”值为(0.0,147.0),结束色为 RGB(253,180,5),如图 11-41 所示。

图 11-41　制作渐变固态层

3. 绘制遮罩。选择工具栏中的“矩形遮罩工具”按钮,在固态层上绘制一个如图 11-42 所示的矩形遮罩。

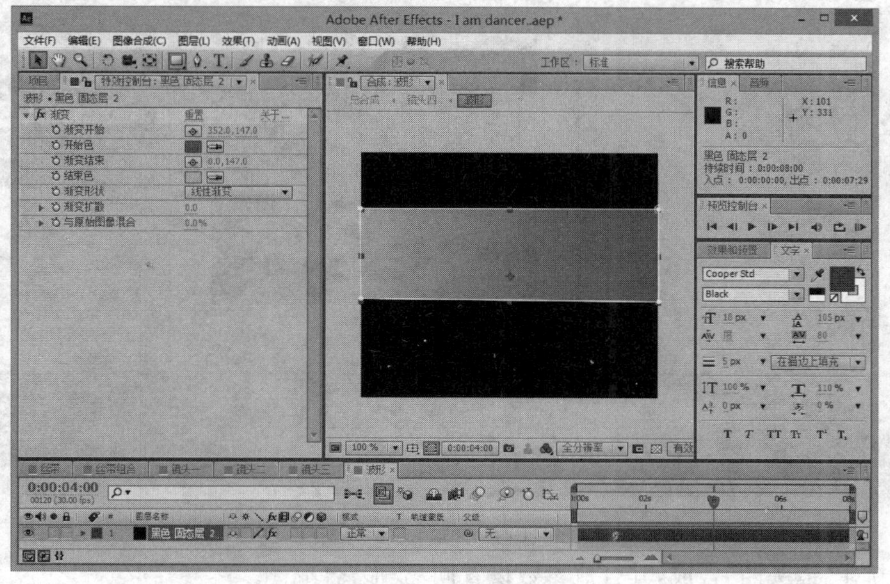

图 11-42　绘制遮罩

4. 制作波浪效果。单击“效果”→“扭曲”→“波形弯曲”菜单命令，设置“波纹高度”值为 12，“波纹宽度”值为 175，如图 11-43 所示。

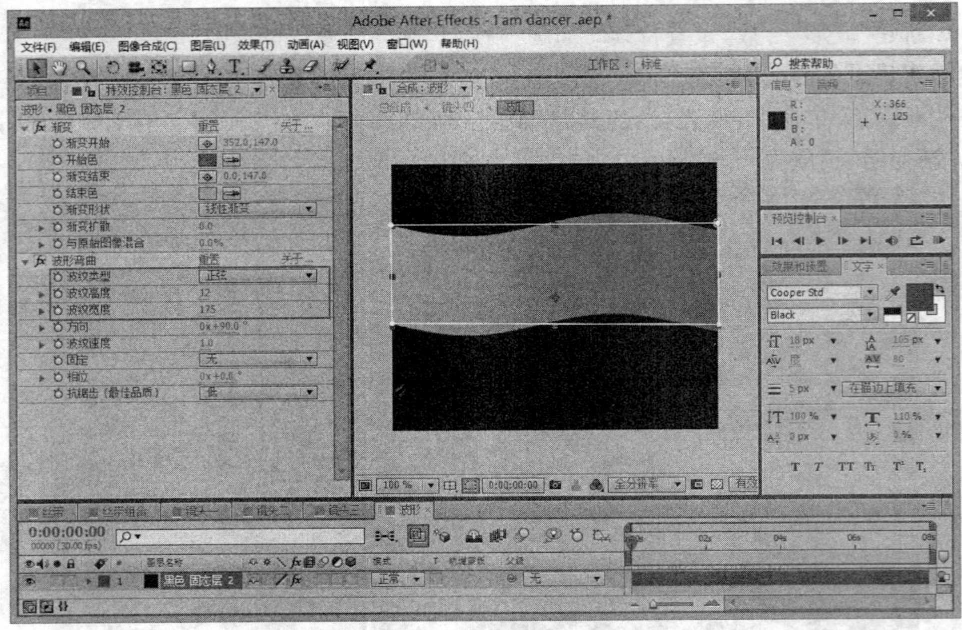

图 11-43　添加“波形弯曲”特效

5. 添加“镜像”特效。单击“效果”→“扭曲”→“镜像”菜单命令，设置“反射角度”值为 0x＋90. 0°，如图 11-44 所示。

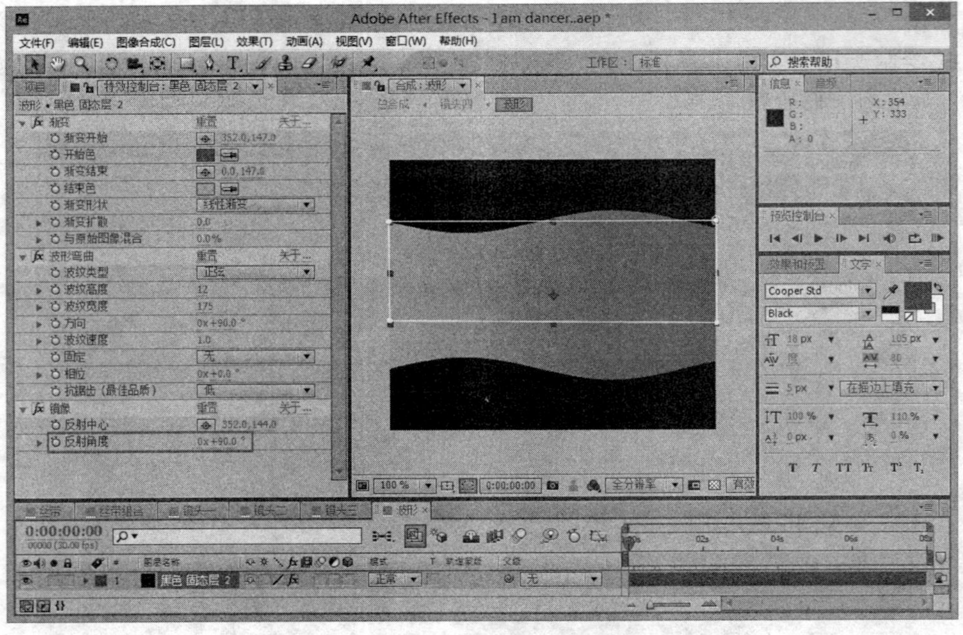

图 11-44　添加“镜像”特效

6. 新建“镜头四”合成，其合成参数设置同“波形”合成。

7. 引入"波形"合成。按"Ctrl+Y"组合键，新建一个白色固态层，取名为"背景"。在"项目"面板中选择"波形"合成，将其拖到"时间线"面板中，单击"效果"→"模糊与锐化"→"高斯模糊"菜单命令，设置"模糊量"值为 40.0，如图 11-45 所示。

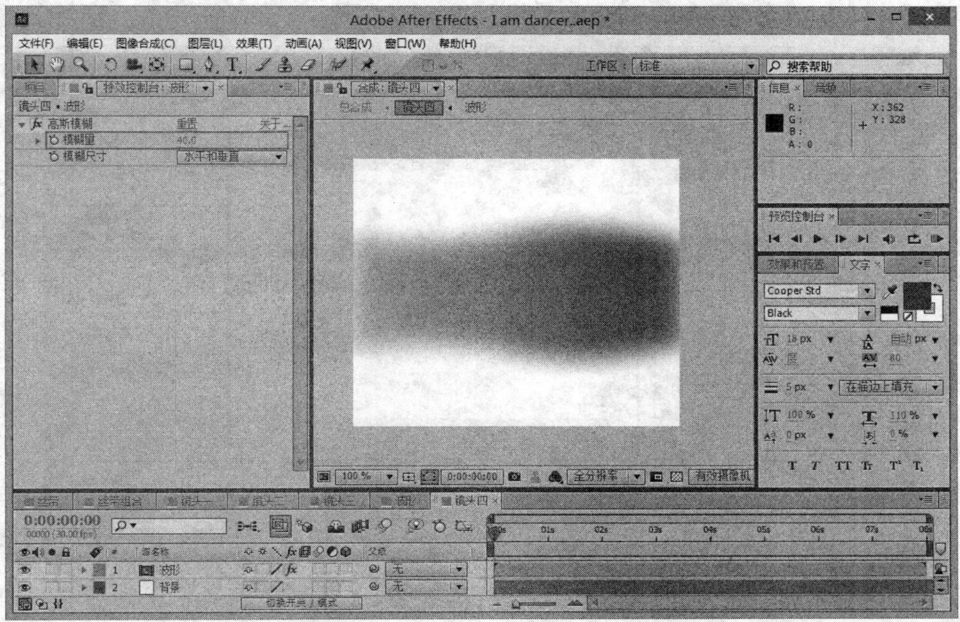

图 11-45　添加"高斯模糊"特效

8. 复制"波形"层。在"时间线"面板中选择"波形"层，按"Ctrl+D"组合键，复制一层，修改"高斯模糊"特效的"模糊量"值为 5.0，如图 11-46 所示。

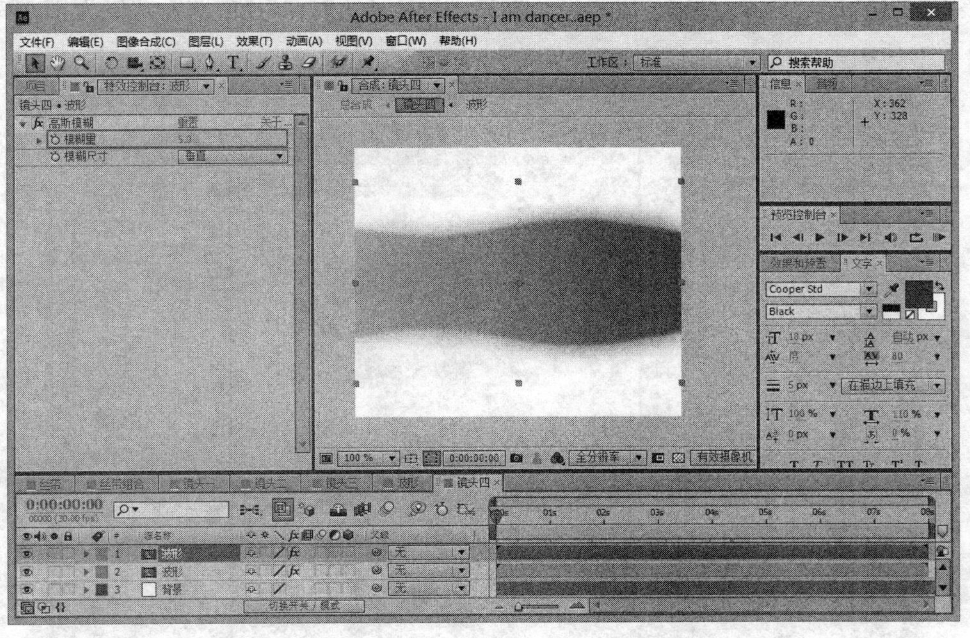

图 11-46　复制"波形"层

9. 添加顶部文字。选择工具栏中的“横排文字工具”按钮T，在“合成”窗口中单击，输入文字“我为舞狂”，设置字体为方正硬笔行书简体，字号为 16 px，字符间距为 4，填充色为 RGB(253,51,35)，边色为 RGB(255,152,8)，边宽为 2 px；选择“舞”字，设置字号为 25 px，填充色为 RGB(0,109,0)，如图 11-47 所示。

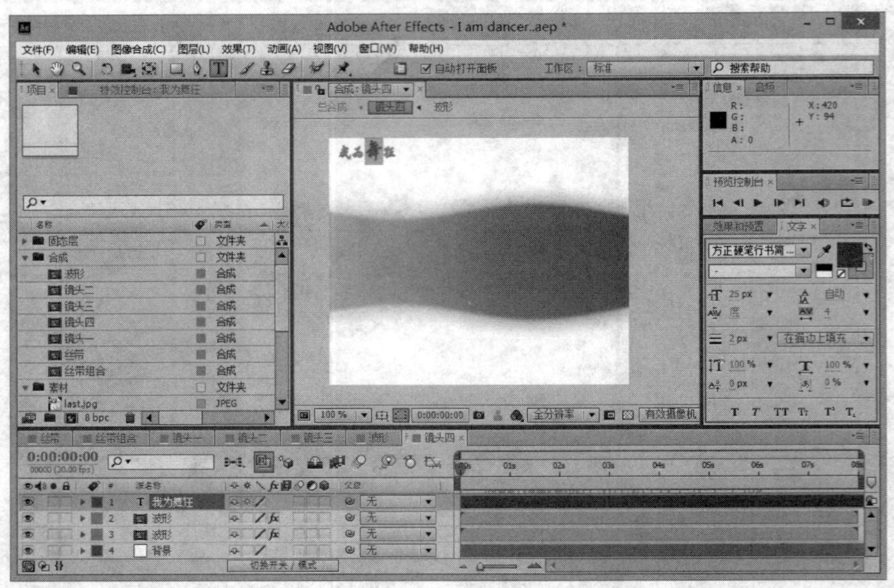

图 11-47 添加顶部文字

10. 制作文字淡入动画。在“时间线”面板中选择文字层，按 T 键，展开其“透明度”属性，设置其值为 0%，将当前时间指示器移动到 0:00:00:00 帧，激活该属性前面的“时间秒表”按钮，记录动画；将当前时间指示器移动到 0:00:00:15 帧，设置其值为 100%，如图 11-48 所示。

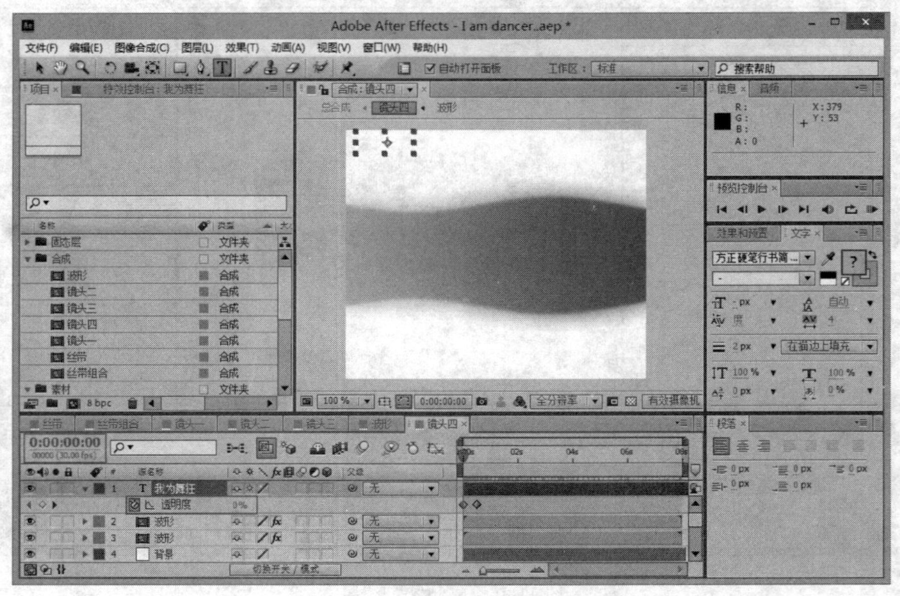

图 11-48 制作文字淡入动画

11. 制作中间文字背景。按“Ctrl＋Y”组合键，新建一个白色固态层，设置其“缩放”值为(45.0，8.2.0％)；层入点为 0:00:00:10 帧，并在当前位置设置其“透明度”值为 0％，激活该属性前面的“时间秒表”按钮，记录动画；将当前时间指示器移动到 0:00:00:20 帧，设置其值为 100％，如图 11-49 所示。

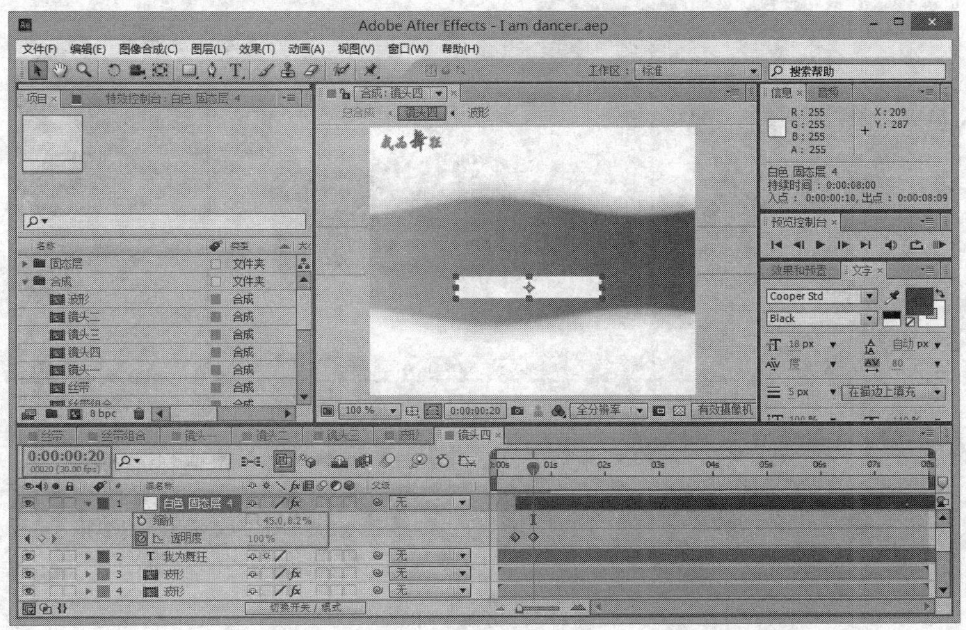

图 11-49　制作中间文字背景

12. 添加特效。在“时间线”面板中，选择白色固态层，单击“效果”→“模糊与锐化”→“方向模糊”菜单命令，设置“方向”值为 0x＋90.0°，“模糊长度”值为 45.0，如图 11-50 所示。

图 11-50　添加“方向模糊”特效

13. 添加中间文字。选择工具栏中的“横排文字工具”按钮T，在“合成”窗口中单击，输入文字“I am a dancer.”，设置字体为 Arial，字号为 19 px，填充色为 RGB(206,27,8)，无边色；层入点为 0:00:00:10 帧，并设置与背景相同的淡入动画，如图 11-51 所示。

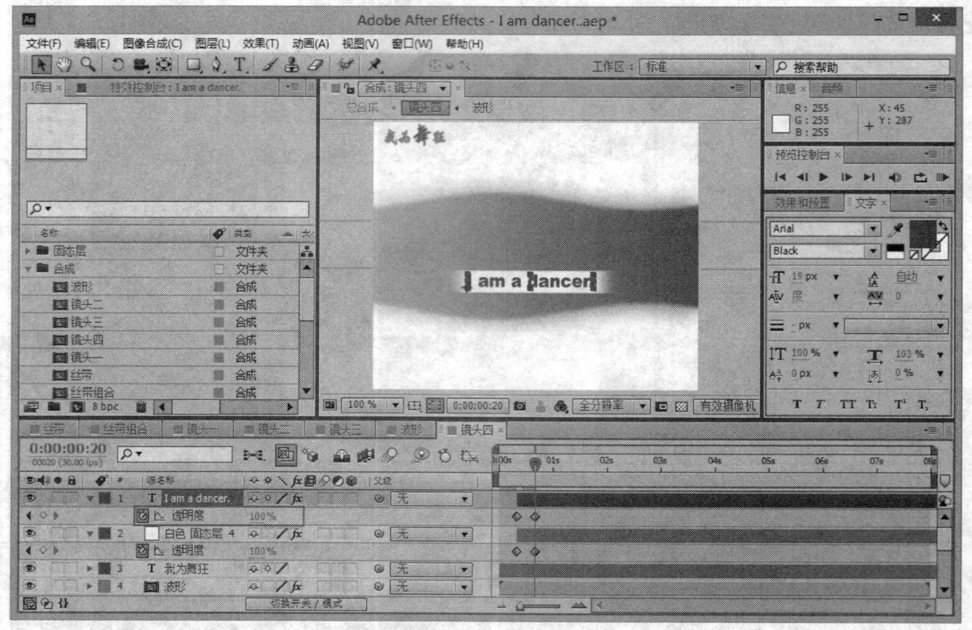

图 11-51　添加中间文字

14. 添加特效。在“时间线”面板中，选择文字层，单击“效果”→“透视”→“阴影”菜单命令，设置“距离”值为 3.0，如图 11-52 所示。

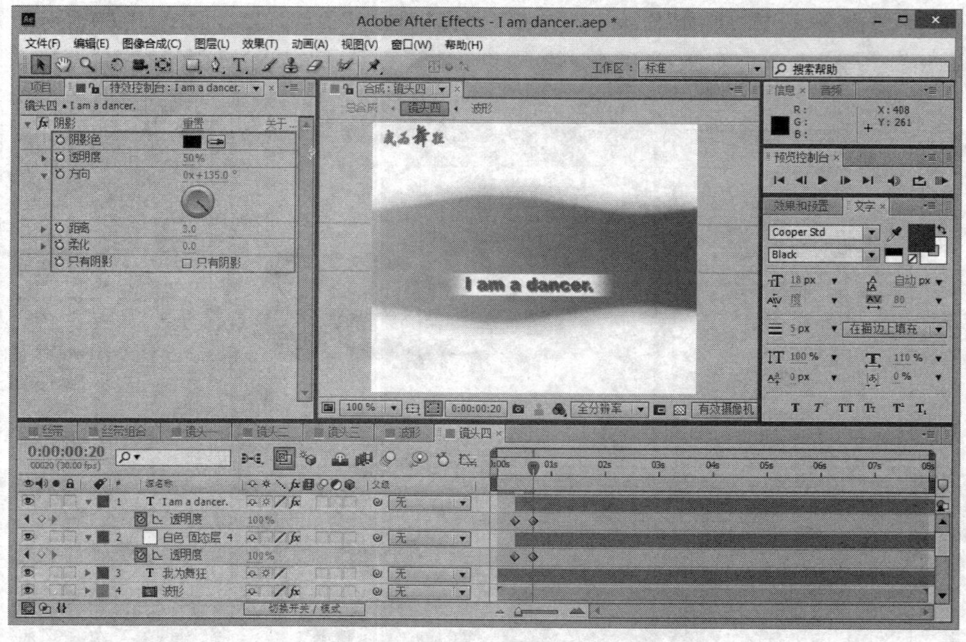

图 11-52　添加“阴影”特效

15. 添加主题文字。选择工具栏中的“横排文字工具”按钮 T，在“合成”窗口中单击，输入文字“我是舞者”，设置字体为方正硬笔行书简体，字号为 34 px，填充色为白色，边色为 RGB(206,27,8)，边宽为 9 px，字符间距为 375，如图 11-53 所示。

图 11-53　添加主题文字

16. 制作文字动画。将当前时间指示器移动到 0:00:00:21 帧，在“效果和预置”面板中，单击“动画预置”→“Text(文本)”→“Blurs(模糊)”→“Bullet Train(子弹列车)”命令，效果如图 11-54 所示。

图 11-54　制作“Bullet Train”动画

17. 添加舞者素材。在“项目”面板中依次选择“街舞女 03. mp4”“last. jpg”素材，将其拖到“时间线”面板中，设置其层模式均为“添加”；将当前时间指示器移动到 0:00:02:29 帧，选择“街舞女 03. mp4”层，按“Alt+]”组合键，剪辑层的出点；选择“last. jpg”层，按“[”键，设置层的入点，如图 11-55 所示。

图 11-55 添加舞者素材

18. 添加底部文字。选择工具栏中的“横排文字工具”按钮 T，在“合成”窗口中单击，输入文字“舞者成长的摇篮，”，设置字体为方正硬笔行书简体，字号为 17 px，字符间距为 4，填充色为黑色，边色为 RGB(255,152,8)，边宽为 2 px；选择“摇篮，”字，设置填充色为 RGB(0,109,0)，如图 11-56 所示。

图 11-56 添加底部文字

19. 制作文字动画。将当前时间指示器移动到 0:00:01:21 帧，在“效果和预置”面板中，单击“动画预置”→“Text(文本)”→“Animate in(进入动画)”→“Fly In From Bottom(从底部飞入)”命令；用同样的方法，输入文字“舞者进步的阶梯。”，并在 0:00:04:10 帧，添加此文字动画，效果如图 11-57 所示。

图 11-57　制作文字动画

20. 至此，镜头四:《定版》制作完成，效果如图 11-58 所示。

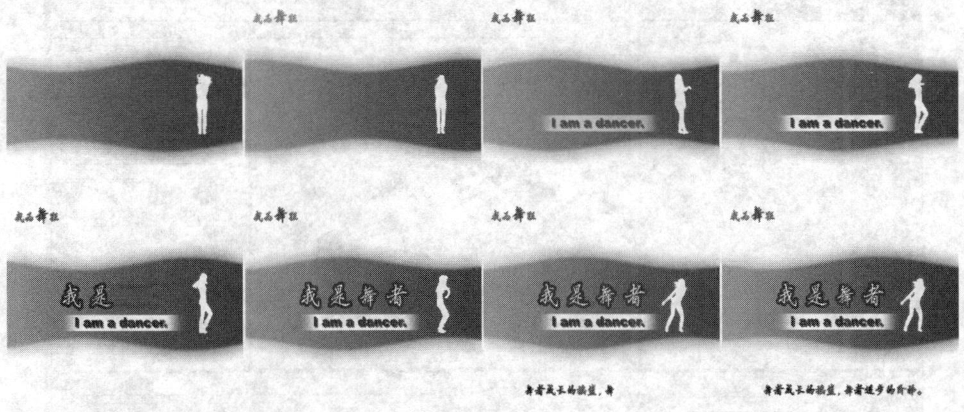

图 11-58　镜头四:《定版》效果

11.3.5　镜头五:《总合成》的制作

1. 新建“总合成”合成，设置持续时间为 18 秒，其他合成参数设置同“波形”合成。

2. 添加素材。在“项目”面板中依次选择“镜头一”到“镜头四”合成，将其拖到“时间线”面板中，依次设置“镜头二”层的入点为 0:00:04:02 帧，“镜头三”层的入点为 0:00:07:26 帧，“镜头四”层的入点为 0:00:10:00 帧，如图 11-59 所示。

图 11-59 添加素材

3. 制作镜头一到镜头二的过渡效果。在“时间线”面板中选择“镜头一”合成，单击“效果”→“过渡”→“CC 光线擦除”菜单命令，设置“填充范围”值为 0.0%；将当前时间指示器移动到 0:00:04:02 帧，激活该属性前面的“时间秒表”按钮，记录动画；将当前时间指示器移动到 0:00:04:14 帧，设置其值为 100.0%，如图 11-60 所示。

图 11-60 添加“CC 光线擦除”特效

4. 制作镜头二到镜头三的过渡效果。在“时间线”面板中选择“镜头二”合成，单击“效果”→“过渡”→“CC 网格擦除”菜单命令，设置“完成度”值为 0.0%；将当前时间指示器移动到 0:00:07:26 帧，激活该属性前面的“时间秒表”按钮，记录动画；将当前时间指示器移动到 0:00:08:12 帧，设置其值为 100.0%，如图 11-61 所示。

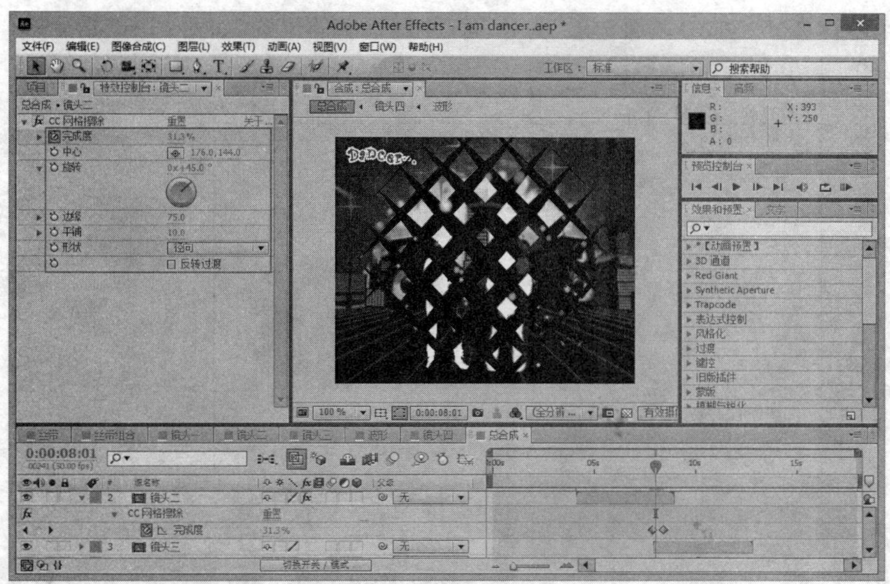

图 11-61　添加“CC 网格擦除”特效

5. 制作镜头三到镜头四的过渡效果。在“时间线”面板中选择“镜头三”合成，按 T 键，打开“透明度”属性，设置其值为 100%，将当前时间指示器移动到 0:00:10:11 帧，激活该属性前面的“时间秒表”按钮，记录动画；将当前时间指示器移动到 0:00:10:16 帧，设置其值为 0%，如图 11-62 所示。

图 11-62　制作“透明度”动画

6. 制作音频动画。在“项目”面板中选择“背景音乐.wav”素材，将其拖到“时间线”面板中。按“Ctrl+Y”组合键，新建一个白色固态层，单击“效果”→“生成”→“音频频谱”菜单命令，设置“音频层”为背景音乐层，“结束点”值为(70.8,144.0)，“频率波段”值为 15，“最大高度”值为 230.0，“厚度”值为 5.00，“内侧颜色”值为 RGB(255,251,54)，“外侧颜色”值为 RGB(255,50,0),“面选项”为 A 面;并调整层的位置,如图 11-63 所示。

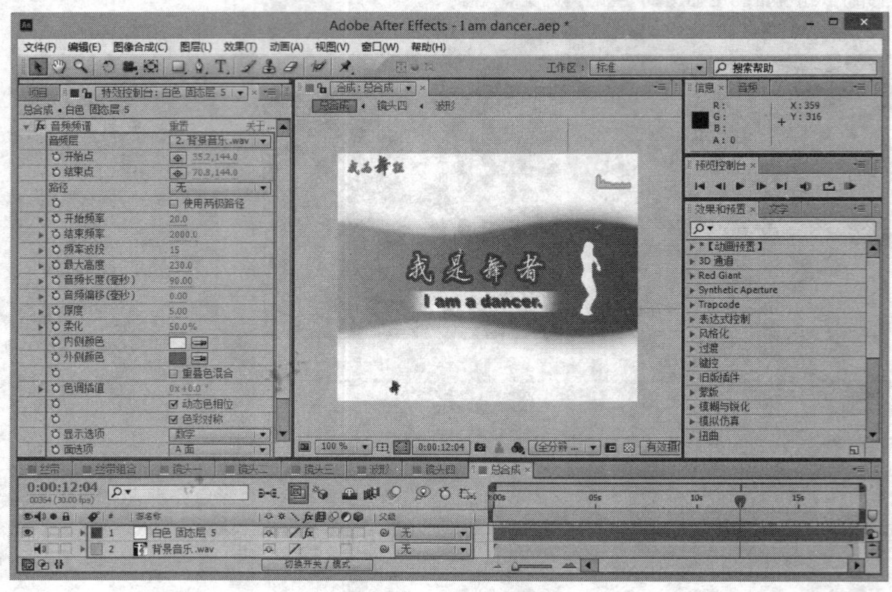

图 11-63 制作音频动画

7. 至此,镜头五:《总合成》制作完成,效果如图 11-64 所示,《我是舞者》影视宣传片全部制作完成。

图 11-64 镜头五:《总合成》效果

11.4 本章小结

不同类型的影视宣传片,其宣传的目的、功能、风格也不同,在进行影视宣传片创作时,应注意使用贴切的表现手法。符合意境的音乐往往能够达到提升影片效果的作用,在使用音乐时,应注意把握音乐节奏,达到画面与音乐韵律的同步统一。

本章综合运用到了“弯曲”特效、“模糊与锐化”特效、“生成”特效、“过渡”特效、“Trapcode”特效等,应注意掌握这些特效对影片表现起到的作用,以融会贯通,灵活运用到自己的创作中。

参 考 文 献

[1] 王志新,彭聪,陈小东. After Effects CS5 影视后期合成实战从入门到精通[M]. 北京:人民邮电出版社,2012.

[2] 王红卫. After Effects CS5 动漫、影视后期合成从新手到高手[M]. 北京:清华大学出版社,2012.

[3] 刘峥,任龙飞. After Effects CS4 入门与提高[M]. 北京:清华大学出版社,2010.

[4] 高平. After Effects CS4 影视特效实例教程[M]. 北京:机械工业出版社,2010.

[5] 曹茂鹏,瞿颖健. After Effects CS6 入标准教材[M]. 北京:北京希望电子出版社,2013.

[6] 张凡. After Effects CS4 中文版基础与实例教程[M]. 北京:机械工业出版社,2011.

[7] 袁紊玉,李晓鹏. After Effects CS4 多功能教材[M]. 北京:电子工业出版社,2010.

[8] 许伟民,袁鹏飞. Adobe After Effects CS4 经典教程[M]. 北京:人民邮电出版社,2010.

[9] 李强,袁天骐. Adobe After Effects CS5 标准培训教材[M]. 北京:人民邮电出版社,2010.